JN026524

アクチュアリー数学シリーズ

4 ［第2版］
損害保険数理

岩沢宏和
黒田耕嗣 ［著］

日本評論社

まえがき

　損害保険会社で取り扱う保険には，自動車保険，火災保険，地震保険，傷害保険，旅行保険などさまざまなものがあり，いろいろな要因が絡みあい，保険金支払いリスクも多様化，複雑化してきている．これらのリスクを確率論，数理統計学の知識を用いて評価することが損害保険数理の目指すところである．

　損害保険会社の破産確率を取り扱う Lundberg モデルは古くから確率論のテキストでも取り上げられてきたが，その理解には確率過程論の知識が必要となる．本書の前半部分においては，損害保険の数理モデルを理解するために必要なフィルトレーション，条件付き期待値，マルチンゲールといった確率過程に関する知識を要約している．これらの知識を用いてクレーム件数過程や会社資本に関するサープラス過程などを取り扱い，Lundberg モデルにおける破産確率の評価が求められる．

　本書の後半部分では，損害保険数理と関係が深い統計的手法やその基礎となる概念を紹介する．具体的には，漸近理論，タリフ理論，GLM，信頼性理論，極値理論，コピュラを扱う．このうち，タリフ理論と信頼性理論以外のものはアクチュアリーの世界から生み出されたものではなく，もともとより一般的な手法や概念として発展してきたものであるが，いまでは，アクチュアリーであれば身につけておくべき基本事項として国際的に要請されるものであり，日本のアクチュアリー試験では「損保数理」の中で課されている．

　金融機関におけるリスクを全社的な視点から評価し，マネージメントする手法は ERM (Enterprise Risk Management) とよばれ，近年注目を集めている．本書で取り扱われているさまざまな確率統計的手法も ERM の中で重要な役割を果たすものと思われる．本書がアクチュアリーをめざす方々，保険実務においてリスク管理に携わる方々の一助となれば幸いである．

　2015 年 5 月 10 日

岩沢宏和

黒田耕嗣

第 2 版へのまえがき

新型コロナウイルス感染症による上海のロックダウン，ロシアによるウクライナ侵攻という外部からの要因による影響で，2022 年の世界経済は揺れ動いており，将来に対する不確定性，不安も増しているように思われる．このことは VIX 指数の変動にも現れている．

また，地球温暖化による災害規模の大型化も問題になってきている．このような事態に対して，今まさに「そこにある問題」を解決するデータ解析，極値理論，数理統計モデルによるシミュレーションといった数学の重要性が増していると言える．

本書においては，損害保険会社の破産を扱うモデル，Bühlmann モデル，リスク尺度，極値理論，コピュラといった概念を解説している．これらの数学ツールはアクチュアリー数学という範囲のみならず，より広い分野での応用が可能である．

今回の改訂では第 2 章に免責，営業保険料，再保険といった概念の説明を加え，Lundeberg モデルにおける破産確率，リスク尺度，タリフ理論，コピュラの章の一部をアクチュアリー試験の最近の動向を踏まえて書き換えている．本書がアクチュアリーを目指す人々の助けになれば幸いである．

2022 年 7 月 26 日

著者を代表して　黒田耕嗣

目 次

第1章

【座談会】 損害保険とアクチュアリー

参加者

伊藤和平◎三井住友海上火災保険株式会社 (当時)

海老﨑美由紀◎損保ジャパン日本興亜ホールディングス株式会社 (当時)

島本大輔◎有限責任あずさ監査法人

渡邉重男◎ MS & AD インシュアランスグループホールディングス株式会社

岩沢宏和◎パズル・デザイナー／アクチュアリー資格講座講師 (司会)

1.1 損害保険会社におけるアクチュアリー・計理人の仕事

岩沢 (司会) ●今日は，損害保険業界で活躍されているアクチュアリーのみなさんに集まっていただきました．損害保険における数学の必要性をはじめ，いろいろな角度からお話しいただこうと思っていますが，まずはそれぞれ簡単に自己紹介をしていただけますか．

島本●私は 2008 年に大学院の数学科を卒業し，損害保険会社に就職しました．そこでは経済価値ベースの保険負債の評価 (現在の保険負債の評価から発展させた，保険負債の時価評価のようなもの) や，アクチュアリーの育成を担当していました．2012 年夏に現在の職場に転職し，保険会社の会計監査，とくに保険負債の監査を担当しています．会計のなかでも，このあたりは数理的な視点が必要で，アクチュアリーと公認会計士が協力して監査にあたります．

　アクチュアリー試験は，保険会社に内定が決まった2007年に初めて受験しました．「数学」と「損保数理」の2科目を受験して無事合格したのですが，地方の大学に在籍していて実務経験もない状況で，独りで教科書だけを頼りに勉強していたため非常に苦労しました．入社3年目に正会員になりましたが，その後も勉強会などへ参加し，ほかのアクチュアリーの方との交流やスキルアップに努めています．

渡邉●私は1994年に同和火災に入社しました．その後，会社の合併や経営統合等を経て，現在，持株会社でおもに保険会社が自社でもっているリスクを測るためのリスクモデルの構築に携わっています．

　正会員になったのは1998年で，入社してから受け始めて5回目の試験でした．当時は生命保険会社で仕事をしていましたので，2次試験は「生保」で受験しました．じつは，「損保数理」が1次試験の科目に入ったのが2000年からで，それ以前は2次試験の科目でした．つまり，私は損保数理の内容を試験科目として勉強していません．生命保険会社にいたのは5年間ですので，今は損保での経験のほうが長くなっています．

海老﨑●私は現在，損保ジャパン日本興亜ホールディングスにて海外事業開発の業務に携わっています．海外の保険会社の事業を評価・検証するという仕事です．アクチュアリーの視点から，財務諸表に限らず準備金や損害率の推移なども分析しています．保険料率の算出や契約ポートフォリオ分析など，数字を扱う仕事を長年やってきています．

　アクチュアリーの正会員に女性はまだ少ないのですが，じつは私は，損保業界で初めて正会員になった女性3人のうちの1人です．すでに20年以上たっていますが，現在でも損保の分野で女性の正会員は4人しかいません．ぜひ女性の方々もアクチュアリーを目指して欲しいと考え，交流の場として2010年に「女性アクチュアリー輝きの会」をつくりました．

岩沢●非常に幅広く活躍されていて，2013年に日本アクチュアリー会の理事になられました．これも，女性初ですね．

海老﨑●そうですね．2012年から国際的なリスク管理の資格「CERA」の試験が実施されるようになり，日本では初めて9人の資格者が生まれましたが，そのうちの1人でもあります．残念ながら，損保分野からの合格者は1人し

かいませんでしたが，新しいリスク管理分野での勉強をぜひ進めていただきたいと思い，率先して受験しました．

岩沢●損害保険会社でのご活躍が長いですが，生保の保険計理人の経験もありますよね．

海老﨑●じつは生保の計理人も女性第 1 号でした．

岩沢●では最後に伊藤さん，お願いします．

伊藤●私は 1976 年に大正海上に入社しました．その後，社名変更で三井海上に，合併で現在の三井住友海上になり，実質的に同じ会社に 38 年所属しています．入社以来，商品部門とリスク管理が経歴のほとんどを占めていて，2009 年から保険計理人です．商品部門では，商品開発や商品管理など損保の商品に関することほとんどすべてに携わってきました．損保は商品が多種多様で，生保との境界線である「第三分野」の保険もありますが，そのあたりもすべて含めて経験しています．

　2002 年にリスク管理部門に異動したのですが，変額年金子会社のアクチュアリーが少なかったこともあって，その会社の数理部門も兼務していました．変額年金は損保と畑違いのことが多く，金融工学の知識も必要なので，当初はかなり苦労しました．最近では日本保険・年金リスク学会 (JARIP) の理事として，主に研修会の運営を担当しています．そのため，損保だけではなく，生保やそれ以外のリスク管理関係の方々と交流する機会が多くなっています．

　アクチュアリー会の正会員になったのは 1978 年度で，当時は試験科目 6 科目だったのと，現在と比較すると試験範囲も数学中心で狭かったと思います．

岩沢●自己紹介の中で，「保険計理人」という言葉が登場しましたが，少し説明をお願いします．

伊藤●保険会社の業務を規制する「保険業法」で，保険会社は保険計理人を選任することが義務づけられています．保険計理人には法律上，「確認業務」と「関与業務」という二つの仕事があります．

　「確認業務」は，保険会社の決算書類の中で，「責任準備金」や「支払備金」など，将来の保険金支払いのために保険会社がどのぐらいお金を積み立てる必要があるのか，それらが適正に積み立てられているのかなどを確認していくものです．これらの金額が低いと，将来，保険金を支払えないことが起こりかね

ませんので，たいへん重要な機能です．また，「ソルベンシー・マージン比率」という保険会社の支払い能力についての基準があり，会社が保険業務を継続できるのかの確認も，新たな業務として追加されています．

「関与業務」は，法律によると「保険料や責任準備金などの保険数理に関係する部分について関与する」と書かれています．具体的にどう関与するかは，各計理人の判断によるかと思いますが，たとえば新商品を開発したり既存の商品を改定する場合に，保険料や責任準備金の計算方法を決める必要があります．商品開発部門が計算方法を作るのですが，その内容を計理人の目で見て意見するのが，関与業務の主なところかと思います．実は，営業サイドの要請で，かなり安い価格の商品が提案されるケースもあります．このような場合，本当に数理的に大丈夫なのか，責任準備金がちゃんと積み立てられるかという観点から，「難しいのではないか」と言うこともあります．

岩沢●数理的なチェックの最終責任者ということで，場合によっては経営陣に対して，あるいは商品部門に対してノーと言う立場と理解しておけばよいでしょうか．

伊藤●そうですね．以前は，「積立保険」「介護費用保険」など，生命保険的な商品だけが損保計理人の担当で，それ以外の商品はまったく関与していませんでした．しかし法律改正により，自動車保険や火災保険も含め，（一部例外を除き）すべての保険が計理人の業務の対象となりました．商品部門とは違った計理人の視点が入りますので，かなり大きく変わってきていると言えます．

1.2　損害保険とは何か

岩沢●すでに興味深いお話がいろいろ出たのですが，ここで，「損害保険」と「数学」との関係性についてお話をうかがえればと思います．

渡邉●最初に，「損害保険とは何か」という定義から説明しましょう．損害保険は，「当事者の一方である保険者が，一定の偶然の事故によって生ずることのある損害を填補することを約し，相手方の保険契約者が，これに対して保険料を支払うことを約する契約である」と定義されています．つまり「保険契約者から保険者へのリスクの移転」が本質の一つでしょう．リスクの移転に対して，

保険契約者が保険料を支払い，事故が起きたときに集めた保険料の中から保険金の支払いをするということです．事故のときのためにお金を貯めておくことを「事前の経済準備」と呼ぶのですが，以上の二つが保険の本質だと言えるでしょうか．保険業法でも，保険会社の本来業務として，「保険引受」と「資産運用」の二つを挙げています．

　損害保険では，いつ，どの程度の事故があるか，事前には分かりませんが，それに対して十分な支払いができるだけの保険料を設定しないといけません．しかも契約のときに，「あなたの保険の価格はいくらです」と，あらかじめ決めなければならず，ここが損保の難しさの一つです．

　保険契約が 1 件しかない場合は，予測はできませんが，契約を 1 万件，10 万件と集めてくると，保険契約全体でどれくらいの保険金の支払いになるか，ある程度予測がつくようになります (数学の言葉を使うと「大数の法則」と言います)．予測に応じて保険料を決めていくのですが，支払う保険金の見積りに対して価格が高すぎると契約をしてもらえませんし，低すぎても大事故の発生で会社がつぶれてしまうので，収入と支出が見合うほどほどのところに決めておきます (このような考え方を「収支相等の原則」と言います)．「大数の法則」と「収支相等の原則」の二つが，保険数理の技術的基盤になっていると考えています．

　では，収支が見合った保険料を貯めておけば，保険金の支払いが滞りなくできるかというと，必ずしもそうではありません．たとえば，1000 件の契約がある保険で，年平均 1 件の支払いがあるとします．このとき，1 件分の支払いができる保険料を貯めておけば良い，ということにはなりません．事故の発生件数は確率変数ですから，1 件かもしれないし 2 件かもしれない．10 件になることもあるでしょう．そのため保険会社は，ある程度のところまでカバーできる財源を確保しておく必要があります．

　これは，保険料によってすべて賄うわけにいきませんので，外部から「資本」というかたちで集めてくる必要があります．資本を集めるからには，出資者に配当を払わないといけない．そこで，自分が持っているリスクに対してどれだけの資本が必要なのかを見積もることになります．これが「リスクの評価」であり，これも損保と数学との接点の一つです．また，自分の持っている

リスクを「再保険」などによりに外部に移転することで，必要な資本の量を減らすことができます．これにより，資本に対する収益性を上げ，出資者に対して十分な配当を払えるようになります．このようなところも，損害保険のなかで数学を活用しうる場面かと思います．

1.3　生保と損保の違い

海老﨑●損保のアクチュアリーの二つの大きな業務として，「保険料の計算」と「責任準備金の計算」があると思いますが，これらは生保でも同じです．保険料については，将来引き受けるリスクを評価して見合った保険料を計算するという仕事です．責任準備金のほうは逆に，引き受けたリスクに対して保険会社の中できちんと準備を行うという仕事になります．

渡邉●ちょっと脇道にそれますが，生保と損保でこのあたりに少し差があると思っています．生保では，「責任準備金の計算」でよいと思うのですが，損保のなかでは，責任準備金よりも「支払備金」の評価のほうに (特に海外では) 重点があると思います．今回準備した資料のなかにも，支払備金という言葉は登場するのですが，責任準備金という言葉はどこにも出てきません．

伊藤●生保の場合は，事前の契約により事故が起きたらいくら払うか，すぐに決まるわけです．ところが損保の場合は，事故が起こっただけではいくら払うかが決まりません．保険会社にすぐに連絡が来なかったり，損害の金額や支払保険金の確定に時間がかかったりします．そのため，損保においては「すでに発生した事故に対しての積立金＝支払備金」が適正な水準にあるかどうかを検証する必要があります．欧米では支払備金は昔からアクチュアリーがみていましたが，日本では，2006 年からアクチュアリーがみなさい，最終的には保険計理人が確認しなさいということになりました．損保の場合は 1 年契約がほとんどなので，「保険料のうち将来に備えるべきもの＝責任準備金」はそれほど難しい計算が必要ありません．通常は単純に期間案分で計算します．ところが支払備金のほうは，過去に足りずに破綻した会社があります．よい例がアスベスト関連の事故です．

　以前，アメリカの賠償責任保険を再保険という形で引き受けていました．ア

スベストの事故は，20〜30年たってから出てきます．再保険を受けたのが30年も前なのに，今頃になって再保険金を払ってくださいということが出てくるのです．そのようなこともあり，損保の場合は支払備金が重要だといわれています．

海老﨑●アスベストで失敗した原因の一つは，長期の支払備金の見積もりの経験がなかったことです．長期のリスクに対して，過去3年間ぐらいの平均をとって計算するというのは間違いです．もう一つは，賠償責任にアスベストという未知のリスクが混ざり込んでいたことをよく認識できていませんでした．決まったルールに従った計算を行っているだけでは，新しい状態に適応できないことがあります．新しいリスクに対する適切な対応という点でも，今後，アクチュアリーが活躍する場はますます出てくるかと考えています．

岩沢●ところで，生保の計理人と損保の計理人の役割の違いは何かありますか？

海老﨑●法律上では基本的に違いがありませんが，実務基準が生保・損保それぞれにつくられています．同じ持株会社の下に生保と損保があったりしますので，なるべく同じ枠組みの実務基準を日本アクチュアリー会はつくろうとしているのですが，取り扱う「リスク」の性格が違いますので，生保と損保では実務基準が多少違います．職務内容としては，ほぼ同じところをカバーするのですが，歴史的に生命保険は商品も計理もアクチュアリーの知見に深く基づくので，計理人が最初から関与するのが当たり前のような文化があります．損保のほうは逆に保険契約の引受・維持・管理から入っていますから，アクチュアリーが商品設計に関わるというシステムは後づけでできたようなイメージがあります．

　日本では1960年代から「積立保険」という，いわゆる金利計算が入る商品ができました．積立保険についてはアクチュアリーの領域という了解はあっても，古くから保険契約の引受部門が担っていた火災保険などについて，アクチュアリーが何か意見を言う風土がいまひとつ醸成されてきませんでした．長期保険も短期保険もアクチュアリーの領域だよ，という意識が根づくのに時間がかかっている気がしますが，いかがでしょうか．

伊藤●以前，損保業界には「料率算定会」という組織があり，火災保険も自動車保険も保険料率は算定会がつくっていました．2002年7月に算定会は「料

率算出機構」に衣替えし,「参考純率」のみをつくり,保険会社は参考純率を参考にして各社の判断で保険料率を決めるように自由化されました.「保険料率をアクチュアリーに相談」というのは,自由化の前は少なかったと思います.

　なぜそのようなシステムが存在しているのかというと,損害保険の場合は生命保険と違い,大数の法則が働きにくいケースがあるのです.まず契約数の問題で,会社の規模が小さいと大数の法則が働きにくくなります.さらに現在の日本の火災保険においては,自然災害が一つの大きなリスクになっていますが,自然災害には大数の法則が働きません.契約数がいくらあっても短期間ではバランスが取れませんし,かなり長い年月にわたりデータを収集しなければいけません.地震関係になると,最新の地震の知見を利用する必要があります.このような損害保険の特殊性によるものです.

岩沢●ただ,生保でも「生命表」はアクチュアリー会で作っていますよね.

伊藤●生命表はあくまでも「標準生命表」で,責任準備金用です.損保の参考純率は,純保険料部分だけではありますが価格決定用なのです.そこは大きな違いです.

渡邉●火災保険や自動車保険などの基本的な部分については料率算出機構が純保険料部分を出すわけですが,各保険会社独自のリスクを評価するときは,算出機構の統計を使うのではなく,あくまでも自社の統計を使っていると思います.

岩沢●データが足りない部分はどうするのでしょうか.

伊藤●自社の統計がなかったり不十分な場合は,算出機構の統計や官公庁などのさまざまな統計を使用することが多いと思います.適切な統計を探すのも大切な仕事です.現在はインターネットで比較的簡単に検索できますが,昔は結構大変でした.

1.4　損害保険の数学はテキストが分厚い

岩沢●では次に,損害保険に使われる数学について渡邉さんに説明をしていただければと思います.

渡邉●先ほどの話のように,「保険料の算定」「責任準備金・支払備金の見積も

り」「積立保険＝長期契約の設計や管理」「リスクの評価」「再保険の最適化」
などが，損保数理の代表的な題材かと思います．これらについて図 1.1 を使っ
て説明します．

　図の左列は上記の五つの題材を並べています．丸で囲んである数字は，国際
アクチュアリー会の論文誌 *ASTIN Bulletin* に 2007〜2012 年に掲載された損
保関連の論文数を示しています．なお，積立保険は日本固有の商品ですので，
論文誌の中に出てくることはまずありません．この題材が，日本アクチュア

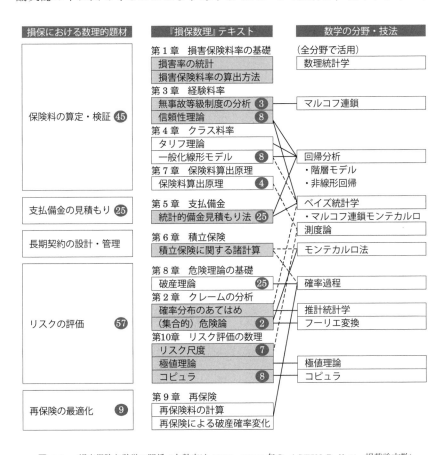

図 1.1　損害保険と数学の関係 (丸数字は 2007〜2012 年の *ASTIN Bulletin* 掲載論文数)

リー会の『損保数理』テキストの何章に対応しているのかを示したのが中列です．このなかで，実務で使っているのではないかと思われる項目に網をかけてあります．右列は損保数理の題材に対応する数学の分野・技法をひもづけています．確率や統計の分野がよく使われていることが分かるかと思います．

海老﨑●『損保数理』テキストの改訂がしばらくなかったのですが，2011 年に突然分厚くなりました．その際，学生さんに厚くなった理由を訊かれ，「まだまだ内容が足りないからです」と答えたことがあります．新たに加わった第 10 章は学生さんにとって非常に目新しく，しかも第 9 章までとは毛色がちょっと違っていて，内容もかなり高度です．CERA のテキストだった『定量的リスク管理』(共立出版) のレジュメのような体裁になっていて，コピュラ，極値理論などに受験生の方はびっくりされたのではないでしょうか．世界のアクチュアリー研究者はもっと進んだ内容を議論しているのですが，それでも教科書のほかの部分とはちょっと隔たりがあるように思います．

岩沢●実務のなかで，たとえばリスク尺度である「バリュー・アット・リスク (VaR)」の計算も行われているのですか？

海老﨑●限られた部署で，一部のリスク管理の実務者が行っているのが現状です．

伊藤●この数年で急激にアクチュアリーが担当する分野が広がってきたため，必ずしも定説になっていないものがあり，まだ教科書に書けないこともあります．

　また，行政で決めている「ソルベンシー・マージン規制」がありますが，欧米の動きに合わせて規制が変わる流れのなかで，リスク評価についてどのように同期をとるのか，日本はそこまで研究が進んでいません．銀行だと「バーゼル III」，損保だと欧州は「ソルベンシー II」ですが，課題があって導入が遅れています．日本も将来的にはソルベンシー II に類似した制度を取り入れるという動きにあります[1]．

渡邉●現在の会社の実務については言えないのですが，合併前の会社で 2003 年頃にやっていたことをお話しすると，保険のリスク評価をする際に，新しく

---

[1] 「ソルベンシー II」は 2016 年 1 月に導入された．

第 10 章に入った内容を使っていました．例えば，実際の保険金支払いデータから 1 事故あたりの支払額の分布を推定する際に「一般化パレート分布」を使いますが，これは極値理論の応用です．また，さまざまな保険商品のリスクを統合するときに，単純な分散共分散行列ではうまくいかないので，コピュラを使うことがあります．コピュラも「正規コピュラ」「t コピュラ」など，どのコピュラを使うか検討して使います．リスク尺度も，どういう利点があってどういう問題があるのか，一般的な VaR でカバーできないところはどのようにして見るのか，テイル・バリュー・アット・リスク (TVaR) だったらどうなるのかを検討します．

　このように，新しく入った第 10 章は，ごく限られた部門だけかもしれませんが，実務のなかでは比較的よく使われているところかと思います．

岩沢●リスク評価を値として出して，それを金融庁に報告する義務などはあるのでしょうか？

海老﨑●報告する義務はありませんが，各保険会社は信用力を評価してもらうために格付を取っています．その格付のなかに近年，ERM (Enterprise Risk Management) 格付というものができてきました．ERM で保険会社がきちんとリスク管理できているか評価を行うときに，どのようなモデルを使ってリスク評価をしているか，適正に機能しているかを見るということがあります．このあたりは，いま各社で手がけているところかと思います．

島本●保険業法上で定められている保険会社がリスク量に対して保持すべき資本量の基準として「ソルベンシー・マージン比率」があります．ただ，その計算方法が簡便なため，保険会社はそれだけで自社のリスクをすべて管理することができません．このため，保険会社を監督・検査する金融庁では，ソルベンシー・マージン比率だけでなく，保険会社が自主的にリスク管理をすることも要請しており，アクチュアリーがそれに関与することもあります．金融庁による保険会社への検査では，このあたりが検査項目に含まれ，リスク管理をどのようにやっているかを聞かれることもあります．

　私が受験したときは，テキストでいえば第 7 章と第 10 章が含まれていない状態でしたが，その後第 7 章，第 10 章の順に追加されました．VaR がテキストに登場したのは第 7 章が追加されたときで，さらに第 10 章で明確化され

ました．VaR がテキストに追加されたのも，保険会社に対する行政の監督指針などに追加されたのも 2010 年前後の動きです．損保数理の守備範囲が年々広がっているイメージを持っています．

岩沢●勉強する側としては，勉強したものが本当に役立つのだろうかということがあると思います．いまの観点から，図の網掛けのところをもう少し説明してもらったほうがよいかと思います．逆に網がかかっていないところもあるわけですよね？

島本●網がかかっているところが第 1, 2, 3, 5, 6, 10 章で，この内容が現状の実務に使われている箇所になります．網がかかっていても，その内容がすべて使われているというわけではありません．たとえば第 5 章の支払備金でいえば，「統計的備金見積もり法」に網がかかっています．実際のテキストを見ますと，「決定論的手法」と「確率論的手法」の 2 種類が紹介されていますが，実務で使われているのは決定論的手法だけです．

　確率論的手法がなぜ載っているかというと，日本ではまだ使用していないが欧米ではすでに活用されていて，今後は使う必要が出てくるだろうということです．支払備金も定額でいくらと期待値を見積もっているのが現状ですが，確率変数ですのでブレが出てきます．そのブレを予測しようとすると，確率論的手法を使う必要が出てきます．国際会計基準やソルベンシー II では，支払備金のブレもリスクとして捉えますので，今後，確率論的手法を使わざるをえない可能性も出てくることになります．

　また第 3 章に「信頼性理論」がありますが，実際に使われているのは「有限変動信頼性理論」です．これ以外にも「Bühlmann モデル」などが載っていますが，現状の実務では使われていません．今後の発展がどうなのか，という段階にあるのかと思います．

渡邉●信頼性理論について言えば，「使われていないから使えない」ということではありません．Bühlmann モデルから先のモデルが本筋だと思っています．実務では便利なので有限変動信頼性理論が使われていますが，その前提を十分理解しなければいけません．

岩沢●少し違う観点ですが，第 8 章は網かけがされていないのに，論文が 25 本も出ていて盛んに議論されています．これはどういうことでしょうか？

渡邉●三つ理由があると思います．一つは，学問的に面白く議論しやすいため，論文がたくさん出ているのではないかという点です．もう一つは，海外では実際に破産理論を使って規制をかけている国があり，その国を中心に論文がたくさん出るような環境だったという点です．もう一つ，破産理論は一見直接実務とは関係ないように見えるかもしれませんが，おおもとの考え方は，年間の損益の変動をカバーするために期初にどれだけの資本が必要かを問題にするという意味では，ソルベンシー規制と同じです．そのため破産理論は，広い意味でベースとして使われているのかと思います．

岩沢●「保険料算出原理」について何かコメントがありますか？　これは網がかかっていないし，かからないと思いますが．

渡邉●憶測でしかありませんが，実務でこれを使っているというよりも，いま保険会社でアクチュアリーがやっているようなことをファイナンスの言葉で解釈したらどうなるのかという，両者の橋渡しをするような章ではないかと思っています．

島本●網がかかっていないところはすべての会社で 100 ％使われていないということではなく，おもなところで比較的一般に使われているものに網がかかっている感じですね．ここで登場するような手法は使われている．ただ，実務でどの程度使われているか，活用されているかというと，具体的な事例がそれほど多くは出てこない，ということでしょうか．

岩沢●そうすると，「案外と」と言ってはいけないのかもしれませんが，損保数理のテキストも，実務の準備としてそれなりに実際的だということでしょうか．こういうギャップは知っておいたほうがよいということがあれば，ぜひご指摘ください．

渡邉●損保数理の科目は，いろいろなところからテーマを集めてできていますので，章により性格が違います．

　たとえば，第 1, 6 章などは，以前から実務で行っていたところで，もともとは 2 次試験の科目に入っていました．1 次試験が 5 科目になったときに損保数理の試験範囲となったのです．

　「リスクの評価」に対応させている第 2, 8, 10 章は，これから必要になってくるところです．今後，保険会社が自らリスクの評価を行うからには，常に最

新の理論を追いかけて，海外で何をやっているか，銀行で何をやっているかを見ながら，実務に生かすことになります．これらの章は，その基盤になるところです．

　第5章は，テキストができた当時の規制では，まだ必要でなかったところです．その後2006年度の決算から，日本でも支払備金を統計的手法によって積み立てるようにルールが変わりましたので，そこからは，まさに実務で使われているところになりました．

　第3, 4章の中身はこれから先，保険会社が自分で主要種目の保険料をはじくようになったときに必要になってくる知識でしょうか．あるいは，自分の会社で売っている商品の保険料が本当にこれで大丈夫なのか，検証する目的には今でも使えることかもしれません．

1.5　損保アクチュアリーを目指すために

岩沢●では最後に，読者のみなさん，あるいは今後興味をもって勉強しようとしているみなさんに対して，メッセージをいただければと思います．

島本●リスク管理を中心に損保数理の教科書が変わり，アクチュアリーの領域がどんどん広がっているなかで，とくに損保アクチュアリーの果たす役割は広がっています．理論はこれから整備する段階ですので，理系の素養が十分に活かせるところだと思っています．

　また，損保数理をこれから勉強しようという方であれば，情報がない状態で勉強していくと非常につらいものがあります．私が受験した当時よりも試験がさらに難しくなっていますので，学内・社内の勉強会などで意見交換をしていけば，理解が深まるかと思います．もし，そのようなものがない場合，たとえば私も参加している「アクチュアリー受験研究会」という有志の勉強会などもあります．そこでは学生・社会人を問わず，数十人規模で問題の解き方などについて活発な議論を交わしています．興味があればこのような集まりに参加して，いろいろな人と意見を交換すると，自習だけでは得られない発見があり，勉強も進むのではないかと思います．

渡邉●私からは二つ．一つは，数学科の学生には不要な注意とは思いますが，

数学を実務に使うときは，前提条件や問題点を踏まえたうえで使わないと痛い目をみるということです．たとえば，保険金の支払額の分布を推定する際に，「パレート分布」を使ったりすることがありますが，パレート分布はパラメータによっては期待値が存在しないことを十分理解しておかないと，正しいシミュレーション結果が得られません．また，そもそも分析の対象としている保険契約がパレート分布を当てはめてよい条件を満たしているかという点もあります．1 事故の支払いで 1000 億〜2000 億円を超えるような支払いが起こり得ないことが分かっているとき，パレート分布の当てはめは妥当なのかという話になります．

　もう 1 点は，とくに数学科の学生に言いたいのですが，数学がすべてだと思わないほうがいいということです．『金融リスク管理を変えた 10 大事件』（きんざい）という本があります．これは，おもに銀行のリスク管理について，1987 年のブラックマンデーに始まる 10 の事件を取り上げ，その後のリスク管理にどのような影響を与えたのかが書かれた本です．それを読むほど，リスク管理は失敗の歴史なのだと思うのです．これは当時のリスク管理を否定しているのではなく，先進的なリスク管理を行っていると思われている企業であっても，事件が起こったり環境が変われば，それによって手痛い損害を受けてしまう．危機はどの会社でも避けられないことであるが，破綻を免れた会社は失敗から学んで，その後のリスク管理に活かしている．そういうプロセスでリスク管理が高度化されていったことが分かります．

　その背後には，人間の弱さもあります．数学的に正しい行動が分かっていても，危機的な環境に置かれたらあらぬ行動をしてしまう人が出てくるという点を，きちんと踏まえてリスク管理をやっていかないと，実務としては失敗してしまう．とにかく，数学だけで分かったつもりにならないで，数学だけでは表現しきれないものがあること，世の中で起きていることを理解して，仕事をしてほしいと思います．

海老﨑●数学をやっている方は，自分の興味があるところを深く探るタイプがわりと多いと思うのですが，一般的な会社では，一つのことを深く追求することを求められているわけではありません．「時間がないからできていません」と言うのはもってのほかで，限られた時間のなかで一定水準の成果を出すことが

求められています．たとえば会社では「決算」という期限が決まっていて，そのなかでできる限りのことをやるのです．

　リスク管理にも数学的に高度なモデルを使えればよいのですが，時間的な制約があるので，時には重要でないところを思い切って捨象することもあります．そのようなことをしながらも，経営判断に必要なところは正しい判断ができるようにサポートする，というのがアクチュアリーの職務です．会社の中で重要な部分を担うことになりますので，そのあたりを心得ていてほしいと思います．

伊藤●最近，うちの会社の内定が決まったあとの懇親会に無理やり出て発破をかけているのですが，頭の柔らかい学生時代にできるだけアクチュアリー試験に受かっておいたほうがいいと言っています．社会人になると，勉強できる時間がかなり減ると思うので，時間に余裕があるうちに，できるだけ多くの科目に受かっておく．そのほうが正会員になる年齢も若くなります．

　試験に受かったら一人前のアクチュアリーかというと，決してそうではなく，スタートラインへ立ったにすぎません．医師免許試験に受かっただけで，患者さんが来てくれるわけではなく，その後の研修医やいろいろな経験を踏まえて立派なお医者さんになっていく．アクチュアリーも同じだと思います．正会員になって，いろいろな仕事を経験するなかで判断力などが養われていく．そのためには，早く正会員になったほうがいい．損保に限らず，アクチュアリーを目指す読者の方は，できるだけ早くチャレンジしてください．

　ただし，学生時代にしかできない経験もありますから，両立して試験に臨んでほしいです．実務では数学に加えて，ほかのいろいろな知識や経験を駆使しながら仕事をしていきます．だから，試験勉強の時間がつくれるのであれば早いに越したことはない，というふうに理解していただければと思います．

岩沢●本日は，損保数理実務に関する非常に興味深い話から，試験勉強のアドバイスまで網羅していただきました．長時間，ありがとうございました．

[2013 年 8 月 18 日談]

[初出：『数学セミナー』(日本評論社) 2013 年 12 月号]

第2章

確率分布と確率空間

　人の寿命とか1年間に発生する地震の件数とかはあらかじめ決められている
ものではなく，その人の健康状態や地殻変動等によって不確定な値をとる．
このような変数を**確率変数**とよぶ．確率変数を数学的に取り扱うために，「不
確定性」を表す変数 ω というものを考え，この ω が定まると，不確定性が消
え，確率変数 X の値 $X(\omega)$ が定まると考える．ω の集合を Ω で表し，これ
を**確率空間**とよぶ．確率空間は抽象的に与えられる存在であるが，具体的に与
えられる場合もある．例えば，コインを n 回投げたときの表の出た回数を表
す確率変数を X としよう．コインを n 回投げる試行の結果を1と0の n 個
の数列 $(\omega_1, \omega_2, \cdots, \omega_n)$ で表す．各 ω_i は1か0の値をとり，$\omega_i = 1$ のとき i
回目のコイン投げの結果が表であったことを表し，$\omega_i = 0$ のとき，i 回目のコ
イン投げの結果が裏であったことを表すと考える．このとき確率空間は

$$\Omega = \{\omega = (\omega_1, \cdots, \omega_n) ; \omega_i \in \{0,1\} \ (i = 1, 2, \cdots, n) \}$$

と表され，$X(\omega) = \omega_1 + \cdots + \omega_n$ となる．また $\omega = (\omega_1, \cdots, \omega_n)$ が起こる確
率 $P(\omega)$ は，表の出る確率が p，裏が出る確率が $q = 1 - p$ であるとすると

$$P(\omega) = p^k q^{n-k}$$

となる．ここで，$k = \omega_1 + \cdots + \omega_n = X(\omega)$ であり，表の出た回数を表して
いる．

$X(\omega) = k$ となる $\omega = (\omega_1, \cdots, \omega_n)$ は $\dbinom{n}{k} = \dfrac{n!}{(n-k)!k!}$ 個あるので,

$$P(X = k) = \binom{n}{k} p^k q^{n-k}$$

となる. このとき, X は二項分布 $\mathrm{B}(n;p)$ に従うと言う.

2.1 離散型確率変数

コイン投げの例のように有限個の値をとる確率変数であれば, 確率空間は簡単に与えられるが, X が無限個の値をとるときにはどうなるのかを次に考えてみよう.

X が無限個の値をとるときには, 当然 Ω も無限集合となる. このとき注意するべきことは, 無限集合には**数え上げることができる無限集合**と**数え上げることができない無限集合**があるということである. 集合の要素に番号をつけて数え上げができる集合を**可算集合**という. 自然数全体の集合 $\mathbb{N}$, 整数全体の集合 $\mathbb{Z}$, 有理数全体の集合 $\mathbb{Q}$ などは可算集合である.

確率変数 X が有限個もしくは可算無限個の値をとるとき, X は**離散型確率変数**であるという. 確率空間 Ω が可算集合となるときには

$$\Omega = \{\omega^1, \omega^2, \cdots\}$$

と表されるので, 各 ω^i が起こる確率 $P(\omega^i)$ を与えれば, $X(\omega) = k$ となる ω の全体を $A_k \subset \Omega$ として,

$$P(X = k) = \sum_{\omega \in A_k} P(\omega)$$

によって X の確率分布を与えることができる.

また, X の期待値 $E[X]$ は X の実現値 k と $X = k$ となる確率を掛け合わせたものをすべての k について総和をとることによって定められる:

$$E[X] = \sum_k kP(X = k).$$

確率空間 Ω が可算集合でないときには問題は複雑になる. 実数の集合 $\mathbb{R}$ は可算集合ではなく**非可算集合**となり, 集合の要素に番号をつけて表すことができなくなる. このような集合を**連続濃度をもつ集合**とよんだりする. このときには, 各 $\omega \in \Omega$ に $P(\omega)$ を与えて, X の確率分布を定義することができなくなる. $X(\omega) = k$ となる ω の集合 A_k も非可算集合となり, 上の $P(X = k)$ のように和で確率分布を定義できなくなるのである. ω 一つずつに $P(\omega)$ を定義するのではなく,「ω の束 A」に対して $P(A)$ を定義することによって X の確率分布を与えることになる. このことを数学的に理解するためには**測度論**とよばれる**ルベーグ積分**の知識が必要となる. 近年, 多くの大学で測度論を下にした確率論を教えるところは少なくなってきている. アクチュアリー試験においても, ルベーグ積分の知識を問う問題は出題されてはいない. しかし, 高度な確率解析を操るためには測度論の知識は不可欠である. 条件付き期待値 (条件付き確率), フィルトレーション, マルチンゲール等の概念は測度論の知識なくしては表現できないものである. これらの概念は数理ファイナンスでは欠くことのできないものであり, 損害保険数理における Lundberg のモデルにもマルチンゲールの知識が用いられている. またマルコフ過程のマルコフ性の定義にも条件付き確率の概念が用いられている.

本書においては, 測度論的表現については概略を述べることにとどめる. 詳しくは第 2 巻の『経済リスクと確率論』([1]) を参照していただきたい.

2.2 測度論を用いた確率分布の取り扱い

確率変数 X が非可算無限個の実数値をとるときには, 確率空間 Ω も連続濃度を持つ集合となる. X に関する事象は Ω の部分集合として与えられるが, すべての部分集合が事象に対応する訳ではない. これから, 少々天下り的ではあるが, 測度論的な確率論の定式化について述べよう.

定義 2.1 (観測可能な事象の全体) $\mathfrak{F}$ というものが定まっていて, 次の条件を満たす:

(i)　$\varnothing, \Omega \in \mathfrak{F}$

(ii)　$A \in \mathfrak{F} \Longrightarrow A^c \in \mathfrak{F}$

(iii)　$A_1, \cdots, A_n, \cdots \in \mathfrak{F} \Longrightarrow \displaystyle\bigcup_{i=1}^{\infty} A_i \in \mathfrak{F}$

このとき，$\mathfrak{F}$ は σ-加法族 (σ-algebra) をなすという.

(i) は全事象と空事象が観測可能であることを意味しており，(ii) は事象 A が観測可能であるならばその余事象 A^c も観測可能であることを意味している. (iii) は可算個の事象 $\{A_i\}$ が観測可能であれば，その和事象も観測可能である事を意味している. また，ド・モルガンの法則により

(iv)　$A_1, \cdots, A_n, \cdots \in \mathfrak{F} \Longrightarrow \displaystyle\bigcap_{i=1}^{\infty} A_i \in \mathfrak{F}$

も言える. $A_i \in \mathfrak{F}$ であるときには $A_i^c \in \mathfrak{F}$ が成り立ち，(iii) より

$$\bigcup_{i=1}^{\infty} A_i^c \in \mathfrak{F}$$

が成り立つ. ド・モルガンの法則と (ii) を用いると

$$\bigcap_{i=1}^{\infty} A_i = \left(\bigcup_{i=1}^{\infty} A_i^c \right)^c \in \mathfrak{F}$$

が成り立つ.

また，$A_1, \cdots, A_n, \cdots \in \mathfrak{F}$ のときには

$$\limsup_{n \to \infty} A_n = \bigcap_{n=1}^{\infty} \bigcup_{k=n}^{\infty} A_k \in \mathfrak{F}, \qquad \liminf_{n \to \infty} A_n = \bigcup_{n=1}^{\infty} \bigcap_{k=n}^{\infty} A_k \in \mathfrak{F}$$

が成り立つ. $\displaystyle\limsup_{n \to \infty} A_n$ は無限個の A_n が起こるという事象であり，$\displaystyle\liminf_{n \to \infty} A_n$ はある番号 m が存在し，その m より先の A_n $(n \geqq m)$ がすべて起こるという事象である.

2.2.1 確率測度とは

定義 2.2　確率空間 Ω 上に観測可能事象の全体がなす σ-加法族 $\mathfrak{F}$ が与えられているとする.

このとき, $\mathfrak{F}$ 上で定義された関数 $P(\cdot)$ が

(i)　$0 \leqq P(A)\,(A \in \mathfrak{F}),\ P(\varnothing) = 0$

(ii)　$A_i \in \mathfrak{F}\ (i = 1, 2, \cdots),$
$$A_i \bigcap A_j = \varnothing\ (i \neq j) \Longrightarrow P\left(\bigcup_{i=1}^{\infty} A_i\right) = \sum_{i=1}^{\infty} P(A_i)$$

を満たすとき, $P(\cdot)$ を**測度** (measure) とよび, さらに

(iii)　$P(\Omega) = 1$

を満たすとき, $P(\cdot)$ を**確率測度** (probability measure) とよぶ.

(ii) は可算加法性と呼ばれる性質であるが, これを用いると, $\{A_n \in \mathfrak{F}\}_{n=1}^{\infty}$ が単調減少して $\varnothing$ に収束するとき,

$$\lim_{n \to \infty} P(A_n) = 0$$

が成り立つ.

Ω とその上の σ-加法族 $\mathfrak{F}$, および $(\Omega, \mathfrak{F})$ 上の確率測度 $P(\cdot)$ が与えられたとき, 三つ組 $(\Omega, \mathfrak{F}, P)$ を確率空間とよぶこともある. 確率測度の性質に関しては本書では詳しくは述べないので [1] を参照されたい.

2.2.2 確率分布 $P_X(\cdot)$ とは

Ω 上で定義された関数 $X(\omega)$ が次の条件をみたすとき, $X(\omega)$ は $\mathfrak{F}$-可測であると言い, $X(\omega)$ を**確率変数**とよぶ.

$$\{\omega \in \Omega\,;\, X(\omega) \leqq \alpha\} \in \mathfrak{F} \qquad \text{for all } \alpha \in \mathbb{R}$$

$X(\omega)$ が上の可測性の条件をみたすとき，任意の $\alpha \in \mathbb{R}$ に対して，

$$\{\omega \in \Omega\,;\, X(\omega) \geqq \alpha\} \in \mathfrak{F}, \qquad \{\omega \in \Omega\,;\, X(\omega) > \alpha\} \in \mathfrak{F},$$

$$\{\omega \in \Omega\,;\, X(\omega) < \alpha\} \in \mathfrak{F}$$

が成り立つ．

したがって，任意の $\alpha < \beta$ に対して $\{\omega\,;\, \alpha \leqq X(\omega) \leqq \beta\} \in \mathfrak{F}$ が成り立つ．さらに，$B \subset \mathbb{R}$ をボレル可測集合とするとき

$$\{\omega\,;\, X(\omega) \in B\} \in \mathfrak{F}$$

が成り立つ (命題 2.4 参照)．ここで，ボレル可測集合は次のように定められる．すなわち，すべての開区間の全体を含む最小の σ-加法族を $\mathfrak{B}_{\mathbb{R}}$ で表し，$\mathfrak{B}_{\mathbb{R}}$ に属する集合を**ボレル可測集合**とよぶ．

以後，「〜 を含む最小の σ-加法族」という表現がよく用いられる．このことについて，すこし詳しく説明しておこう．ある集合族 $\{A_\lambda\}_{\lambda \in \Lambda}$ を含む最小の σ-加法族 $\mathcal{G}$ とは，$\mathfrak{H}$ をすべての $A_\lambda (\lambda \in \Lambda)$ を含む任意の σ-加法族とするとき，$\mathcal{G} \subset \mathfrak{H}$ が成り立つことである．すなわち，$\{A_\lambda\}_{\lambda \in \Lambda}$ を含む最小の σ-加法族たちの中で包含関係に関して最小となるのが $\mathcal{G}$ である．Ω の部分集合の全体 2^Ω は明らかに $\{A_\lambda\}_{\lambda \in \Lambda}$ を含む σ-加法族であるので，$\{A_\lambda\}_{\lambda \in \Lambda}$ を含む σ-加法族の全体を $\{\mathfrak{G}_\gamma\}_{\gamma \in \Gamma}$ とすると，$2^\Omega \in \{\mathfrak{G}_\gamma\}_{\gamma \in \Gamma}$ となるので，インデックス集合 Γ は空集合とはならない．σ-加法族たちの共通部分は σ-加法族となるので，

$$\mathcal{G} = \bigcap_{\gamma \in \Gamma} \mathcal{G}_\gamma$$

として，$\mathcal{G}$ が定義される．

2.2.3 分割によって生成される σ-加法族と可測性

σ-加法族の一つの例として Ω の分割によって生成される σ-加法族について考える．これは，ランダム・ウォークや数理ファイナンスにおける二項株価過程などを理解するときに重要な役割を果たす．またこの σ-加法族に対する関

数の可測性は各分割成分上で一定値を取ることとして定められ (命題 2.3)，可測性の定義がシンプルなものになる．また，確率過程論で重要な役割を果たす条件付き期待値やフィルトレーションの概念も，この分割で生成される σ-加法族を用いると直感的に理解できるものとなる．

それでは，分割で生成される σ-加法族の定義から始めよう．

確率空間 Ω が有限個の集合 $B_1, \cdots, B_m$ に分割されているとする．すなわち，

$$\Omega = \bigcup_{k=1}^{m} B_k, \qquad B_i \cap B_j = \varnothing \quad (i \neq j)$$

が成り立っているとする．

このとき，$B_1, \cdots, B_m$ を含む最小の σ-加法族を $\mathfrak{F}(B_1, \cdots, B_m)$ とする．

Ω が二つの集合 B_1, B_2 に分割されている場合を考えよう．すなわち，

$$\Omega = B_1 \cup B_2, \qquad B_1 \cap B_2 = \varnothing$$

が成立しているとする．このとき，B_1, B_2 を含む最小の σ-加法族 $\mathfrak{F}(B_1, B_2)$ は

$$\mathfrak{F}(B_1, B_2) = \{\varnothing, B_1, B_2, \Omega\}$$

となることが分かる．また，Ω が三つの集合 B_1, B_2, B_3 に分割されているとき，B_1, B_2, B_3 を含む最小の σ-加法族 $\mathfrak{F}(B_1, B_2, B_3)$ は

$$\mathfrak{F}(B_1, B_2, B_3) = \{\varnothing, B_1, B_2, B_3, B_1 \cup B_2, B_2 \cup B_3, B_3 \cup B_1, \Omega\}$$

となる．

一般に 空集合以外の $\mathfrak{F}(B_1, \cdots, B_m)$ の任意の要素は

$$B_{i_1} \cup B_{i_2} \cup \cdots \cup B_{i_k} \qquad (1 \leqq i_1 < i_2 < \cdots < i_k \leqq m)$$

と表される．すなわち，$\mathfrak{F}(B_1, \cdots, B_m)$ は $B_1, \cdots, B_m$ を「最小単位」として，その有限個の和集合として表される．

> **命題 2.3** 確率空間 Ω 上の関数 $X(\omega)$ が $\mathfrak{F}(B_1, \cdots, B_m)$-可測ならば，$X(\omega)$ は各 B_k 上で一定値をとる．

証明 ある B_k に対して，$\omega_1, \omega_2 \in B_k$ であって，$X(\omega_1) \neq X(\omega_2)$ であるとする．このとき，$X(\omega_1) < X(\omega_2)$ と仮定しても一般性は失われない．$X(\omega_1) < \alpha < X(\omega_2)$ となる α をとると，

$$A_1 = \{\omega \in B_k \,;\, X(\omega) < \alpha\}, \qquad A_2 = \{\omega \in B_k \,;\, \alpha < X(\omega)\}$$

とおくと，可測性から，$A_1, A_2 \in \mathfrak{F}(B_1, \cdots, B_m)$ となり，$\omega_1 \in A_1, \omega_2 \in A_2$ となるので，$A_1 \neq \varnothing, A_2 \neq \varnothing$ となる．したがって，

$$A_1, A_2 \in \mathfrak{F}(B_1, \cdots, B_m) \quad \text{であって} \quad A_1 \subset B_k, A_2 \subset B_k$$

となり，$\mathfrak{F}(B_1, \cdots, B_m)$ の任意の要素は $B_1, \cdots, B_m$ を最小単位とすることに反する．したがって，任意の B_k 上で任意の $\omega_1, \omega_2 \in B_k$ に対して，$X(\omega_1) = X(\omega_2)$ が成立する． $\square$

2.2.4 確率変数 X の確率分布

確率変数の可測性とボレル可測集合の定義から次の命題が言える：

> **命題 2.4** $X(\omega)$ を確率変数とし，B を任意のボレル可測集合とするとき，
>
> $$\{\omega \,;\, X(\omega) \in B\} \in \mathfrak{F}$$
>
> が成り立つ．

この命題の証明を行うと，「～ を含む最小の σ-加法族」，という概念に少しなれることができるので，この命題の証明を行ってみよう．証明方法も解析学独特の議論展開で面白い方法であるのでじっくり味わってもらいたい．

命題 2.4 の証明　まず命題 2.4 の主張が成り立つ集合 B の全体 $\mathfrak{A}$ を考える：

$$\mathfrak{A} = \{B \subset \mathbb{R}; \{\omega ; X(\omega) \in B\} \in \mathfrak{F}\}$$

$X(\omega)$ の可測性の条件より，$\{\omega ; X(\omega) \in (a,b)\} \in \mathfrak{F}$ が成り立つので，$\mathfrak{A}$ は開区間の全体を含むことがわかる．

また，$B \in \mathfrak{A}$ のとき，$\{\omega ; X(\omega) \in B\} \in \mathfrak{F}$ であるので，

$$\{\omega ; X(\omega) \in B^c\} = \{\omega ; X(\omega) \in B\}^c \in \mathfrak{F}$$

が成り立つ．さらに，$B_j \in \mathfrak{A} \, (j = 1, 2, \cdots)$ のとき，

$$\left\{\omega ; X(\omega) \in \bigcup_{j=1}^{\infty} B_j\right\} = \bigcup_{j=1}^{\infty} \{\omega ; X(\omega) \in B_j\} \in \mathfrak{F}$$

が成り立つので，$\mathfrak{A}$ は σ-加法族となる．すなわち，$\mathfrak{A}$ は開区間の全体を含む σ-加法族となる．ボレル可測集合の全体 $\mathcal{B}_{\mathbb{R}}$ はこのような σ-加法族たちの中で最小のものであるので，

$$\mathcal{B}_{\mathbb{R}} \subset \mathfrak{A}$$

となり，任意の $B \in \mathcal{B}_{\mathbb{R}}$ に対して $B \in \mathfrak{A}$ が成り立ち，$\{\omega ; X(\omega) \in B\} \in \mathfrak{F}$ が成り立つ．　　　　　　　　　　　　　　　　　　　　□

命題 2.4 より，任意のボレル可測集合 B に対して，$\{\omega ; X(\omega) \in B\} \in \mathfrak{F}$ なので，

$$P_X(B) = P(\{\omega ; X(\omega) \in B\})$$

が定められる．

次に，$B_j \bigcap B_k = \varnothing \, (j \neq k)$ となる $\{B_i\}_{i=1}^{\infty}$ を取って，$P_X(\cdot)$ の可算加法性を示そう：

$$\{\omega ; X(\omega) \in B_j\} \bigcap \{\omega \, X(\omega) \in B_k\} = \varnothing$$

に注意すると，

$$P_X\left(\bigcup_{j=1}^{\infty} B_j\right) = P\left(\left\{\omega\,;\,X(\omega)\in\bigcup_{j=1}^{\infty}B_j\right\}\right)$$

$$= P\left(\bigcup_{j=1}^{\infty}\{\omega\,;\,X(\omega)\in B_j\}\right)$$

$$= \sum_{j=1}^{\infty} P(\{\omega\,;\,X(\omega)\in B_j\}) \quad (P(\cdot)\text{ の可算加法性により})$$

$$= \sum_{j=1}^{\infty} P_X(B_j)$$

となり，$P_X(\cdot)$ が $(\mathbb{R}, \mathcal{B}_{\mathbb{R}})$ 上の確率測度となることがわかる.

これを X の**確率分布**とよぶ．また，$P_X(\cdot)$ が，ある関数 $f(x)$ を用いて

$$P_X(B) = \int_B f(x)\,dx \tag{2.1}$$

と表されるとき，$f(x)$ は X の**確率密度関数 (probability density function, p.d.f.)** とよばれる．本来の確率空間 $(\Omega, \mathfrak{F}, P)$ は抽象的な空間であるが，この $P_X(\cdot)$ は具体的なものである．すなわち，確率変数 X を介在して，下の関係が成り立っている.

$$(\Omega, \mathfrak{F}, P):\text{抽象的な存在} \iff (\mathbb{R}, \mathcal{B}_{\mathbb{R}}, P_X(\cdot)):\text{具体的な存在}$$

2.2.5 確率変数の期待値

確率変数 X の期待値 $E[X]$ は確率測度 $P(\omega)$ に関するルベーグ積分で

$$E[X] = \int_{\Omega} X(\omega)P(d\omega) \tag{2.2}$$

と表される．ルベーグ積分については，詳しくは，[1] を参照されたい.

$X(\omega) \geqq 0$ となるときには，$X(\omega)$ の Ω 上の積分は次のように与えられる:

$$\int_{\Omega} X(\omega)P(d\omega)$$
$$= \lim_{n\to\infty}\left(\sum_{k=1}^{n2^n}\frac{k-1}{2^n}P\left(\frac{k-1}{2^n}\leqq X<\frac{k}{2^n}\right)+nP(X\geqq n)\right). \tag{2.3}$$

確率変数 X が確率密度関数 $f(x)$ を持つときは

$$E[X] = \int_{-\infty}^{\infty} xf(x)dx, \qquad E[X^2] = \int_{-\infty}^{\infty} x^2 f(x)dx$$

となる.

また，事象 A の下での X の期待値 $E[X;A]$ を

$$E[X;A] = \int_A X(\omega)P(d\omega) \tag{2.4}$$

で定める.

例えば，

$$E[X\,;\,a < X < b] = \int_{\{\omega\,;\,a < X(\omega) < b\}} X(\omega)P(d\omega)$$

であり，X が確率密度関数 $f(x)$ を持つときには

$$E[X\,;\,a < X < b] = \int_a^b xf(x)\,dx$$

と表される．このような表現は後で，破産確率の評価やリスク尺度のところでよく用いられるので注意されたい.

さらに，$a < X < b$ となる条件の下での X の**条件付き期待値** (conditional expectation) $E[X|a < X < b]$ は $P(a < X < b) > 0$ のとき，

$$E[X|a < X < b] = \frac{E[X\,;\,a < X < b]}{P(a < X < b)}$$

で定められる．X が確率密度関数をもつときには

$$E[X|a < X < b] = \frac{\int_a^b xf(x)\,dx}{\int_a^b f(x)\,dx}$$

と表される.

また，二つの確率変数 X, Y が与えられたとき，$Y = y$ という条件の下での

X の条件付き期待値を

$$E[X|Y = y] = \lim_{\varepsilon \to 0} \frac{E[X \,;\, y - \varepsilon < Y < y + \varepsilon]}{P(y - \varepsilon < Y < y + \varepsilon)}$$

で定める. (極限が存在しないときには形式的に $E[X|Y = y] = 0$ とする.)
この条件付き期待値については, 第 3 章 3.3 節の部分 σ-加法族に関する条件
付き期待値のところでもう一度述べる.

2.2.6 確率変数の分散

確率変数 X の**分散** $V[X]$ を

$$V[X] = E[(X - E[X])^2] = E[X^2] - E[X]^2 \tag{2.5}$$

として定義する. この分散という量は**確率分布の期待値からのズレの大きさを
測る量**である. 分散が小さいと確率分布は期待値周辺の小さな近傍に集中して
いるが, 分散が大きいと, 確率分布は広い範囲に散らばって分布している.

命題 2.5 (**チェビシェフの不等式**) 確率変数 X の期待値 $E[X]$, 分散
$V[X]$ が存在するとき, $\varepsilon > 0$ について

$$P(\,|X - E[X]| > \varepsilon\,) \leqq \frac{V[X]}{\varepsilon^2}$$

が成り立つ.

証明

$$\begin{aligned}
V[X] &= E[(X - E[X])^2] \\
&\geqq E[(X - E[X])^2 \,;\, |X - E[X]| > \varepsilon] \\
&\geqq \varepsilon^2 \cdot P(|X - E[X]| > \varepsilon)
\end{aligned}$$

より証明がえられる. □

2.3 特性関数 $\varphi_X(t)$ とモーメント母関数 $M_X(\theta)$

確率変数 X の特性関数 $\varphi_X(t)$ とモーメント母関数 $M_X(\theta)$ を次で定める.

定義 2.6 (1) X が離散型のとき

$$\varphi_X(t) = E[e^{itX}] = \sum_k e^{itk} P(X = k),$$
$$M_X(\theta) = E[e^{\theta X}] = \sum_k e^{\theta k} P(X = k).$$

k についての和は X の値域によって異なる.

(2) X が連続型で確率密度関数 $f(x)$ を持つとき

$$\varphi_X(t) = E[e^{itX}] = \int_{-\infty}^{\infty} e^{itx} f(x) dx,$$
$$M_X(\theta) = E[e^{\theta X}] = \int_{-\infty}^{\infty} e^{\theta x} f(x) dx.$$

モーメント母関数は変数 θ の値によっては存在しないこともある. 以下で定義される指数分布 $\mathrm{Ex}(\lambda)$ では, $\lambda > \theta$ のときしか $M_X(\theta)$ は存在しない. しかし, 特性関数はすべての $t \in \mathbb{R}$ に対して存在する. (詳しくは, [1]~[5] を参照) 数学的な議論を行うときには特性関数が用いられるが, 上の積分は複素積分となり, 複素解析の知識が必要となるので, アクチュアリー試験にはあまり出題されない.

特性関数に関する以下の性質は非常に重要であり, さまざまな場面で用いられる.

定理 2.7 特性関数 $\varphi_X(t)$ には, X の確率分布に関するすべての情報が詰まっており,

$$\varphi_X(t) = \varphi_Y(t) \Longrightarrow P_X(\cdot) = P_Y(\cdot)$$

が言える.

証明は省略する ([3] ∼ [5] を参照されたい).

確率変数 X の特性関数 $\varphi_X(t)$ が

$$\int_{\mathbb{R}} |\varphi_X(t)| dt < \infty$$

をみたすとき, X の確率密度関数 $f_X(x)$ は

$$f_X(x) = \frac{1}{2\pi} \int_{\mathbb{R}} e^{-itx} \varphi_X(t)\, dt$$

となる (詳しくは [1] ∼ [5] を参照).

2.3.1　キュムラント母関数

確率変数 X に対してモーメント母関数 $M_X(t)$ が存在するとき,

$$g_X(\theta) = \log M_X(\theta) \tag{2.6}$$

で定められる関数 $g_X(\theta)$ を X の**キュムラント母関数**とよぶ.

X の原点周りの k 次モーメント $\mu_k = E[X^k]$ はモーメント母関数 $M_X(\theta)$ から

$$\mu_k = M_X^{(k)}(0)$$

と求められたことを思い出そう.

$g_X(\theta)$ を

$$g_X(\theta) = \sum_{k=0}^{\infty} \frac{\chi_k}{k!} \theta^k \tag{2.7}$$

と展開するとき, $\chi_k = g_X^{(k)}(0)$ を k 次の**キュムラント**とよぶ.

$$g_X'(\theta) = \frac{M_X'(\theta)}{M_X(\theta)}, \qquad g_X''(\theta) = \frac{M_X''(\theta)M_X(\theta) - M_X'(\theta)^2}{M_X(\theta)^2}$$

に注意すると,

$$\chi_1 = \frac{M_X'(0)}{M_X(0)} = \mu_1, \quad (M_X(0) = 1 \text{ となることに注意})$$

$$\chi_2 = \frac{M_X''(0) - M_X'(0)^2}{M_X(0)^2} = \mu_2 - \mu_1^2 = \sigma^2$$

となる. さらに,

$$\chi_3 = \mu_3 - 3\mu_1\mu_2 + 2\mu_1^3 = \left(\frac{E[(X-\mu_1)^3]}{\sigma^3}\right)\sigma^3,$$

$$\chi_4 = \mu_4 - 4\mu_1\mu_3 + 12\mu_1^2\mu_2 - 3\mu_2^2 - 6\mu_1^4 = \left(\frac{E[(X-\mu_1)^4]}{\sigma^4} - 3\right)\sigma^4$$

が成り立つ. ここで, X の歪度, 尖度が次で与えられていることに注意:

$$X \text{ の歪度} = \frac{\chi_3}{\sigma^3}, \qquad X \text{ の尖度} = \frac{\chi_4}{\sigma^4}.$$

2.3.2 確率変数の独立性

確率変数 $X_1, \cdots, X_n$ が独立であるとは, 任意のボレル可測集合 $B_1, \cdots, B_n$ に対して

$$P(X_1 \in B_1, \cdots, X_n \in B_n) = P(X_1 \in B_1) \cdots P(X_n \in B_n)$$

が成り立つことである.

命題 2.8 確率変数 $X_1, \cdots, X_n$ が独立であるとき, 次が成り立つ:

(1) $E[X_1 \cdots X_n] = E[X_1] \cdots E[X_n]$

(2) $V[X_1 + \cdots + X_n] = V[X_1] + \cdots + V[X_n]$

(3) $\varphi_{X_1 + \cdots + X_n}(t) = \varphi_{X_1}(t) \cdots \varphi_{X_n}(t)$

(4) $M_{X_1 + \cdots + X_n}(\theta) = M_{X_1}(\theta) \cdots M_{X_n}(\theta)$

証明は略する ([3], [4] を参照). (2) は数理統計では頻繁に使われる性質であり, (3), (4) は確率分布の再生性を示すときに用いられる.

2.3.3 損害保険におけるクレーム総額

生命保険では保険金は契約時に決められているが，損害保険では事故により生じた損害の大きさによって保険金は変動する．損害保険では事故による保険金支払い請求を**クレーム**の発生とよび，支払い保険金額を**クレーム額**とよぶ．

1年契約の自動車保険を考えてみよう．年間のクレーム件数を確率変数 N で表し，クレーム額を $\{X_i\}$ (独立同分布 (i.i.d.) とし，N とも独立) としたときの，年間クレーム額の総額 S は

$$S = X_1 + \cdots + X_N$$

と表される．

この S の期待値や分散はどのようになるのであろうか？ これから，この問題について考えよう．各 X_i はモーメント母関数 $M(\theta)$ を持つとして，S のモーメント母関数を求めてみよう．

$B_k = \{\omega \, ; \, N(\omega) = k\}$ とすると，次が成立する：

$$
\begin{aligned}
M_S(\theta) = E[e^{\theta S}] &= \sum_{k=0}^{\infty} E[e^{\theta S} \, ; \, B_k] \\
&= \sum_{k=0}^{\infty} E[e^{\theta(X_1 + \cdots + X_k)} ; B_k] \\
&= \sum_{k=0}^{\infty} E[e^{\theta(X_1 + \cdots + X_k)}] P(B_k) \quad (\{X_i\} \text{ と } N \text{ が独立であるので}) \\
&= \sum_{k=0}^{\infty} M(\theta)^k P(N = k) = E[M(\theta)^N].
\end{aligned}
$$

$M_S(\theta)$ を微分すると

$$
\begin{aligned}
M_S'(\theta) &= E[N M(\theta)^{N-1}] M'(\theta), \\
M_S''(\theta) &= E[N(N-1)M(\theta)^{N-2}] M'(\theta)^2 + E[N M(\theta)^{N-1}] M''(\theta)
\end{aligned}
$$

となるので，$E[S] = M_S'(0), E[S^2] = M_S''(0)$ より

$$E[S] = E[N]E[X_i], \tag{2.8}$$

$$V[S] = V[N]E[X_i]^2 + E[N]V[X_i] \tag{2.9}$$

が成り立つ.

以下で損保数理によく登場する確率分布について述べる.

2.3.4 離散型確率分布の例

◉——例 1 (Poisson 分布) **Po**(λ)

X が 0 以上の整数値をとり,確率分布が次で与えられるとき,X は Poisson 分布 Po(λ) に従うといい,$X \sim$ Po(λ) と表す:

$$P(X = k) = e^{-\lambda} \cdot \frac{\lambda^k}{k!} \qquad (k = 0, 1, 2, \cdots, \ \lambda > 0).$$

X の 特性関数,モーメント母関数はテイラー展開を用いて次のように求められる:

$$\varphi_X(t) = e^{\lambda(e^{it}-1)}, \qquad M_X(\theta) = e^{\lambda(e^{\theta}-1)}.$$

X の期待値と分散は

$$E[X] = M_X'(0) = \lambda, \qquad V[X] = M_X''(0) - M_X'(0)^2 = \lambda$$

となる.

$X_1, \cdots, X_n$ が独立でそれぞれ,Po(λ_1), $\cdots$, Po(λ_n) に従うとき,命題 2.8 の (3) の性質を用いると,

$$\varphi_{X_1 + \cdots + X_n}(t) = e^{(\lambda_1 + \cdots + \lambda_n)(e^{it}-1)}$$

となる.これは,Po($\lambda_1 + \cdots + \lambda_n$) の特性関数であるので,定理 2.7 より

$$X_1 + \cdots + X_n \sim \text{Po}(\lambda_1 + \cdots + \lambda_n)$$

が成り立つ.これを **Poisson 分布の再生性**とよぶ.

◉——例 2 (負の二項分布) **NB**($n \, ; p$)

X の取りうる値が $X = 0, 1, 2, \cdots$ であって,その確率分布が

$$P(X = k) = \binom{n + k - 1}{k} p^n q^k$$

$$(k = 0, 1, 2, \cdots, \ 0 < p < 1, \ q = 1 - p)$$

で与えられるとき，X は負の二項分布 $\mathrm{NB}(n; p)$ に従うという．これがなぜ，負の二項分布とよばれるのかを見ていこう．

実数 α と自然数 k に対して，一般化された二項係数を

$$\binom{\alpha}{k} = \frac{\alpha(\alpha - 1) \cdots (\alpha - k + 1)}{k!}$$

で定めるとき，負の二項展開公式

$$\sum_{k=0}^{\infty} \binom{\alpha}{k} (-x)^k \ = \ (1 - x)^\alpha$$

がテイラー展開を用いることによって導かれる．

X が負の二項分布 $\mathrm{NB}(n; p)$ に従うとき，一般化された二項係数を用いると

$$P(X = k) = \binom{-n}{k} p^n (-q)^k \qquad (k = 0, 1, \cdots)$$

と表されることが分かる．

また，X のモーメント母関数 $M_X(\theta)$ は

$$
\begin{aligned}
M_X(\theta) &= \sum_{k=0}^{\infty} e^{\theta k} P(X = k) \\
&= p^n \sum_{k=0}^{\infty} \binom{-n}{k} (-q e^\theta)^k \\
&= p^n (1 - q e^\theta)^{-n}
\end{aligned}
$$

となる．

これより，

$$E[X] = M_X'(0) = \frac{nq}{p},$$

$$E[X^2] = M_X''(0) = n(n+1)\frac{q^2}{p^2} + \frac{nq}{p},$$

$$V[X] = \frac{nq}{p^2}$$

となる.

　負の二項分布は次のようにしても導出される. X の確率分布の母数 λ が確率変数であり, λ が指定されるとき, X は λ を母数とする Poisson 分布 Po(λ) にしたがうとする. λ が次の確率密度関数

$$f(x) = \begin{cases} \dfrac{\beta^\alpha}{\Gamma(\alpha)}x^{\alpha-1}e^{-\beta x} & (x > 0) \\ 0 & (その他) \end{cases}$$

をもつガンマ分布 $\Gamma(\alpha, \beta)$ に従うとき, X の確率分布は

$$P(X = k) = \binom{\alpha + k - 1}{k}\left(\frac{\beta}{1+\beta}\right)^\alpha\left(\frac{1}{\beta+1}\right)^k$$

となり, 負の二項分布が導かれる.

　証明　$X \sim$ Po(λ) で λ がガンマ分布 $\Gamma(\alpha, \beta)$ に従うので,

$$\begin{aligned} P(X = k) &= \int_0^\infty P(X = k|\lambda = x)f(x)dx \\ &= \int_0^\infty \frac{x^k}{k!}e^{-x}f(x)dx \\ &= \frac{\beta^\alpha}{\Gamma(\alpha)k!}\int_0^\infty x^{\alpha+k-1}e^{-(\beta+1)x}dx \\ &= \frac{\beta^\alpha}{\Gamma(\alpha)k!}\frac{1}{(\beta+1)^{\alpha+k}}\int_0^\infty u^{\alpha+k-1}e^{-u}du \\ &= \frac{\beta^\alpha\Gamma(\alpha+k)}{\Gamma(\alpha)k!(\beta+1)^{\alpha+k}} \\ &= \frac{\beta^\alpha(\alpha+k-1)(\alpha+k-2)\cdots(\alpha+1)\alpha\Gamma(\alpha)}{\Gamma(\alpha)k!(\beta+1)^{\alpha+k}} \end{aligned}$$

$$= \binom{\alpha+k-1}{k}\left(\frac{\beta}{\beta+1}\right)^{\alpha}\left(\frac{1}{\beta+1}\right)^{k}$$

となる．これより，$X \sim \mathrm{NB}\left(\alpha;\frac{\beta}{\beta+1}\right)$ となる． □

◉——例 3 (ベルヌーイ分布) $\mathbf{Be}(p)$

X が 0 と 1 の値しか取らず，ある $0 < p < 1$ について，

$$P(X=0) = 1-p, \qquad P(X=1) = p$$

となるとき，X はベルヌーイ分布 $\mathrm{Be}(p)$ に従うという．

また，$\{X_i\}$ が独立同分布となる列 (i.i.d.) で

$$P(X_i=0) = 1-p, \qquad P(X_i=1) = p$$

となるとき，$\{X_i\}$ をベルヌーイ試行列とよぶ．これは，成功する確率が p となる試行を独立に繰り返す試行列である．

$$S_n = X_1 + \cdots + X_n$$

とすると，これは n 回までに成功した回数を表す確率変数で，S_n は 2 項分布 $\mathrm{B}(n;p)$ に従う：

$$P(S_n=k) = \binom{n}{k}p^k(1-p)^{n-k} \qquad (k=0,1,\cdots,n).$$

◉——例 4 (幾何分布) $\mathbf{Ge}(p)$

X が 0 以上の整数値をとり

$$P(X=k) = pq^k \qquad (k=0,1,2,\cdots, q=1-p)$$

となるとき，X は幾何分布 $\mathrm{Ge}(p)$ に従うという．

X のモーメント母関数は $qe^{\theta} < 1$ のとき

$$M_X(\theta) = \sum_{k=0}^{\infty} e^{\theta k}pq^k = \frac{p}{1-qe^{\theta}}$$

となり，期待値と分散は次のようになる：

$$E[X] = \frac{q}{p}, \qquad V[X] = \frac{q}{p^2}.$$

2.3.5 連続型確率分布の例

● ──例 1 (正規分布) $\mathrm{N}(\mu, \sigma^2)$

X の確率密度関数 $f(x)$ が次式で与えられるとき，X は正規分布 $\mathrm{N}(\mu, \sigma^2)$ に従うという．

$$f(x) = \frac{1}{\sqrt{2\pi}\sigma} \exp\left\{-\frac{(x-\mu)^2}{2\sigma^2}\right\}$$

X の特性関数 $\varphi_X(t)$ とモーメント母関数 $M_X(\theta) = E[e^{\theta X}]$ は

$$\varphi_X(t) = \exp\left\{i\mu t - \frac{1}{2}\sigma^2 t^2\right\}, \qquad M_X(\theta) = \exp\left\{\mu\theta + \frac{1}{2}\sigma^2\theta^2\right\}$$

となり，X の期待値 $E[X]$ と分散 $V[X]$ はそれぞれ次のようにして，モーメント母関数から求められる：

$$E[X] = M_X'(0) = \mu, \qquad V[X] = M_X''(0) - (M_X'(0))^2 = \sigma^2.$$

特性関数の形から正規分布が再生性をもつことが分かる．すなわち，$X_1, \cdots, X_n$ が独立でそれぞれ，$X_1 \sim \mathrm{N}(\mu_1, \sigma_1^2), \cdots, X_n \sim \mathrm{N}(\mu_n, \sigma_n^2)$ となるとき，次が成立する：

$$S_n = X_1 + \cdots + X_n \sim \mathrm{N}(\mu_1 + \cdots + \mu_n, \sigma_1^2 + \cdots + \sigma_n^2)$$

● ──例 2 (2 次元正規分布) $\mathrm{N}(\mu_1, \mu_2; \sigma_1^2, \sigma_2^2; \rho)$

2 次元確率変数 (X_1, X_2) の同時 (結合) 確率密度関数が次で与えられるとき，(X_1, X_2) は 2 次元正規分布 $\mathrm{N}(\mu_1, \mu_2; \sigma_1^2, \sigma_2^2; \rho)$ に従うという：

$$f(x_1, x_2)$$
$$= \frac{1}{2\pi\sigma_1\sigma_2\sqrt{1-\rho^2}} \cdot \exp\left\{-\frac{1}{2(1-\rho^2)}\left(\frac{(x_1-\mu_1)^2}{\sigma_1^2}\right.\right.$$

$$-\frac{2\rho(x_1-\mu_1)(x_2-\mu_2)}{\sigma_1\sigma_2}+\frac{(x_2-\mu_2)^2}{\sigma_2^2}\Big)\Big\}.$$

(X_1, X_2) のモーメント母関数 $M(\theta_1, \theta_2)$ を

$$M(\theta_1,\theta_2)=E[\exp\{\theta_1 X_1+\theta_2 X_2\}]$$

で定めると，

$$M(\theta_1,\theta_2)$$
$$=\exp\Big\{\mu_1\theta_1+\mu_2\theta_2+\frac{1}{2}(\sigma_1^2\theta_1^2+2\rho\sigma_1\sigma_2\theta_1\theta_2+\sigma_2^2\theta_2^2)\Big\}$$
$$=\exp\Big\{(\mu_1,\mu_2)\begin{pmatrix}\theta_1\\\theta_2\end{pmatrix}+\frac{1}{2}(\theta_1,\theta_2)\begin{pmatrix}\sigma_1^2 & \rho\sigma_1\sigma_2\\\rho\sigma_1\sigma_2 & \sigma_2^2\end{pmatrix}\begin{pmatrix}\theta_1\\\theta_2\end{pmatrix}\Big\}$$

となる.

行列 C を

$$C=\begin{pmatrix}\sigma_1^2 & \rho\sigma_1\sigma_2\\\rho\sigma_1\sigma_2 & \sigma_2^2\end{pmatrix}$$

で定めると，

C の $(1,1)$ 成分 $=\sigma_1^2=V[X_1]$

C の $(2,2)$ 成分 $=\sigma_2^2=V[X_2]$

C の $(1,2)$ 成分 $=C$ の $(2,1)$ 成分 $=\rho\sigma_1\sigma_2=\mathrm{Cov}[X_1,X_2]$

となるので，この行列 C を**共分散行列**とよぶ.

●——例 3 (指数分布) $\mathrm{Ex}(\lambda)$

X の確率密度関数 $f(x)$ が次式で与えられるとき，X は指数分布 $\mathrm{Ex}(\lambda)$ に従うといい，$X\sim\mathrm{Ex}(\lambda)$ と表す $(\lambda>0)$：

$$f(x)=\begin{cases}\lambda\,e^{-\lambda x} & (x>0)\\0 & (その他)\end{cases}$$

$X \sim \mathrm{Ex}(\lambda)$ のとき，その特性関数とモーメント母関数は

$$\varphi_X(t) = \frac{\lambda}{\lambda - it}, \qquad M_X(\theta) = \frac{\lambda}{\lambda - \theta}$$

となり，$E[X] = \dfrac{1}{\lambda}$, $V[X] = \dfrac{1}{\lambda^2}$ となる．

この分布は再生性を持たない分布であるが，$X_1, \cdots, X_n$ が独立でともに $\mathrm{Ex}(\lambda)$ にしたがうとき，$S_n = X_1 + \cdots + X_n$ の確率密度関数は

$$f_{S_n}(x) = \begin{cases} \dfrac{\lambda^n x^{n-1} e^{-\lambda x}}{\Gamma(n)} & (x > 0) \\ 0 & (x \leqq 0) \end{cases}$$

となり，S_n はガンマ分布 $\Gamma(n, \lambda)$ に従うことが分かる．これはたたみ込み (convolution) の計算を繰り返し行うことによって示すことができる．

また，この事実は第 4 章の命題 4.1 等で用いられる．

◉——例 4 (パレート分布)

X の確率密度関数が次式で与えられるとき，X はパレート分布に従うという．

$$f(x) = \begin{cases} \alpha c^{\alpha} \cdot \dfrac{1}{x^{\alpha+1}} & (x > c) \\ 0 & (x \leqq c) \end{cases}$$

ここで，$\alpha > 0, c > 0$ である．

$\alpha > 1$ のとき X の期待値が存在し，$E[X] = \dfrac{\alpha c}{\alpha - 1}$ となり，$\alpha > 2$ のとき X の分散が存在し，$V[X] = \dfrac{\alpha c^2}{(\alpha - 1)^2 (\alpha - 2)}$ となる．

◉——例 5 (ガンマ分布) $\Gamma(\alpha, \beta)$

X の確率密度関数が次で与えられるとき，X はガンマ分布 $\Gamma(\alpha, \beta)$ に従うといい，$X \sim \Gamma(\alpha, \beta)$ と表す：

$$f(x) = \begin{cases} \dfrac{\beta^{\alpha}}{\Gamma(\alpha)} x^{\alpha-1} e^{-\beta x} & (x > 0) \\ 0 & (x \leqq 0) \end{cases}$$

X のモーメント母関数は $\beta > \theta$ のとき,

$$M(\theta) = \frac{\beta^{\alpha}}{\Gamma(\alpha)} \int_0^{\infty} x^{\alpha-1} e^{-(\beta-\theta)x} dx$$
$$= \left(\frac{\beta}{\beta - \theta} \right)^{\alpha}$$

となり,

$$E[X] = \frac{\alpha}{\beta}, \qquad V[X] = \frac{\alpha}{\beta^2}$$

となる.

ガンマ分布は再生性をもつ. すなわち, $X_1, X_2, \cdots, X_n$ が独立で,

$$X_1 \sim \Gamma(\alpha_1, \beta), \qquad X_2 \sim \Gamma(\alpha_2, \beta), \qquad \cdots, \qquad X_n \sim \Gamma(\alpha_n, \beta)$$

となるとき, $S_n = X_1 + \cdots + X_n$ もガンマ分布に従い,

$$S_n \sim \Gamma(\alpha_1 + \cdots + \alpha_n, \beta)$$

となる.

●——例 6 (対数正規分布) $\mathbf{LN}(\mu, \sigma^2)$

$\log X \sim \mathrm{N}(\mu, \sigma^2)$ となるとき, X は対数正規分布に従うという. $x > 0$ に対して,

$$P(X \leqq x) = P(\log X \leqq \log x)$$
$$= \int_{-\infty}^{\log x} \frac{1}{\sqrt{2\pi}\sigma} e^{-\frac{1}{2\sigma^2}(u-\mu)^2} du$$

であるので, X の確率密度関数は次のようになる:

$$f(x) = \begin{cases} \dfrac{1}{\sqrt{2\pi}\sigma x} \exp\left\{ -\dfrac{(\log x - \mu)^2}{2\sigma^2} \right\} & (x > 0) \\ 0 & (x \leqq 0) \end{cases}$$

X の期待値と分散は次のようになる：

$$E[X] = \exp\left\{ \mu + \frac{1}{2}\sigma^2 \right\}, \qquad V[X] = \exp\{2\mu + \sigma^2\}\left(\exp\{\sigma^2\} - 1 \right).$$

●──例 7 (ベータ分布) **Beta**(a, b)

X の確率密度関数が次で与えられるとき，X はベータ分布 Beta(a, b) に従うという：

$$f(x) = \begin{cases} \dfrac{x^{a-1}(1-x)^{b-1}}{B(a,b)} & (0 < x < 1) \\ 0 & (その他) \end{cases}$$

ここで，$B(a, b)$ はベータ関数であり，

$$B(a, b) = \int_0^1 x^{a-1}(1-x)^{b-1}dx$$

で定められる.

このとき，

$$\begin{aligned} E[X^k] &= \frac{1}{B(a,b)} \int_0^1 x^{k+a-1}(1-x)^{b-1}dx \\ &= \frac{B(k+a, b)}{B(a, b)} \\ &= \frac{(k+a-1)! \cdot (a+b-1)!}{(a-1)! \cdot (k+a+b-1)!} \end{aligned}$$

となる. また，X の期待値と分散は次のようになる：

$$E[X] = \frac{a}{a+b}, \qquad V[X] = \frac{ab}{(a+b)^2(a+b+1)}.$$

2.4 営業保険料, 免責, 再保険

この節では, 損害保険の基本概念である純保険料, 営業保険料, 免責, 再保険について述べる.

例えば, 1 年契約の自動車保険で, 年間クレーム件数 N が平均 λ の Poisson 分布に従い, クレーム額 $\{X_i\}$ は独立同分布で指数分布 $\mathrm{Ex}\left(\dfrac{1}{\mu}\right)$ に従うとし, N は $\{X_i\}$ とも独立であるとしよう. 年間のクレーム総額 S は $S = X_1 + \cdots + X_N$ で与えられる.

このとき, 純保険料 P は S の期待値として定められ, (2.8) より

$$P = E[S] = E[N] \cdot E[X_i] = \lambda\mu$$

となる.

2.4.1 営業保険料

営業保険料 P^* は純保険料と付加保険料の和として定められ, 付加保険料としては社費, 代理店手数料, 利潤が考えられる. また,

$$\varepsilon_0 = \frac{社費}{P^*}, \qquad \theta_0 = \frac{代理店手数料}{P^*}, \qquad \delta_0 = \frac{利潤}{P^*}$$

によって, **社費率** ε_0, **代理店手数料率** θ_0, **利潤率** δ_0 が定められる. また, $\dfrac{P}{P^*}$ を**損害率**とよぶ.

社費率 ε_0, 代理店手数料率 θ_0, 利潤率 δ_0 が与えられたとき, 営業保険料 P^* は

$$P^* = \lambda\mu + P^*(\varepsilon_0 + \theta_0 + \delta_0)$$

より $P^* = \dfrac{\lambda\mu}{1 - \varepsilon_0 - \theta_0 - \delta_0}$ となる.

2.4.2 免責

自動車保険等において損害額が軽微であるとき保険金支払いが免責されることがある. 免責額が a であるとき, 損害額 X が $X > a$ のときのみ保険金が

支払われるが, 支払い保険金 Y として, X から a を差し引いた金額 $X-a$ が支払われることがある. これを**エクセス方式の免責**とよぶ. さらに**支払い限度額**が設定される場合もある.

免責額 a, 支払い限度額 b であるエクセス方式の免責が設定されているとき, 損害額 X に対して支払い保険金 Y は

$$Y = \begin{cases} 0 & (X \leqq a) \\ X-a & (a < X \leqq a+b) \\ b & (X > a+b) \end{cases}$$

で与えられる.

また, **フランチャイズ方式の免責**というのもある. これは免責額を a として, 損害額 X に対して, 支払い保険金 Y が

$$Y = \begin{cases} 0 & (X \leqq a) \\ X & (X > a) \end{cases}$$

で与えられるものである.

例題 2.1 クレーム件数 N が $\mathrm{Po}(2)$ に従い, クレーム額が $\mathrm{Ex}\left(\frac{1}{5}\right)$ に従うとする. また, 社費率 ε_0, 代理店手数料率 θ_0, 利潤率 δ_0 が次で与えられているとする:

$$\varepsilon_0 = 0.2, \qquad \theta_0 = 0.15, \qquad \delta_0 = 0.05.$$

(1) 営業保険料 P^* を求めよ.

(2) 免責額 2, 支払い限度額 13 のエクセス方式の免責が設定されたとき, 営業保険料 $\hat{P}^*$ を求めよ. ただし, 社費は前と同じであるとし, θ_0, δ_0 も前と同じであるとする.

(3) 割引率 d ($\hat{P}^* = (1-d)P^*$ で定められる) を求めよ.

解 (1) 純保険料 $P = E[N] \cdot E[X_i] = 2 \cdot 5 = 10$ であるので,

$$P^* = 10 + P^*(0.2 + 0.15 + 0.05)$$

より, $P^* = \dfrac{50}{3}$ となる.

(2) 免責を設定したときの純保険料 $\hat{P}$ は

$$\hat{P} = \int_2^{15} (u-2) \cdot \frac{1}{5} e^{-\frac{1}{5}u} du + 13 \int_{15}^{\infty} \frac{1}{5} e^{-\frac{1}{5}u} du = 5(e^{-\frac{2}{5}} - e^{-3}).$$

(1) における社費は $\dfrac{50}{3} \cdot 0.2 = \dfrac{10}{3}$ であるので

$$\hat{P}^* = 5(e^{-\frac{2}{5}} - e^{-3}) + \frac{10}{3} + \hat{P}^*(0.15 + 0.05)$$

より, $\hat{P}^* = \dfrac{25}{4}(e^{-\frac{2}{5}} - e^{-3}) + \dfrac{25}{6}$ となる.

(3) (1), (2) より, $d = \dfrac{3}{4} - \dfrac{3}{8}(e^{-\frac{2}{5}} - e^{-3})$ となる.

例題 2.2 ある保険のクレーム額 X の分布が指数分布 $\mathrm{Ex}\left(\dfrac{1}{\lambda}\right)$ に従っているとする. これに免責金額 a, 支払い限度額 b のエクセス方式の免責を設定したところ, 支払い保険金に対して以下のデータが得られた.

	保険金支払件数	支払保険金総額
保険金額が b 未満のケース	n_1	m
保険金額が b のケース	n_2	$b\,n_2$

(1) 上の免責を設定したとき, 実際に支払いが生じた支払保険金額 Y の分布を求めよ.

(2) 上のデータから最尤法により λ の値を推定せよ.

解 (1) 保険金の支払いは $X > a$ のときに生ずるので, Y の分布関数は以下のようになる:

$$P(Y \leqq u) = P(X - a \leqq u | X > a) = \frac{P(a < X \leqq a+u)}{P(X > a)}$$

$$= \frac{e^{-\frac{1}{\lambda}a} - e^{-\frac{1}{\lambda}(a+u)}}{e^{-\frac{1}{\lambda}a}} = 1 - e^{-\frac{1}{\lambda}u}.$$

よって, Y の分布は $\mathrm{Ex}\left(\frac{1}{\lambda}\right)$ となる (指数分布の無記憶性).

(2) $y_1, \cdots, y_{n_1}$ が b 未満のデータとすると, $y_1 + \cdots + y_{n_1} = m$ となり, 尤度関数 $\ell(\lambda)$ は

$$\ell(\lambda) = \frac{1}{\lambda^{n_1}} e^{-\frac{1}{\lambda}(y_1+\cdots+y_{n_1})} \cdot \left(\int_b^\infty \frac{1}{\lambda} e^{-\frac{1}{\lambda}x} dx\right)^{n_2} = \frac{1}{\lambda^{n_1}} e^{-\frac{m+bn_2}{\lambda}}$$

となり, $\log \ell(\lambda)$ を λ で微分して 0 とおくことにより, λ の最尤推定量 $\hat{\lambda} = \dfrac{m+b\cdot n_2}{n_1}$ となる.

2.4.3 再保険

損害保険 (元受保険) を受けた会社が保険金支払いの責任の全部, またはその一部を他社に移転することを**再保険**という. 再保険を出す会社を**出再会社**, 再保険を受ける会社を**受再会社**とよぶ. また, 再保険に出すことを**出再**という. 再保険を結ぶにあたって, 出再保険会社から受再保険会社に保険料が支払われる. この保険料は再保険の種類によって算出方法が異なっている.

●——1. 比例再保険

例えば10%比例再保険の場合, 元受保険で保険金支出が生じた場合, 保険金の 10% が受再保険会社から回収できる.

例題 2.3 1事故当たりの保険金 X は指数分布 $\mathrm{Ex}\left(\frac{1}{\lambda}\right)$ に従っている. 100件のデータ $\{x_i\}_{i=1}^{100}$ について $x_1 + \cdots + x_{100} = 15600$ が分かっている. このとき, 最尤法で λ の値を推定し, 10%比例再保険の 1 事故当たりの回収保険金額の期待値を求めよ.

解 λ の対数尤度関数は

$$\log \ell(\lambda) = -100 \log \lambda - \frac{15600}{\lambda}$$

となるので，最尤推定量は $\hat{\lambda} = 156$ となる．したがって

10%比例再保険回収保険金期待値

$$= 0.1 \int_0^\infty x \frac{1}{156} e^{-\frac{1}{156}x} dx = 0.1 \cdot 156 = 15.6$$

となる．

●——2. 超過損害額再保険 (ELC 再保険)

エクセスポイントが m_1，カバーリミットが m_2 の ELC 再保険とは，元受保険での支払い保険金が X であるとき，

$$再保険金 (回収保険金) = \begin{cases} X - m_1 & (m_1 < X \leqq m_1 + m_2) \\ m_2 & (m_1 + m_2 < X) \\ 0 & (X \leqq m_1) \end{cases}$$

となる再保険である．

例題 2.4 エクセスポイントが m_1，カバーリミットが m_2 の ELC 再保険において，元受保険会社での支払い保険金が $X \sim \mathrm{Ex}(\lambda)$ であるとき，出再保険会社からの回収保険金の期待値を求めよ．

解

回収保険金期待値

$$= \int_{m_1}^{m_1+m_2} (x - m_1) \cdot \lambda e^{-\lambda x} dx + m_2 \int_{m_1+m_2}^\infty \lambda e^{-\lambda x} dx$$
$$= \frac{1}{\lambda} e^{-\lambda m_1}(1 - e^{-\lambda m_2}).$$

演習問題

2.1

確率変数 X の確率密度関数 $f(x)$ が

$$f(x) = \begin{cases} ce^{-\frac{3}{\alpha}(x-\alpha)} & (0 < x < \alpha) \\ c\left(\dfrac{\alpha}{x}\right)^3 & (\alpha \leqq x) \\ 0 & (その他) \end{cases}$$

で与えられている.

(1) c の値を求めよ.

(2) $Y = \max\{X, 2\alpha - X\}$ の期待値を求めよ.

2.2

X_1, X_2, X_3 が独立同分布で，確率密度関数 $f(x)$ が次で与えられている：

$$f(x) = \begin{cases} 3x^2 & (0 < x < 1) \\ 0 & (その他) \end{cases}.$$

このとき，$Z = X_1 X_2 X_3$ の確率密度関数を求めよ.

2.3

離散型確率変数 X の確率分布 $f_X(k) = P(X = k)$ に関して，新たな確率分布 $f_X^\lambda(k)$ を

$$f_X^\lambda(k) = \frac{e^{\lambda k} f_X(k)}{\sum_\ell e^{\lambda \ell} f_X(\ell)}$$

で定める．確率分布から確率分布へのこの変換を離散型の**エッシャー変換**とよぶ.

(1) $X \sim \mathrm{B}(n; p)$ のとき，$\lambda \in \mathbb{R}$ に対して，$f_X^\lambda(k)$ を求めよ.

(2) $X \sim \mathrm{Po}(\mu)$ のとき，$\lambda > 0$ に対して，$f_X^\lambda(k)$ を求めよ.

(3) $X \sim \mathrm{Ge}(p)$ のとき，$qe^\lambda < 1$ となる λ に対して，$f_X^\lambda(k)$ を求めよ.

2.4

$X \sim \mathrm{Po}(\lambda)$ であるとき，X のキュムラント母関数を求め，k 次のキュムラントを求めよ．さらに，X の歪度，尖度を求めよ．

2.5

$X_1, \cdots, X_n$ が独立ですべて幾何分布 $\mathrm{Ge}(p)$ に従うとき，

$$S_n = X_1 + \cdots + X_n$$

は負の二項分布 $\mathrm{NB}(n; p)$

$$P(S_n = k) = \binom{-n}{k} p^n (-q)^k$$

に従うことを示せ．

2.6

ある保険契約のクレーム 1 件あたりの損害額 X はパレート分布

$$f(x|\alpha) = \begin{cases} \alpha x^{-(\alpha+1)} & (x > 1) \\ 0 & (x \leqq 1) \end{cases}$$

に従っている．この保険契約には免責額 3 のエクセス方式の免責が設定されている．

(1) 免責額 3 のエクセス方式の免責が設定されたとき，実際に支払いがなされた保険金支払い額 Y の確率密度関数 (p.d.f.) を求めよ ($Y > 0$ に注意)．

(2) 保険金支払いがなされた 10 件のデータが次のように与えられている．

6, 7, 7, 8, 2, 9, 3, 5, 7, 6

このとき，最尤法により α の推定値を求めよ．ただし，$\log 2 = 0.69315$, $\log 3 = 1.09862$, $\log 5 = 1.60944$, $\log 11 = 2.39790$ とする．

(3) $a > 1$ として，(2) のデータに対してモーメント法で α の値を推定せよ．

(4) (3) で求まった α の値の下で，免責額を 3 から 5 に変更し，支払い限度額 100 を設定した．このとき，保険金支払いのない場合をも含んだすべて

の契約に対する支払い保険金の期待値の減少率を求めよ.

2.7

年間クレーム件数 N は幾何分布 $P(N = k) = pq^k$ に従い,クレーム額 $\{Z_i\}$: i.i.d. で $\text{Ex}(\lambda)$ に従うとする.社費率を c_1,代理店手数料率を c_2,利潤率を c_3 とする.

(1) 純保険料 P,営業保険料 P^* を求めよ.

(2) 免責額 a のエクセス方式の免責を設定した.このときの純保険料 $\hat{P}$ を求めよ.

(3) 社費を元と同様とし,代理店手数料率,利潤率を前と同様としたときの営業保険料 $\hat{P}^*$ を求めよ.

2.8

ある保険商品のクレーム額 X は対数正規分布 $\text{LN}(\mu, \sigma^2)$ に従い,予定社費率 を 0.3,予定代理店手数料率を 0.15,利潤率を 0.05 とする.予定社費のうち,半分は契約条件により一定とし半分は保険金支払い件数に比例するとする.ただし,代理店手数料率と利潤は営業保険料に比例するものとする.

(1) $\mu = -\dfrac{1}{2}\sigma^2$ のとき営業保険料 P^* を求めよ.

(2) 免責額 $e^{-\frac{1}{2}\sigma^2}$ のフランチャイズ方式の免責を設定したときの営業保険料 $\hat{P}^*$ を求めよ.ただし,$\Phi(\sigma) = \alpha_0$ であるとする.

第 3 章

確率過程と条件付き期待値

3.1　フィルトレーションとは

確率過程とは時間パラメータ t をもつ確率変数の列 $\{X_t\}$ と定められる.時間パラメータは $t = 0, 1, 2, \cdots$ のように離散時間の場合もあれば,$t \geqq 0$ のように連続時間の場合もある.

確率過程を考える上で重要な役割を果たすものとして,フィルトレーション (filtration) という概念がある.これは $\{X_t\}$ により時間 t までにえられた情報の増大列 $\{\mathfrak{F}_t\}$ として定められる.また,時間 t までにえられた情報 $\mathfrak{F}_t$ を元にした確率変数 X の条件付き期待値 $E[X|\mathfrak{F}_t]$ も重要な役割を果たす.これらの概念を数学的に表現するために測度論の言葉は必要欠くべからざるものである.

$(\Omega, \mathfrak{F}, P)$ という確率空間の下,時間パラメータ t をもつ確率変数の列 $\{X_t\}$ が与えられているとする.このとき,$\mathfrak{F}$ の部分 σ-加法族 ($\mathfrak{F}$ の部分集合で σ-加法族となるもの) $\mathfrak{F}_t^0$ を時間 t までの基本的事象

$$A = \{\omega \,; X_{t_1}(\omega) \in B_1, \cdots, X_{t_m}(\omega) \in B_m\}$$

$$(0 < t_1 < \cdots < t_m, \; B_1, \cdots, B_m \in \mathcal{B}_{\mathbb{R}})$$

のすべてを含む最小の σ-加法族として定義する.$u \leqq t$ とするとき,$\{\omega \,; X_u(\omega) < \alpha\} \in \mathfrak{F}_t^0$ であるので,$X_u \,(u \leqq t)$ はすべて $\mathfrak{F}_t^0$-可測となる.

$$\mathfrak{F}_t^+ = \bigcap_{u > t} \mathfrak{F}_u^0$$

とすると，これも σ-加法族となり，右連続性

$$\mathfrak{F}_t^+ = \bigcap_{u>t} \mathfrak{F}_u^+$$

が成り立つ.

次に $\mathfrak{F}_t$ を $\mathfrak{F}_t^+$ を完備化したものとして定義する. すなわち，$\mathfrak{F}_t^+$ と $\mathfrak{N} = \{A \in \mathfrak{F}; P(A) = 0\}$ を含む最小の σ-加法族として $\mathfrak{F}_t$ を定める.

このとき $\{\mathfrak{F}_t\}$ は次の条件を満たす:

   (i) $t < s \Longrightarrow \mathfrak{F}_t \subset \mathfrak{F}_s$ （単調増大性）

   (ii) $\displaystyle\bigcap_{u>t} \mathfrak{F}_u = \mathfrak{F}_t$ （右連続性）

   (iii) $\mathfrak{N} \subset \mathfrak{F}_t$ （完備性）

(i) の単調性は時間が経てば経つほど観測可能な事象が増え，情報が増大していることを意味している.

完備性について詳しく述べることはできないが，完備性は次のようなことを意味している.

一般に確率空間は確率測度から外測度を定めそれを用いて可測性を定め，σ-加法族を拡張していくことができる. 完備であるということは，そのようにして σ-加法族を拡張しようとしても，それ以上拡張することができないことを意味している. この完備性がなければ，例えば次のような議論を成立させることができなくなる:

$$X : \mathfrak{F}_t\text{-可測で，確率 } 1 \text{ で } X = Y \text{ が成立} \Longrightarrow Y \text{ も } \mathfrak{F}_t\text{-可測}$$

この情報の増大列 $\{\mathfrak{F}_t\}$ をフィルトレーションとよぶ.

3.2　ランダム・ウォークとフィルトレーション

ランダム・ウォークを例にとってこのフィルトレーションがどう表されるかを見ていこう.

　単位時間ごと，コインを投げて表が出れば右へ 1 移動，裏が出れば左へ 1 移動するランダムな運動を無限回続けて得られるのがランダム・ウォークである．ここで，表が出る確率 = 裏が出る確率 = $\dfrac{1}{2}$ とする．このランダム・ウォークを数学的に表現するために Ω を次で定義する：

$$\Omega = \{\omega = (\omega_1, \omega_2, \cdots) : 各 \omega_i = 0 \text{ or } 1\}.$$

　$\omega_m = 1$ が m 回目のコイン投げの結果が表であることを意味し，$\omega_m = 0$ が m 回目のコイン投げの結果が裏であることを意味する．さらに，$\omega = (\omega_1, \omega_2, \cdots)$ に対して $X_n(\omega) = 2\omega_n - 1$ とすると，$\omega_n = 1$ のとき，$X_n(\omega) = +1$ となり，$\omega_n = 0$ のとき，$X_n(\omega) = -1$ となる．
　さらに，

$$S_n(\omega) = X_1(\omega) + \cdots + X_n(\omega)$$

と定めると，S_n はランダム・ウォークの n ステップ目の位置を表している．
　$\omega = (\omega_1, \omega_2, \cdots)$ は 0 と 1 の無限列であることに注意して，$f(\omega)$ を

$$f(\omega) = \sum_{k=1}^{\infty} \frac{\omega_k}{2^k}$$

で定めると，$f(\omega) \in [0, 1]$ となり，逆に $x \in [0, 1]$ を 2 進展開

$$x = \sum_{k=1}^{\infty} \frac{x_k}{2^k}$$

することによって，コイン投げの試行結果 $\omega = (x_1, x_2, \cdots)$ を作り上げることができる．すなわち，$f : \Omega \to [0, 1]$ は全単射となり，コイン投げの結果 $\omega \in \Omega$ と $x \in [0, 1]$ は 1 : 1 に対応し，コイン投げの結果 ω は数 x で表すことができる．(2 進展開で $0.1 = \dfrac{1}{2}$ は $0.011\cdots$ と表すことができるが有限小数で表される表現を考える．)
　時点 $t = 1$ に対して，Ω の分割 $\Delta_1 = \{g(1), g(0)\}$ を考える：

$$g(1) = \{\omega \in \Omega \,;\, \omega_1 = 1\},$$

$$g(0) = \{\omega \in \Omega \,;\, \omega_1 = 0\}.$$

$g(1)$ は第 1 ステップで右に 1 移動する事象を表し，$g(0)$ は第 1 ステップで左に 1 移動する事象を表す．この分割 Δ_1 で生成される σ-加法族を $\mathfrak{F}_1$ とする．

次に時点 $t = 2$ に対しても，Ω の分割 $\Delta_2 = \{g(1,1), g(1,0), g(0,1), g(0,0)\}$ を考える：

$$g(1,1) = \{\omega \in \Omega \,;\, \omega_1 = 1, \omega_2 = 1\},$$

$$g(1,0) = \{\omega \in \Omega \,;\, \omega_1 = 1, \omega_2 = 0\},$$

$$g(0,1) = \{\omega \in \Omega \,;\, \omega_1 = 0, \omega_2 = 1\},$$

$$g(0,0) = \{\omega \in \Omega \,;\, \omega_1 = 0, \omega_2 = 0\}.$$

このとき，$g(1,1), g(1,0)$ は $g(1)$ を分割したものであり，$g(0,1), g(0,0)$ は $g(0)$ を分割したものとなっている．分割 Δ_2 で生成される σ-加法族を $\mathfrak{F}_2$ とする．時点 $t = 2$ までのランダム・ウォークに関する事象は $\mathfrak{F}_2$ で表される．

一般に，時点 $t = n$ における Ω の分割 $\Delta_n = \{g(i_1, \cdots, i_n)\}_{i_1, \cdots, i_n = 0 \text{ or } 1}$ を

$$g(i_1, \cdots, i_n) = \{\omega \in \Omega \,;\, \omega_1 = i_1, \cdots, \omega_n = i_n\}$$

で定め，分割 Δ_n で生成される σ-加法族を $\mathfrak{F}_n$ で定める．

Δ_n の各分割成分は分割 Δ_{n-1} のある分割成分を分割したものとなってい

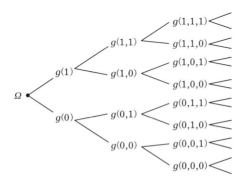

図 3.1 Ω の分割列

る.すなわち,Δ_n は Δ_{n-1} の分割の仕切りに新たな仕切りを付け加えたものとなっている.このとき,Δ_n は Δ_{n-1} の細分であるという.また,$\{\mathfrak{F}_n\}$ の間には,

$$\mathfrak{F}_1 \subset \mathfrak{F}_2 \subset \cdots \subset \mathfrak{F}_{n-1} \subset \mathfrak{F}_n \subset \cdots$$

という関係が成り立っている.

ランダム・ウォークのフィルトレーションは時間の経過とともに細かくなっていく分割の列 $\{\Delta_n\}_n$ で生成される σ-加法族の列 $\{\mathfrak{F}_n\}_n$ として表現される.

3.3　条件付き期待値とマルチンゲール

3.3.1　条件付き期待値と条件付き確率

確率過程を考えるとき,時間 t までの情報を元にした確率変数 X の条件付き期待値 $E[X|\mathfrak{F}_t]$ を定義することが度々必要となる.まず,確率空間 $(\Omega, \mathfrak{F}, P)$ において,$\mathfrak{F}$ の部分 σ-加法族 $\mathcal{G}$($\mathcal{G}$ は $\mathcal{G} \subset \mathfrak{F}$ で $\mathcal{G}$ 自身も σ-加法族となるもの)に関する確率変数 X の条件付き期待値 $E[X|\mathcal{G}](\omega)$ を次で定める.

定義 3.1　$E[X|\mathcal{G}](\omega)$ を次の二つの条件をみたす確率変数として定義する:

 (i)　$E[X|\mathcal{G}](\omega)$ は $\mathcal{G}$-可測である.

 (ii)　任意の $A \in \mathcal{G}$ に対して

$$\int_A E[X|\mathcal{G}](\omega) dP(\omega) = \int_A X(\omega) dP(\omega)$$

が成り立つ.

注意 1　$X \geqq 0$ であるとき,

$$Q(A) = \int_A X(\omega) dP(\omega) \qquad (A \in \mathcal{G})$$

とおくと, $Q(\cdot)$ は $(\Omega, \mathcal{G})$ 上の測度となり, $Q(\cdot)$ は $(\Omega, \mathcal{G})$ 上の測度 $P(\cdot)$ に対して絶対連続となる. すなわち,

$$P(A) = 0 \Longrightarrow Q(A) = 0$$

が成り立つ. ラドン-ニコディムの定理により, $\mathcal{G}$-可測な確率変数 $\dfrac{dQ}{dP}(\omega)$ が存在して,

$$Q(A) = \int_A \frac{dQ}{dP}(\omega)dP(\omega) \qquad (A \in \mathcal{G})$$

が成り立つ. このことから $E[X|\mathcal{G}](\omega)$ を

$$E[X|\mathfrak{F}_t](\omega) = \frac{dQ}{dP}(\omega) \quad \text{(a.s.)}$$

で定めても良い. ここで, a.s. は almost surely の略で,

$$X(\omega) = Y(\omega) \quad \text{(a.s.)}$$

はある確率測度 0 の集合 $N \in \mathcal{F}$ が存在して, 任意の $\omega \in \Omega \setminus N$ に対して, $X(\omega) = Y(\omega)$ が成り立つことを意味している.

注意 2 定義 3.1 の (ii) において $A = \Omega$ とすると,

$$E[E[X|\mathfrak{F}_t]] = E[X]$$

が成り立つ.

●——分割により生成された σ-加法族 $\mathfrak{F}(B_1, \cdots, B_m)$ に関する条件付き期待値

前に定義した分割 $\{B_1, \cdots, B_m\}$ で生成される σ-加法族 $\mathfrak{F}(B_1, \cdots, B_m)$ に関する条件付き期待値について考えよう.

$X(\omega)$ を確率変数として, $Y(\omega) = E[X|\mathcal{G}](\omega)$ とすると, $Y(\omega)$ は $\mathfrak{F}(B_1, \cdots, B_m)$-可測なので, 各 B_k 上で一定値をとる. したがって, $\omega \in B_k$ のとき

$$Y(\omega)P(B_k) = \int_{B_k} Y(\omega)dP(\omega)$$

$$= \int_{B_k} X(\omega)dP(\omega) \qquad (\text{条件付き期待値の条件 (ii) より})$$

となるので,

$$Y(\omega) = \frac{\displaystyle\int_{B_k} X(\omega)dP(\omega)}{P(B_k)} = \frac{E[X; B_k]}{P(B_k)} \qquad (\omega \in B_k)$$

となり, 初等的な意味での条件付き期待値の概念と一致する.

●──条件付き確率

$A \in \mathfrak{F}$ として, A の定義関数 $\chi_A(\omega)$ を次で定める:

$$\chi_A(\omega) = \begin{cases} 1 & (\omega \in A) \\ 0 & (\omega \notin A) \end{cases}$$

このとき, 時点 t までにえられた情報をもとにした, 事象 A の条件付き確率 $P(A|\mathfrak{F}_t)(\omega)$ を

$$P(A|\mathfrak{F}_t)(\omega) = E[\chi_A|\mathfrak{F}_t](\omega)$$

で定める.

命題 3.2 (条件付き期待値の性質) $\mathcal{G}, \mathcal{G}_1, \mathcal{G}_2$ を $\mathfrak{F}$ の部分 σ-加法族たち (σ-加法族であって, $\mathfrak{F}$ の部分集合となるもの) とする. このとき次が成り立つ:

(1) $E[aX + bY|\mathcal{G}](\omega) = aE[X|\mathcal{G}](\omega) + bE[Y|\mathcal{G}](\omega)$ (a.s.) (線形性)

(2) X が $\mathcal{G}$-可測であるとき, $E[X|\mathcal{G}](\omega) = X(\omega)$ となる.

(3) X が $\mathcal{G}$-可測であり, Y が $\mathfrak{F}$-可測であるとき, 次が成り立つ:

$$E[XY|\mathcal{G}](\omega) = X(\omega)E[Y|\mathcal{G}](\omega) \quad (\text{a.s.}).$$

(4) $\mathcal{G}_1 \subset \mathcal{G}_2$ であるとき, 次が成り立つ:

$$E[\, E[X|\mathcal{G}_2] \,|\, \mathcal{G}_1](\omega) = E[X|\mathcal{G}_1](\omega) \quad (\text{a.s.}).$$

(5) X が $\mathcal{G}$ と独立，すなわち，任意の $B \in \mathcal{G}$ に対して，X と χ_B が独立であるとき，次が成り立つ：

$$E[X|\mathcal{G}](\omega) = E[X] \quad \text{(a.s.)}.$$

この命題の証明は，$\mathcal{G}, \mathcal{G}_1, \mathcal{G}_2$ が Ω の分割によって生成された σ-加法族であるときには簡単にえられる.

(1) の証明は自明なので，(2) について考えよう. $\mathcal{G}$ が Ω の分割 $\{A_1, \cdots, A_n\}$ で生成された σ-加法族であるとする. $X(\omega)$ を $\mathcal{G}$-可測とすると，$X(\omega)$ は各分割成分 A_i 上で一定値 α_i をとる. すなわち，

$$X(\omega) = \alpha_i \qquad (\omega \in A_i)$$

となる. このとき，$\omega \in A_i$ に対して $E[X|\mathcal{G}](\omega)$ は

$$E[X|\mathcal{G}](\omega) = \frac{E[X; A_i]}{P(A_i)} = \frac{\alpha_i P(A_i)}{P(A_i)} = \alpha_i = X(\omega)$$

となり，(2) が得られる. (3) に関しても同様に示される. (4) については演習問題 **3.2** を参照されたい.

一般の場合の証明はここでは省略する. [5] を参照されたい.

3.3.2 マルチンゲール

この節では，条件付き期待値の性質を用いて，ランダム・ウォークの次の性質について考えよう.

$m \leqq n$ とするとき，S_n の $\mathfrak{F}_m$ に関する条件付き期待値は条件付き期待値の線形性より

$$E[S_n|\mathfrak{F}_m] = E[X_1 + \cdots + X_m|\mathfrak{F}_m] + E[X_{m+1} + \cdots + X_n|\mathfrak{F}_m]$$

となる. 第 1 項 $X_1 + \cdots + X_m$ は $\mathfrak{F}_m$-可測であるので，命題 3.2 の (2) より

$$E[X_1 + \cdots + X_m|\mathfrak{F}_m] = X_1 + \cdots + X_m = S_m$$

となり，第 2 項については，$X_{m+1} + \cdots + X_n$ は $\mathfrak{F}_m$ と独立なので命題 3.2

の (5) より

$$E[X_{m+1} + \cdots + X_n|\mathfrak{F}_m] = E[X_{m+1} + \cdots + X_n] = 0$$

となる．したがって，

$$E[S_n|\mathfrak{F}_m] = S_m$$

が成り立つ．すなわち，時刻 m までの情報を下に m より先の S_n の条件付き期待値をとると，m 時点での値 S_m となるのである．このような性質をもつ確率過程を**マルチンゲール**という．

定義 3.3 確率過程 $\{X_t\}_{t\geq 0}$ が 各 $t \geq 0$ について $E[|X_t|] < \infty$ で，$s \leq t$ ならば

$$E[X_t|\mathfrak{F}_s](\omega) = X_s(\omega) \quad \text{(a.s.)} \tag{3.1}$$

が成り立つとき，$\{X_t\}$ を**マルチンゲール (martingale)** とよぶ．

注意 3 確率過程 $\{X_t\}_{t\geq 0}$ が，各 $t \geq 0$ について X_t が $\mathfrak{F}_t$-可測で，$E[|X_t|] < \infty$ で，$s \leq t$ ならば

$$E[X_t|\mathfrak{F}_s](\omega) \leq X_s(\omega) \quad \text{(a.s.)} \tag{3.2}$$

が成り立つとき，$\{X_t\}_{t\geq 0}$ を**優マルチンゲール (super-martingale)** とよぶ．また上の不等式の代わりに

$$E[X_t|\mathfrak{F}_s](\omega) \geq X_s(\omega) \quad \text{(a.s.)} \tag{3.3}$$

が成り立つとき，$\{X_t\}_{t\geq 0}$ を**劣マルチンゲール (sub-martingale)** とよぶ．

マルチンゲールは優マルチンゲールであり，劣マルチンゲールでもある．確率論の専門書を読んでいると，後で述べる任意抽出定理 (optional sampling theorem) などは，優マルチンゲールや劣マルチンゲールの言葉で書かれていることが多い．マルチンゲールであれば両方の性質を満たしていることに注意しよう．

このマルチンゲールという概念は後で Lundberg モデルの破産確率の評価で用いられる．また，条件付き期待値は損害保険数理では避けて通れない**クレーム件数過程**である Poisson 過程において頻繁に用いられるので命題 3.2 の性質を用いる演習問題を例題として与えておこう．命題 3.2 の性質がスムーズに使えるようになってもらいたい．

例題 3.1 Z を $E[|Z|] < \infty$ となる確率変数とするとき，

$$Z_t(\omega) = E[Z|\mathfrak{F}_t](\omega)$$

とおくと，$\{Z_t\}$ はマルチンゲールとなることを示せ．

解 $s \leqq t$ とするとき，命題 3.2 の (4) を用いると，

$$E[Z_t|\mathfrak{F}_s](\omega) = E[E[Z|\mathfrak{F}_t]|\mathfrak{F}_s]](\omega) = E[Z|\mathfrak{F}_s](\omega) = Z_s(\omega)$$

となるからである．

例題 3.2 $\{X_t\}$ を $X_0 = 0$ となるマルチンゲールとし，$0 = t_0 < t_1 < t_2 < \cdots \to \infty$ という時点列 $\{t_i\}_{i=1}^{\infty}$ をとり，$i = 0, 1, 2, \cdots$ に対して $\mathfrak{F}_{t_i}$-可測となる確率変数 α_i をとる．

$t_m \leqq t < t_{m+1}$ となる t に対して

$$Z_t = \alpha_0 X_{t_1} + \alpha_1(X_{t_2} - X_{t_1}) + \cdots + \alpha_m(X_t - X_{t_m})$$

と定める．このとき $\{Z_t\}$ がマルチンゲールとなることを示せ．

解 $t_j \leqq s < t_{j+1} \leqq t_m \leqq t < t_{m+1}$ とする．

$$Z_t = Z_{t_m} + \alpha_m(X_t - X_{t_m})$$

と表され，Z_{t_m}, α_m は $\mathfrak{F}_{t_m}$-可測であることに注意すると，命題 3.2 より

$$E[Z_t|\mathfrak{F}_s](\omega) = E[E[Z_{t_m} + \alpha_m(X_t - X_{t_m})|\mathfrak{F}_{t_m}]|\mathfrak{F}_s]$$

(命題 3.2 の (4) より)

$$= E[Z_{t_m} + \alpha_m E[(X_t - X_{t_m})|\mathfrak{F}_{t_m}]|\mathfrak{F}_s](\omega)$$

$$(命題 3.2 の (2), (3) より)$$

ここで，X_t はマルチンゲールなので，

$$E[(X_t - X_{t_m})|\mathfrak{F}_{t_m}] = X_{t_m} - X_{t_m} = 0$$

となる．

したがって，

$$E[Z_t|\mathfrak{F}_s](\omega) = E[Z_{t_m}|\mathfrak{F}_s](\omega)$$

となる．順次 $\mathfrak{F}_{t_{m-1}}, \cdots, \mathfrak{F}_{t_{j+1}}$ に関して条件付き期待値をとることにより

$$E[Z_t|\mathfrak{F}_s](\omega) = E[Z_{t_{j+1}}|\mathfrak{F}_s](\omega)$$
$$= E[Z_{t_j} + \alpha_j(\omega)E[(X_{t_{j+1}} - X_{t_j})|\mathfrak{F}_s](\omega)$$
$$= Z_{t_j}(\omega) + \alpha_j(\omega)(X_s(\omega) - X_{t_j}(\omega))$$
$$= Z_s(\omega)$$

となり，Z_t がマルチンゲールとなることがわかる．

3.3.3 損害保険数理でよく用いられる関係式

●——分散と条件付き期待値

確率空間 $(\Omega, \mathfrak{F}, P)$ 上で定義された二つの確率変数 $X(\omega), Y(\omega)$ を考える．

この二つの確率変数 X, Y に対して，$E[X|Y](\omega)$ という条件付き期待値が実用上よく用いられる．これは $Y = Y(\omega)$ という条件の下での条件付き期待値である．この $E[X|Y]$ は次のように定義される．まず，$\mathcal{G}_Y$ を Y で生成される $\mathfrak{F}$ の部分 σ-加法族とする．すなわち，Y を可測にする最小の σ-加法族である．具体的には，

$$\{\omega ; Y(\omega) \in B\} \qquad (B \in \mathcal{B}_{\mathbb{R}} : ボレル可測集合の全体)$$

という形の Ω の部分集合をすべて含む最小の σ-加法族である．このとき，$E[X|Y](\omega) = E[X|\mathcal{G}_Y](\omega)$ として定義する．

$Y(\omega) = y$ のとき，$E[X|Y](\omega)$ は第 2 章 2.2.5 節で定義した $E[X|Y = y]$ と一致する．すなわち

$$E[X|Y](\omega) = E[X|Y = y] \quad (\text{a.s.})$$

が成り立つ．

二つの確率変数 X, Y に関する次の命題は損害保険数理で重要な役割を果たすものである．

命題 3.4

$$V[X] = E[V[X|Y]] + V[E[X|Y]]. \tag{3.4}$$

証明 定義 3.1 の注意 2 より次の関係式が成り立つことに注意しよう：

$$E[E[X|Y]] = E[X].$$

これを用いると次のように証明される：

$$
\begin{aligned}
V[X] &= E[X^2] - E[X]^2 \\
&= E[E[X^2|Y]] - E[X]^2 \\
&= E\left[E[X^2|Y] - E[X|Y]^2\right] + E\left[E[X|Y]^2\right] - E\left[E[X|Y]\right]^2 \\
&= E[V[X|Y]] + V[E[X|Y]]. \qquad \square
\end{aligned}
$$

これの応用として，前に 2.3 節で取り扱った独立な確率変数のランダムな個数の和についてもう一度考えてみよう．N を 0 以上の整数値をとる確率変数とし，$\{X_i\}_{i=1}^{\infty}$ を N と独立な独立同分布な確率変数列として，

$$S = \sum_{k=1}^{N} X_k$$

を考える．N を 1 年間に発生するクレーム数とし，X_i を i 番目のクレームに対するクレーム額とするとき，S は 1 年間に発生するクレームのクレーム総

額となる. 2.3 節では, S のモーメント母関数を考えることによって S の期待値, 分散を導いたが, ここでは命題 3.4 を用いて考えてみよう.

命題 3.4 より,

$$V[S] = V[E[S|N]] + E[V[S|N]]$$

が得られる. N に関する σ-加法族 $\mathcal{G}_N$ は Ω の分割

$$\Omega = \bigcup_{k=0}^{\infty} \{\omega \in \Omega; N(\omega) = k\}$$

で生成される σ-加法族であるので, $N(\omega) = n$ とすると, 3.3.1 節で述べたことにより,

$$
\begin{aligned}
E[S|N](\omega) &= \frac{E\left[\sum_{k=1}^{n} X_k; N = n\right]}{P(N = n)} \\
&= E\left[\sum_{k=1}^{n} X_k \,\middle|\, N = n\right] \\
&= E\left[\sum_{k=1}^{n} X_k\right] \qquad (\{X_k\}_{k=1}^{\infty} \text{ と } N \text{ が独立だから}) \\
&= N(\omega) E[X_i]
\end{aligned}
$$

となる.

同様にして,

$$
\begin{aligned}
V[S|N](\omega) &= V\left[\sum_{k=1}^{n} X_k \,\middle|\, N = n\right] \\
&= V\left[\sum_{k=1}^{n} X_k\right] \qquad (\{X_k\}_{k=0}^{\infty} \text{ と } N \text{ が独立だから}) \\
&= N(\omega) V[X_i]
\end{aligned}
$$

となる.

したがって,

$$
\begin{aligned}
V[S] &= V[NE[X_i]] + E[NV[X_i]] \\
&= E[X_i]^2 V[N] + V[X_i] E[N] \tag{3.5}
\end{aligned}
$$

となる.

●──確率変数 X の分布の母数が確率変数となる場合の取り扱い

損害保険の一つの例として自動車保険を考え，ある加入者の 1 年間のクレーム件数を X とする．典型的な例としては，X が Poisson 分布 Po(λ) に従う場合が最も多く取り扱われる．クレームの件数はその人の運転技量によって異なるので，X の母平均 λ も確率変数と考えられる．λ がガンマ分布に従うとき，X の分布が負の二項分布に従うことは 2.3.4 節の例 2 で取り扱った.

ここでは，X の分布の中に未知母数 Θ があり，Θ も確率変数となる場合の取り扱いについて述べよう.

Θ の確率分布を $P_\Theta(\cdot)$ とし，Θ の実現値が $\Theta = \theta$ と与えられるときの X の確率分布を $P_{X|\theta}(\cdot)$ とすると，X, Θ に関する基本的な事象の確率は

$$P(X \in (a,b), \Theta \in (c,d)) = \int_{(c,d)} P_\Theta(d\theta) \int_a^b P_{X|\theta}(dx)$$
$$= \int_{(c,d)} P_\Theta(d\theta) P_{X|\theta}((a,b)) \tag{3.6}$$

となる.

特に，

$$P(X \in (a,b)) = \int_{\mathbb{R}} P_\Theta(d\theta) P_{X|\theta}((a,b)) \tag{3.7}$$

となる.

3.4 任意抽出定理 (Optional Sampling Theorem) と任意停止定理 (Optional Stopping Theorem)

マルチンゲールに関して，次に述べる任意抽出定理は非常に重要な結果である．この定理は，「定義 3.3 で述べたマルチンゲールという性質はある種の時間変更によっても不変に保たれる」ということを表している．この定理を述べる前に，マルコフ時間という概念を定義しておこう.

フィルトレーション $\{\mathfrak{F}_t\}_{t \geq 0}$ が与えられているとき，$\tau : \Omega \to \mathbb{R}$ が任意

の $t \geqq 0$ に対して,

$$\{\omega\,;\tau(\omega) \leqq t\,\} \in \mathfrak{F}_t$$

をみたすとき, τ を**マルコフ時間**とよぶ. すなわち,「$\tau \leqq t$」となる事象が起こっているのか起こっていないのかを判断するとき, t より先の情報は必要ないということである.

例えば, 0 から出発するブラウン運動が $a > 0$ という値に初めて到達する時間 (a への到達時間とよぶ) や以下に述べる Lundberg モデルにおけるサープラス過程 (会社資本の確率過程) $\{X_t\}$ が初期資本 u_0 から出発して, 初めて 0 以下となる時間

$$T = \inf\{t > 0\,;X_t \leqq 0\}$$

などはマルコフ時間となる. この T は破産時間とよばれる.

一方, 破産に至る 100 時間前の時間を τ とすると,「$\tau \leqq t$」を判断するのに, t より先の情報を必要とするので, これはマルコフ時間とはならない.

マルコフ時間 τ が与えられたとき, τ に関する事象の全体を表す σ-加法族 $\mathfrak{F}_\tau$ を

$$\mathfrak{F}_\tau = \{A \in \mathfrak{F}\,;\,A \cap \{\tau \leqq t\} \in \mathfrak{F}_t (t \in [0,\infty)\,)\,\}$$

で定義する (演習問題 **3.3** を参照).

$\tau_1(\omega), \tau_2(\omega)$ がマルコフ時間であるとき, $\tau_1 \wedge \tau_2, \tau_1 \vee \tau_2$ もマルコフ時間となることが分かる. ここで, $a \wedge b = \min\{a,b\}, a \vee b = \max\{a,b\}$ である.

また, $\tau_n(\omega)$ を $\tau_1 \leqq \tau_2 \leqq \cdots \leqq \tau_n \leqq \tau_{n+1} \leqq \cdots$ となるマルコフ時間列とすると, その極限 $\tau = \lim_{n\to\infty} \tau_n$ もマルコフ時間となる. $\{\tau_n\}$ が単調減少のときも極限はマルコフ時間となる.

定理 3.5 (任意抽出定理) $\{\tau_t\}_{t\geqq 0}$ をマルコフ時間の族で, 次をみたすとする.

- $P(\tau_t < \infty) = 1$ $(t \in [0,\infty)\,)$.

- $P(\tau_s \leqq \tau_t) = 1 \quad (s < t)$.
- $\{X_t\}_{t \geqq 0}$ が $\{\mathfrak{F}_t\}_{t \geqq 0}$ に関するマルチンゲールとなる.

  このとき,

$$\tilde{X}_t = X_{\tau_t}, \qquad \tilde{\mathfrak{F}}_t = \mathfrak{F}_{\tau_t}$$

  で, $\tilde{X}_t, \tilde{\mathfrak{F}}_t$ を定める.

次の (1), (2) のいずれかが成り立つとき, $\tilde{X}_t$ は $\{\mathfrak{F}_t\}_{t \geqq 0}$ に関してマルチンゲールとなる.

(1) $\{X_t\}_{t \geqq 0}$ は一様可積分, すなわち, 次が成立する:

$$\lim_{M \uparrow \infty} \sup_{t \geqq 0} E[|X_t| \, ; \, |X_t| \geqq M] = 0.$$

(2) 各 $t \geqq 0$ に対して, ある $c_t \in \mathbb{R}$ が存在して, 次が成り立つ:

$$\tau_t(\omega) \leqq c_t \qquad (\omega \in \Omega).$$

この定理の証明はここでは省略する. (証明および詳しい説明に関しては, [4], [5] を参照されたい.)

注意 4 上の (1) の一様可積分性の条件は, 任意の $\varepsilon > 0$ に対して, M を十分大きくとれば, t に関して一様に

$$E[|X_t| \, ; \, |X_t| \geqq M] < \varepsilon$$

が成り立つことを意味している.

また, (2) は各 $t \geqq 0$ に対して, τ_t は $\omega \in \Omega$ に関して一様に有界であることを意味している.

次に任意抽出定理の特別な場合である任意停止定理について述べる.

定理 3.6 (任意停止定理) $\tau(\omega)$ をマルコフ時間とし, $t \geqq 0$ に対して $\tau_t =$

> $\tau \wedge t$ と定めるとき, $\tilde{X}_t = X_{\tau \wedge t}$ は $\{\mathfrak{F}_{\tau \wedge t}\}_{t \geqq 0}$ に関してマルチンゲール
> となる. 実際には, もっと強く $\tilde{X}_t$ は $\{\mathfrak{F}_t\}_{t \geqq 0}$ に関してマルチンゲールと
> なる.

　τ_t を $\tau_t = \tau \wedge t$ で定めているので, 定理 3.5 の (2) の条件が成り立つ. し
たがって, 定理 3.6 は定理 3.5 から自動的に得られる. この任意停止定理は後
で, 第 5 章サープラス過程における破産確率の評価で用いられる.

3.5　マルコフ性とは

　マルコフ性とは過去から現在までの情報が与えられたという条件の下で, 将
来の事象の確率を考えるとき, その条件付き確率は現在の状態にしか依存しな
いということである.

　まず簡単なランダム・ウォークの例で考えてみよう. 第 n ステップまでの
過去の履歴 (history) $S_1 = i_1, S_2 = i_2, \cdots, S_n = i_n$ が与えられているとする.
このとき, $n + m$ ステップ後のランダム・ウォークの位置 S_{n+m} は

$$S_{n+m} = S_n + X_{n+1} + \cdots + X_{n+m}$$

と表すことができる.

$$
\begin{aligned}
&P(S_{n+m} = k | S_1 = i_1, \cdots, S_n = i_n) \\
&= \frac{P(S_n + X_{n+1} + \cdots + X_{n+m} = k, S_1 = i_1, \cdots, S_n = i_n)}{P(S_1 = i_1, \cdots, S_n = i_n)} \\
&= \frac{P(X_{n+1} + \cdots + X_{n+m} = k - i_n, S_1 = i_1, \cdots, S_n = i_n)}{P(S_1 = i_1, \cdots, S_n = i_n)}
\end{aligned}
$$

ここで, $X_{n+1}, \cdots, X_{n+m}$ と $S_1, \cdots, S_n$ とは独立であるので,

$$
\begin{aligned}
&P(X_{n+1} + \cdots + X_{n+m} = k - i_n, S_1 = i_1, \cdots, S_n = i_n) \\
&= P(X_{n+1} + \cdots + X_{n+m} = k - i_n) P(S_1 = i_1, \cdots, S_n = i_n)
\end{aligned}
$$

が成り立ち,

$$P(S_{n+m} = k | S_1 = i_1, \cdots, S_n = i_n)$$
$$= P(X_{n+1} + \cdots + X_{n+m} = k - i_n)$$

となる．同様にして，

$$P(S_{n+m} = k | S_n = i_n) = P(X_{n+1} + \cdots + X_{n+m} = k - i_n)$$

となるので，

$$P(S_{n+m} = k \mid S_1 = i_1, \cdots, S_n = i_n) = P(S_{n+m} = k \mid S_n = i_n)$$
$$(3.8)$$

が成り立つ．すなわち，過去から現在までの履歴 $S_1 = i_1, \cdots, S_n = i_n$ を与えた条件の下での条件付き確率が現在の状態にしか依存しないという性質が得られる．この性質がランダム・ウォークの**マルコフ性**である．

$t = 0, 1, 2, \cdots, n, \cdots$ の離散時間確率過程 $\{X_t\}$ で，X_t が有限個もしくは可算無限個の値をとり，次式で定められる**マルコフ性**

$$P(X_{t+1} = i | X_0 = j_0, X_1 = j_1, \cdots, X_t = j_t)$$
$$= P(X_{t+1} = i | X_t = j_t) \qquad (\, t \geqq 1 \,) \tag{3.9}$$

を満たすとき $\{X_t\}$ を**マルコフ・チェイン** (Markov chain) とよぶ．

X_t の取りうる値の集合 S は状態空間とよばれる．状態空間 S が有限集合で，

$$S = \{1, 2, \cdots, m\}$$

となるケースを考えよう．推移確率 $P(X_{t+1} = i | X_t = j)$ が t によらないとき，$\{X_t\}$ は**定常**であるとよばれる．

定常なマルコフ・チェイン $\{X_t\}$ に対して，(i, j) 成分 p_{ij} が

$$p_{i,j} = P(X_{t+1} = j | X_t = i)$$

で与えられる $m \times m$ 行列 $T = (p_{ij})_{1 \leqq i, j \leqq m}$ を $\{X_t\}$ の**推移確率行列**とよぶ：

$$T = \begin{pmatrix} p_{11} & p_{12} & p_{13} & \cdots & p_{1m} \\ p_{21} & p_{22} & p_{23} & \cdots & p_{2m} \\ \vdots & \vdots & \vdots & \ddots & \vdots \\ p_{m1} & p_{m2} & p_{m3} & \cdots & p_{mm} \end{pmatrix},$$

$p_{ij} : i \Longrightarrow j$ と推移する確率.

このとき，$X_0 = i$ という条件の下で，$X_t = j$ となる確率が推移確率行列 T を用いてどのように表されるのかを考えて行こう.

条件付き確率の定義から次のように変形する：

$P(X_t = j | X_0 = i)$

$$= \sum_{k_1 \in S} \cdots \sum_{k_{t-1} \in S} P(X_t = j, X_{t-1} = k_{t-1}, \cdots, X_1 = k_1 | X_0 = i)$$

$$= \sum_{k_1 \in S} \cdots \sum_{k_{t-1} \in S} P(X_t = j | X_{t-1} = k_{t-1}, \cdots, X_0 = i)$$

$$\times P(X_{t-1} = k_{t-1} | X_{t-2} = k_{t-2}, \cdots, X_0 = i)$$

$$\times \cdots \times P(X_2 = k_2 | X_1 = k_1, X_0 = i)$$

$$\times P(X_1 = k_1 | X_0 = i).$$

マルコフ性を用いると，

$P(X_t = j | X_0 = i)$

$$= \sum_{k_1 \in S} \cdots \sum_{k_{t-1} \in S} P(X_t = j | X_{t-1} = k_{t-1})$$

$$\times P(X_{t-1} = k_{t-1} | X_{t-2} = k_{t-2})$$

$$\times \cdots \times P(X_2 = k_2 | X_1 = k_1) \times P(X_1 = k_1 | X_0 = i)$$

$$= \sum_{k_1 \in S} \cdots \sum_{k_{t-1} \in S} p_{i,k_1} p_{k_1,k_2} \cdots p_{k_{t-1},j}$$

$$= T^t \text{の} (i,j) \text{ 成分} \tag{3.10}$$

となり，i から j へ時間 t 後に推移する確率は推移確率行列 T の t 乗から求められる.

ある時点 t で X_t が $1, 2, \cdots, m$ となる確率分布 $\boldsymbol{q}$ が

$$\boldsymbol{q} = (q_1, q_2, \cdots, q_m), \qquad q_i = P(X_t = i)$$

で与えられているとき，$t+1$ 時点での確率分布は次の確率ベクトルで与えられる：

$$\boldsymbol{q}T = (q_1, q_2, \cdots, q_m) \begin{pmatrix} p_{11} & p_{12} & p_{13} & \cdots & p_{1m} \\ p_{21} & p_{22} & p_{23} & \cdots & p_{2m} \\ \vdots & \vdots & \vdots & \ddots & \vdots \\ p_{m1} & p_{m2} & p_{m3} & \cdots & p_{mm} \end{pmatrix}$$

$$= (q_1 p_{11} + q_2 p_{21} + \cdots + q_m p_{m1}, q_1 p_{12} + q_2 p_{22} + \cdots + q_m p_{m2},$$

$$\cdots, q_1 p_{1m} + q_2 p_{2m} + \cdots + q_m p_{mm}).$$

特に，$\boldsymbol{q}T = \boldsymbol{q}$ となる確率ベクトル $\boldsymbol{q}$ が存在するとき，$\boldsymbol{q}$ は**定常状態である**という．

次に，連続時間確率過程 $\{X_t\}_{t \geq 0}$ に関するマルコフ性について考えよう．通常，X_t の 0 から t までの履歴を固定すると，その確率は 0 となるので離散時間のような形でマルコフ性を定義することはできない．そこで，条件付き期待値の出番となる．

まず，$X_0 = x$ となる確率過程に関する確率法則を $P_x(\cdot)$ で表し，$P_x(\cdot)$ に関する期待値を $E_x[\cdot]$ で表す．これらの言葉の準備の下に連続時間確率過程のマルコフ性を次に定義しよう．

連続時間確率過程 $\{X_t\}_{t \geq 0}$ がマルコフ性を満たすとは任意のボレル可測関数 $f(\cdot)$ に関して，

$$E_x[f(X_{t+s})|\mathfrak{F}_t](\omega) = E_{X_t(\omega)}[f(X_s)] \quad \text{(a.s.)} \tag{3.11}$$

が成り立つことである．ボレル可測関数とは，ボレル可測な集合の全体のなす σ-加法族 $\mathfrak{B}_{\mathbb{R}}$ に関して可測な関数である．

B をボレル可測集合として，$f(u) = \chi_B(u)$ とすると，(3.11) から

$$P_x(X_{t+s} \in B|\mathfrak{F}_t)(\omega) = P_{X_t(\omega)}(X_s \in B) \quad \text{(a.s.)} \tag{3.12}$$

が得られる. 時点 t を現在と思うと, 時点 0 から現在までに得られた情報 $\mathfrak{F}_t$ をもとにして, 将来の事象 $X_{t+s} \in B$ の確率を考えると, それは現在の状態 $X_t(\omega)$ から出発する確率過程に関して $X_s \in B$ という事象の確率を測ることと同じであるというのがマルコフ性である.

ブラウン運動 B_t はマルコフ性を満たす確率過程として知られている. (ブラウン運動の定義に関しては [1] を参照のこと.) (3.12) において, $f(u) = u$ とし, $s \leqq t$ とすると, $B_t = B_{(t-s)+s}$ であるので,

$$E_x[B_t|\mathfrak{F}_s](\omega) = E_{B_s(\omega)}[B_{t-s}]$$

となるが, ブラウン運動に関しては任意の $u > 0$ に関して B_u の期待値を計算すると, その値は出発点 $B_0 = x$ に一致することが簡単な計算によりわかる. (ブラウン運動の時刻 0 から時刻 u までの増分 $B_u - x$ は正規分布 $N(0, u)$ に従うので, $E_x[B_u] = x$ となるのである.)

したがって, 上式より

$$E_x[B_t|\mathfrak{F}_s](\omega) = B_s(\omega)$$

となり, ブラウン運動はマルチンゲールとなることが導かれる.

演習問題

3.1

ある事象 (台風などの災害) が起こったとき, 同時にいくつかのクレーム (保険金支払い) が発生するとする. 1 年間に起こるこの事象の数 N は $\mathrm{Po}(\lambda)$ に従うとする. また, i 番目の事象が起こったときのクレームの発生件数を X_i とし, $\{X_i\}$ は独立同分布 (i.i.d.) であると仮定し,

$$P(X_i = k) = \frac{c\,\alpha^{k+1}}{k+1} \qquad (k = 0, 1, 2, \cdots, 0 < \alpha < 1)$$

を満たすとする.

この事象によって 1 年間に発生するクレーム件数を S とすると,

$$S = X_1 + \cdots + X_N$$

となる. このとき, S のキュムラント母関数を $g_S(\theta)$ とする.

(1) c の値を求めよ.

(2) キュムラント母関数 $g_S(\theta)$ を求めよ.

(3) $E[S], V[S]$ をキュムラント母関数から求めよ.

3.2

Ω の二つの分割, $\Delta_1 = \{A_1, \cdots, A_n\}$ と $\Delta_2 = \{B_1, \cdots, B_m\}$ を考え, Δ_2 は Δ_1 の細分になっているとする. すなわち, Δ_2 の任意の分割成分は, Δ_1 のある分割成分に含まれる. 言い換えれば Δ_1 の任意の分割成分 A_i は

$$A_i = B_{i_1} \cup \cdots \cup B_{i_p}, \qquad B_{i_k} \cap B_{i_\ell} = \varnothing \qquad (k \neq \ell)$$

と書ける.

分割 Δ_1 によって生成される σ-加法族を $\mathfrak{F}_1$ とし, 分割 Δ_2 によって生成される σ-加法族を $\mathfrak{F}_2$ とすると, $\mathfrak{F}_1 \subset \mathfrak{F}_2$ となる. このとき

$$E[E[X|\mathfrak{F}_2]|\mathfrak{F}_1](\omega) = E[X|\mathfrak{F}_1](\omega)$$

が成り立つことを示せ.

3.3

確率過程 $\{X_t\}$ は独立増分過程で, $X_0 = 0, E[X_t] = 0$ を満たすとし, $s < t$ のとき $E[(X_t - X_s)^2] = f(t - s)$ であるとする.

$\mathfrak{F}_t$ を時刻 t までの $\{X_u\}_{u \leq t}$ で生成される σ-加法族とする. $0 < t_1 < t_2 < t_3$ とし, $a_1(\omega)$ を $\mathfrak{F}_{t_1}$-可測とし, $a_2(\omega)$ を $\mathfrak{F}_{t_2}$-可測とし, a_0 を定数とする. このとき,

$$Z = a_0 X_{t_1} + a_1(X_{t_2} - X_{t_1}) + a_2(X_{t_3} - X_{t_2})$$

とおく. 条件付き期待値の性質を用いて, $E[Z^2]$ を $\alpha_1 = E[a_1^2], \alpha_2 = E[a_2^2]$ および関数 $f(\cdot)$ で表せ.

3.4

$\tau(\omega)$ をマルコフ時間とするとき,

$$\mathfrak{F}_\tau = \{ A \in \mathfrak{F} \, ; \, A \cap \{\tau \leqq t\} \in \mathfrak{F}_t \, (t \in [0, \infty)) \, \}$$

で定められる $\mathfrak{F}_\tau$ が σ-加法族となることを示せ. さらに $\tau(\omega)$ は $\mathfrak{F}_\tau$-可測であることを示せ.

3.5

$E[|X - Y|] = 0$ であるとき, a.e. ω に対して $X(\omega) = Y(\omega)$ であることを示せ.

3.6

ある保険会社では, 割引率 0% (等級 0), 割引率 10% (等級 1), 割引率 20% (等級 2) の無事故割引制度を実施している. 1 年間に無事故の場合は等級を一つ上に上げるとする. 等級 2 が上限とする. 逆に, 事故を起こし保険金請求をした場合は, 等級 0 に戻るとする. 1 年間に無事故となる確率を α とする.

(1)　推移確率行列 P を求めよ.

(2)　初年度はすべての契約者は等級 0 であるとして第 2 年度の平均割引率を求めよ.

(3)　定常状態に達したときの平均割引率を求めよ.

第4章

クレームの分析と Poisson 過程

4.1 クレーム件数過程

損害保険において，事故が発生して保険金支払いが生ずることを**クレーム**が発生するという．

クレームの発生に関する数学モデルとして次のようなものを考えよう．時点 0 から測って，1番目，2番目，$\cdots k$番目，$\cdots$ のクレームが発生する時点を $T_1, T_2, \cdots, T_k \cdots$ とし，その時間間隔を

$$X_1 = T_1, \quad X_2 = T_2 - T_1, \quad \cdots, \quad X_k = T_k - T_{k-1}, \quad \cdots$$

とおく．

仮定 $X_1, X_2, \cdots, X_k, \cdots$ が独立同分布で，平均 $\dfrac{1}{\lambda}$ の指数分布 $\mathrm{Ex}(\lambda)$ に従うと仮定する．

指数分布 $\mathrm{Ex}(\lambda)$ の確率密度関数は

$$f(u) = \begin{cases} \lambda e^{-\lambda u} & (u > 0) \\ 0 & (その他) \end{cases}$$

で与えられることに注意しておこう．

時刻 t までに起こったクレームの件数として確率過程 N_t を定め, 第3章で定めたように $N_u(0 \leqq u \leqq t)$ を可測にする最小の σ-加法族を $\mathfrak{F}_t$ として, フィルトレーション $\{\mathfrak{F}_t\}_{t \geqq 0}$ を考える.

命題 4.1 時間区間 $I = (t, u)$ を考え, I で発生したクレーム件数を N_I で表す:

$$N_I = N_u - N_t.$$

このとき, N_I の $\mathfrak{F}_t$ に関する条件付き確率に関して次が成立する:

$$P(N_I = k | \mathfrak{F}_t)(\omega) = e^{-\lambda|I|} \cdot \frac{|I|^k}{k!}.$$

ここで, $|I| = u - t$ である.

注意 上の条件付き確率が ω に依存しないということに注意しておく.

証明 $N_I(\omega) = k$ となる ω に関して図 4.1 のような状況が成立している.

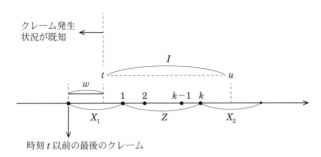

図 4.1 $N_t(\omega) = k$

I における1番目のクレーム時間と I における最後のクレーム時間との差を Z とし, I 以前に起こった最後のクレーム時間と時刻 t との差を w とし I 以前の最後のクレーム時間と I での最初のクレーム時間との差を X_1 とする. さ

らに，I での最後のクレーム時間と I 後の最初のクレーム時間との差を X_2 と
する．X_1, X_2 は Ex(λ) に従う確率変数であり，Z は Ex(λ) に従う $k-1$ 個
の独立同分布な確率変数の和となるので，2.3.5 節の例 3 で述べたことにより，
Z はガンマ分布となりその確率密度関数は

$$
f_Z(x) = \begin{cases} \dfrac{\lambda^{k-1}}{\Gamma(k-1)} x^{k-2} e^{-\lambda x} & (x > 0) \\ 0 & (x \leqq 0) \end{cases}
$$

で与えられる．また，w は ω から定まる定数である．

X_1, X_2, Z は独立であることに注意すると，(X_1, X_2, Z) の同時 (結合) 確率
密度関数は

$$
f(x_1, x_2, z) = \begin{cases} \lambda^2 e^{-\lambda(x_1+x_2)} \dfrac{\lambda^{k-1}}{\Gamma(k-1)} z^{k-2} e^{-\lambda z} \\ \qquad (x_1 > 0, \ x_2 > 0, \ z > 0) \\ 0 \qquad (その他) \end{cases}
$$

となる．

I 以前の最後のクレームから t までの時間は w であるので，$X_1 > w$ とい
う条件の下で，$N_I = k$ という事象を X_1, X_2, Z で表すことにより，

$$
\begin{aligned}
&P(N_I = k | \mathfrak{F}_t)(\omega) \\
&= \frac{P(w < X_1, \ X_1 + Z < w + u - t < X_1 + Z + X_2)}{P(w < X_1)}
\end{aligned}
$$

となる．

領域 D を図 4.2 (次ページ) のように定めると，分子は次のようにして計算
される：

$$
\begin{aligned}
&P(w < X_1, \ X_1 + Z < w + u - t < X_1 + Z + X_2) \\
&= \int_0^{u-t} dz \int\!\!\int_D dx_1 dx_2 f(x_1, x_2, z) \\
&\quad (D : x_1 + z < w + u - t < x_1 + z + x_2, x_1 > w, x_2 > 0)
\end{aligned}
$$

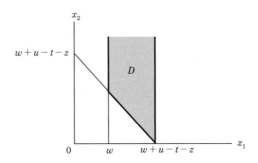

図 **4.2** 積分範囲 D

$$
= \int_0^{u-t} dz \frac{\lambda^{k-1}}{\Gamma(k-1)} z^{k-2} e^{-\lambda z}
$$
$$
\times \int_w^{w+(u-t-z)} dx_1 \lambda e^{-\lambda x_1} \int_{w+(u-t-z)-x_1}^{\infty} dx_2 \lambda e^{-\lambda x_2}
$$
$$
= \frac{\lambda^k}{\Gamma(k-1)} e^{-\lambda(u-t)-\lambda w} \int_0^{u-t} dz z^{k-2} (u-t-z)
$$
$$
= \frac{1}{\Gamma(k-1)k(k-1)} e^{-\lambda(u-t)-\lambda w} \big(\lambda(u-t)\big)^k
$$
$$
= e^{-\lambda(u-t)} \frac{(\lambda(u-t))^k}{k!} e^{-\lambda w}.
$$

分母は

$$
P(X_1 > w) = \int_w^{\infty} dx_1 \lambda e^{-\lambda x_1} = e^{-\lambda w}
$$

となるので,

$$
P(N_I = k | \mathfrak{F}_t)(\omega) = e^{-\lambda(u-t)} \frac{(\lambda(u-t))^k}{k!}
$$

となる. □

注意 命題 4.1 において, $P(N_I = k | \mathfrak{F}_t)(\omega)$ が ω (I 以前の最後のクレームから t までの時間 w) に依存しないことは, 指数分布の無記憶性から生ずる.

$X \sim \mathrm{Ex}(\lambda)$ のとき，$0 < t_1 < t_2$ として

$$
\begin{aligned}
P(w + t_1 < X < w + t_2 | w < X) &= \frac{P(w + t_1 < X < w + t_2)}{P(w < X)} \\
&= \frac{e^{-\lambda(w+t_1)} - e^{w+t_2}}{e^{-\lambda w}} \\
&= e^{-\lambda t_1} - e^{-\lambda t_2} \\
&= P(t_1 < X < t_2)
\end{aligned}
$$

が成り立ち，$w = 0$ として考えれば良いことになる．これを**指数分布の無記憶性**という．

特に，$I = (0, t)$ とすると $N_I = N_t$ であるので，

$$
P(N_t = k) = e^{-\lambda t} \frac{(\lambda t)^k}{k!} \tag{4.1}
$$

となり，N_t は平均 λt の Poisson 分布に従うことが分かる．

4.1.1　クレーム件数過程 $\{N_t\}_{t \geq 0}$ の独立増分性

命題 4.2　任意の時点列　$0 = t_0 < t_1 < \cdots < t_n$ に対して，各時間区間の増分

$$
N_{t_1},\ N_{t_2} - N_{t_1},\ \cdots,\ N_{t_n} - N_{t_{n-1}}
$$

は独立となる．

証明　3.3.1 節の条件付き確率で述べたように事象 A の確率を定義関数 χ_A の期待値として表し，命題 3.2 (条件付き期待値の性質) を用いると次のように変形できる：

$$
P(N_{t_1} = k_1,\ N_{t_2} - N_{t_1} = k_2,\ \cdots,\ N_{t_n} - N_{t_{n-1}} = k_n)
$$

$$= E[\chi_{\{N_{t_1}=k_1, N_{t_2}-N_{t_1}=k_2, \cdots, N_{t_n}-N_{t_{n-1}}=k_n\}}]$$

$$= E[\, E[\chi_{\{N_{t_1}=k_1, N_{t_2}-N_{t_1}=k_2, \cdots, N_{t_{n-1}}-N_{t_{n-2}}=k_{n-1}\}}$$
$$\cdot \chi_{\{N_{t_n}-N_{t_{n-1}}=k_n\}} \mid \mathfrak{F}_{t_{n-1}}]]$$

$$= E[\chi_{\{N_{t_1}=k_1, N_{t_2}-N_{t_1}=k_2, \cdots, N_{t_{n-1}}-N_{t_{n-2}}=k_{n-1}\}}$$
$$\cdot P(N_{t_n}-N_{t_{n-1}}=k_n \mid \mathfrak{F}_{t_{n-1}})]$$

命題 4.1 より

$$P(N_{t_n}-N_{t_{n-1}}=k_n \mid \mathfrak{F}_{t_{n-1}})(\omega) = e^{-\lambda(t_n-t_{n-1})} \cdot \frac{(t_n-t_{n-1})^{k_n}}{k_n!}$$

となり，ω によらなくなるので，

$$P(N_{t_1}=k_1,\ N_{t_2}-N_{t_1}=k_2,\ \cdots,\ N_{t_n}-N_{t_{n-1}}=k_n)$$
$$= P(\, N_{t_1}=k_1, N_{t_2}-N_{t_1}=k_2, \cdots, N_{t_{n-1}}-N_{t_{n-2}}=k_{n-1}\,)$$
$$\cdot e^{-\lambda(t_n-t_{n-1})} \cdot \frac{(\lambda(t_n-t_{n-1}))^{k_n}}{k_n!}$$

となる．

同様の作業を繰り返すことによって

$$P(N_{t_1}=k_1, N_{t_2}-N_{t_1}=k_2, \cdots, N_{t_n}-N_{t_{n-1}}=k_n)$$
$$= e^{-\lambda t_1}\frac{(\lambda t_1)^{k_1}}{k_1!} \cdot e^{-\lambda(t_2-t_1)}\frac{(\lambda(t_2-t_1))^{k_2}}{k_2!}$$
$$\cdots \cdot e^{-\lambda(t_n-t_{n-1})}\frac{(\lambda(t_n-t_{n-1}))^{k_n}}{k_n!}$$

となり，$N_{t_1}, N_{t_2}-N_{t_1}, \cdots, N_{t_n}-N_{t_{n-1}}$ は独立となる． $\qquad\square$

また，$0 \le s < t$ として，$I=(s,t]$ とおくと，

$$P(N_t-N_s=k) = E[\chi_{\{N_I=k\}}]$$
$$= E[E[\chi_{\{N_I=k\}}|\mathfrak{F}_s]] = e^{-\lambda(t-s)}\frac{(\lambda(t-s))^k}{k!}$$

が成り立つ.

以上のことから, クレーム件数過程 $\{N_t\}$ は次で定義される **Poisson** 過程となることが分かる.

定義 4.3　ある確率空間の上で定義された確率過程 $\{X_t\}_{t \geq 0}$ が次の三つの条件を満たすとき, intensity が λ の **Poisson** 過程であるという.

(A-1)　確率 1 で, $X_0 = 0, X_t$ を t の関数とみるとき右連続で左極限をもつ.

(A-2)　任意の時点列 $0 = t_0 < t_1 < \cdots < t_n$ に対して

$$X_{t_1},\ X_{t_2} - X_{t_1},\ \cdots,\ X_{t_k} - X_{t_{k-1}} : 独立.$$

(A-3)　$0 \leqq s < t$ のとき,

$$P(X_t - X_s = k) = e^{-\lambda(t-s)} \cdot \frac{(\lambda(t-s))^k}{k!}$$

が成り立つ.

注意 1　独立増分過程の条件 (A-2) をより明確に述べると次のようになる：任意の $I_1 = (a_1, b_1), \cdots, I_k = (a_k, b_k)$ について

$$P(X_{t_1} \in I_1,\ X_{t_2} - X_{t_1} \in I_2, \cdots, X_{t_k} - X_{t_{k-1}} \in I_k)$$
$$= P(X_{t_1} \in I_1) P(X_{t_2} - X_{t_1} \in I_2) \cdots P(X_{t_k} - X_{t_{k-1}} \in I_k)$$

が成り立つ.

注意 2　(A-3) より, X_t は 0 以上の整数値をとる確率過程で, t について単調増加であることが分かり, $t > 0$ に対して (A-1), (A-3) より, 次が成り立つ：

$$P(X_t = k) = e^{-\lambda t} \frac{(\lambda t)^k}{k!}.$$

注意 3　t でジャンプが起きるとき，確率 1 でジャンプの幅は 1 となる．すなわち，次が成立する：

$$\lim_{h \downarrow 0} P(X_{t+h} - X_t \geq 2 | X_{t+h} - X_t \geq 1) = 0.$$

何となれば，

$$P(X_{t+h} - X_t \geq 2 | X_{t+h} - X_t \geq 1)$$

$$= \frac{\sum_{k=2}^{\infty} P(X_{t+h} - X_t = k)}{\sum_{k=1}^{\infty} P(X_{t+h} - X_t = k)}$$

$$= \frac{O(h^2)}{\lambda h + O(h^2)} = \frac{O(h)}{\lambda + O(h)} \to 0 \qquad (h \to 0)$$

となるからである．

注意 4　$\{X_t\}$ が Poisson 過程であるとき，微小時間区間 $(u, u + du)$ でジャンプが起きる確率は (A-3) の条件より，λdu となる．

4.2　Poisson 過程とマルチンゲール

フィルトレーション $\mathfrak{F}_t$ をブラウン運動のときと同様にして時刻 t までの Poisson 過程 $\{X_u\}_{u \leq t}$ で生成される σ-加法族とする．

このとき，Poisson 過程の独立条件 (A-2) は $X_t - X_s$ と $\mathfrak{F}_s$ が独立であることを意味している．したがって，$s < t$ となる任意の t, s と任意の連続関数 $f(x)$ に対して，

$$E[f(X_t - X_s) | \mathfrak{F}_s](\omega) = E[f(X_t - X_s)] \tag{4.2}$$

が成立する．

Poisson 過程とマルチンゲールに関して次の命題が成り立つ．

定義 4.4　X_t を intensity λ の Poisson 過程とするとき，次の (1), (2)

が成り立つ.

(1) $X_t - \lambda t$ はマルチンゲールとなる.

(2) $(X_t - \lambda t)^2 - \lambda t$ はマルチンゲールとなる.

証明 (1) 上の式 (4.2) を用いると, $s < t$ のとき,

$$E[X_t | \mathfrak{F}_s] = E[(X_t - X_s) + X_s | \mathfrak{F}_s](\omega)$$
$$= E[X_t - X_s | \mathfrak{F}_s] + X_s$$
$$\quad (X_s \text{ は } \mathfrak{F}_s\text{-可測であるので, 命題 3.2 の (2) に注意})$$
$$= E[X_t - X_s] + X_s \quad (\text{上の式 (4.2) を用いた})$$
$$= \lambda(t - s) + X_s \quad (X_t - X_s \sim \text{Po}(\lambda(t - s)) \text{ に注意})$$

となり, 次が成り立つ:

$$E[X_t - \lambda t | \mathfrak{F}_s](\omega) = X_s(\omega) - \lambda s.$$

(2) まず, $E[X_t^2 | \mathfrak{F}_s]$ について考える:

$$E[X_t^2 | \mathfrak{F}_s] = E[(X_t - X_s)^2 + 2X_t X_s - X_s^2 | \mathfrak{F}_s]$$
$$= E[(X_t - X_s)^2] + 2X_s E[X_t | \mathfrak{F}_s] - X_s^2$$
$$\quad (X_t - X_s \text{ が } \mathfrak{F}_s \text{ と独立であることを用いている})$$
$$= (\lambda(t - s))^2 + \lambda(t - s) + 2X_s(\lambda(t - s) + X_s) - X_s^2$$
$$\quad (X \sim \text{Po}(\lambda) \Longrightarrow E[X^2] = \lambda^2 + \lambda)$$
$$= (\lambda(t - s))^2 + \lambda(t - s) + 2\lambda(t - s)X_s + X_s^2.$$

したがって,

$$E[(X_t - \lambda t)^2 - \lambda t | \mathfrak{F}_s]$$
$$= E[X_t^2 | \mathfrak{F}_s] - 2\lambda t E[X_t | \mathfrak{F}_s] + \lambda^2 t^2 - \lambda t$$
$$= (\lambda(t - s))^2 + \lambda(t - s) + 2\lambda(t - s)X_s + X_s^2$$

$$-2\lambda t\{\lambda(t-s)+X_s\}+\lambda^2 t^2-\lambda t$$

$$=(X_s-\lambda s)^2-\lambda s$$

となり，$(X_t-\lambda t)^2-\lambda t$ はマルチンゲールとなる．

4.3 Operational Time とは

$\{X_t\}$ が 0 以上の整数値をとる確率過程であって，Poisson 過程の条件 (A-1)，(A-2) を満たし，(A-3) の代わりに

(B-3-1)　$f_0(t)=P(X_t=0)$ は t の関数とみて連続．

(B-3-2)　$P(X_{t+h}-X_t\geqq 2)=o(h)$　$(h\to 0)$．

を満たすとき，$\{X_t\}$ を一般化された Poisson 過程であるとよび，

$$\tau(t)=-\log P(X_t=0) \tag{4.3}$$

で定義される関数を Operational Time とよぶ．intensity λ のときの Poisson 過程のときは $\tau(t)=\lambda t$ となり，クレームの発生は 1 年を通じて一様であったが，一般化された Poisson 分布のときはそれが一般化されている．

次に intensity 関数 $\lambda(t)$ を

$$\lambda(t)=\frac{d}{dt}\tau(t)$$

で定めると，次が成立する：

$$\begin{aligned}
\lambda(t)&=\frac{-\dfrac{d}{dt}P(X_t=0)}{P(X_t=0)}\\
&=\lim_{\Delta t\to 0}\frac{P(X_t=0)-P(X_{t+\Delta t}=0)}{P(X_t=0)\Delta t}\\
&=\lim_{\Delta t\to 0}\frac{P(X_t=0,X_{t+\Delta t}-X_t\geqq 1)}{P(X_t=0)\Delta t}\\
&=\lim_{\Delta t\to 0}\frac{P(X_{t+\Delta t}-X_t\geqq 1|X_t=0)}{\Delta t}.
\end{aligned}$$

これより，

Δt が十分小さいときには次が成立する：

$$P(X_{t+\Delta t} - X_t \geqq 1 | X_t = 0) \sim \lambda(t)\Delta t. \tag{4.4}$$

ここで，$a(\Delta t) \sim b(\Delta t)$ は $\displaystyle\lim_{\Delta t \to 0} \frac{a(\Delta t)}{b(\Delta t)} = 1$ を意味している．

式 (4.4) の意味することは，$(0,t)$ でジャンプが起こらなかったという条件の下，$(t, t+\Delta t)$ でジャンプが起こる確率が Δt が十分小さいときには，$\lambda(t)\Delta t$ で表されるということである．$\lambda(t)$ が大きくなればなるほどジャンプ発生率が高くなるのである．

Operational Time $\tau(t)$ のグラフが図 4.3 のように与えられているとしよう．実線のグラフが $y = \tau(t)$ のグラフで，破線のグラフがその逆関数 $y = \tau^{-1}(t)$ のグラフである．まず，$y = \tau(t)$ は t の単調増加連続関数であることに注意する．((B-3-1) の条件から連続関数になることに注意.)

A, B の間で $y = \tau(t)$ のグラフが一定になっているが，これはどのようなこ

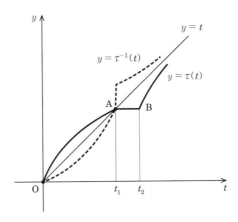

図 4.3 Operational Time

とを意味しているのであろうか？　例えば，ある工場が稼働中の事故に対して損害保険が掛けられているとすると，工場が休業中のときはクレームの発生は起こらず，$y = \tau(t)$ はその期間は一定の値をとる.

図の $t = t_1$ においては $\tau(t)$ の逆関数 $\tau^{-1}(t)$ は一意的に定まらず，

$$\tau^{-1}(t_1) = \{u; \tau(u) = t_1\} = [t_1, t_2]$$

となる.

しかし，$[t_1, t_2]$ においてはクレームは発生していないので，$t \in [t_1, t_2]$ に対して，$X_t = X_{t_1}$：一定値をとる. そこで，$t \in [t_1, t_2]$ に対して，$X_{\tau^{-1}(t)} = X_{t_1}$ と定めると，

$$Z_t = X_{\tau^{-1}(t)}$$

は一意的に定めることができる.

このとき，

$$P(Z_t = k) = e^{-t}\frac{t^k}{k!} \qquad (k = 0, 1, 2, \cdots) \tag{4.5}$$

が成り立つ. これを帰納法で示してみよう.

$k = 0$ のとき，$\tau(t) = -\log P(X_t = 0)$ より

$$P(X_t = 0) = e^{-\tau(t)}$$

となり，

$$P(Z_t = 0) = P(X_{\tau^{-1}(t)} = 0) = e^{-\tau(\tau^{-1}(t))} = e^{-t}$$

なので，式 (4.5) が成り立つ.

次に k のとき成立すると仮定して，$P(Z_t = k+1)$ について考えよう. $\{Z_t\}$ に関して，$(0, t)$ における最後のジャンプが $(u, u + du)$ で起こったとする.

まず，

$$(\{Z_t\} \text{ に関して, } (u, u+du) \text{ でジャンプが起こる確率})$$

$$= (\{X_t\} \text{ に関して, } (\tau^{-1}(u), \tau^{-1}(u+du))$$

$$\text{でジャンプが起こる確率})$$

$$= \lambda(\tau^{-1}(u)) \left(\tau^{-1}(u+du) - \tau^{-1}(u)\right)$$

に注意すると, テイラー展開より

$$\tau^{-1}(u+du) = \tau^{-1}(u) + \frac{d}{du}\tau^{-1}(u)du + o(du)$$

$$= \tau^{-1}(u) + \frac{1}{\tau'(\tau^{-1}(u))}du + o(du)$$

$$= \tau^{-1}(u) + \frac{1}{\lambda(\tau^{-1}(u))}du + o(du)$$

が成り立つので, $o(du)$ を無視すると

$$(\{Z_t\} \text{ に関して, } (u, u+du) \text{ でジャンプが起こる確率})$$

$$= \lambda(\tau^{-1}(u)) \frac{1}{\lambda(\tau^{-1}(u))}du = du$$

となる.

これを用いると,

$$(\{Z_t\} \text{ に関して } (0, u) \text{ で } k \text{ 回のジャンプが起き,}$$

$$(u, u+du) \text{ で } k+1 \text{ 回目のジャンプが起き,}$$

$$(u, t) \text{ でジャンプが起きない確率})$$

$$= P(Z_u = k) \cdot du \cdot P(Z_{t-u} = 0)$$

$$= e^{-u}\frac{u^k}{k!} \cdot e^{-(t-u)}du$$

$$= e^{-t} \cdot \frac{u^k}{k!}du$$

となり,

$$P(Z_t = k+1) = e^{-t}\int_0^t \frac{u^k}{k!}du = e^{-t} \cdot \frac{t^{k+1}}{(k+1)!}$$

となる. したがって, $k+1$ のときにも式 (4.5) は成立する. □

式 (4.5) において, $t = \tau(u)$ とおくと, $X_u = Z_{\tau(u)}$ であるので次が成り立つ:

$$P(X_u = k) = e^{-\tau(u)}\frac{\tau(u)^k}{k!} \qquad (k = 0, 1, 2, \cdots).\tag{4.6}$$

Operational Time $\tau(t)$ をもつ一般化された Poisson 過程 $\{X_t\}$ のジャンプ幅は常に 1 であるので, ジャンプが起こる時点 $\{T_1, T_2, \cdots, T_n, \cdots\}$ を与えれば $\{X_t\}$ は定まる. この $\{T_1, T_2, \cdots, T_n, \cdots\}$ を点過程 (point process) とよぶ.

すなわち

$$\{X_t\} \Longleftrightarrow \{T_1, T_2, \cdots, T_n, \cdots\} : 点過程$$

という対応がある. それでは $\{Z_t\}$ に関する点過程はどうなるのであろうか?

$$Z_t = X_{\tau^{-1}(t)} = \begin{cases} 0 & (0 \leqq \tau^{-1}(t) < T_1) \\ 1 & (T_1 \leqq \tau^{-1}(t) < T_2) \\ \vdots & \\ k & (T_k \leqq \tau^{-1}(t) < T_{k+1}) \\ \vdots & \end{cases}$$

$$= \begin{cases} 0 & (0 \leqq t < \tau(T_1)) \\ 1 & (\tau(T_1) \leqq t < \tau(T_2)) \\ \vdots & \\ k & (\tau(T_k) \leqq t < \tau(T_{k+1})) \\ \vdots & \end{cases}$$

となるので，$\{Z_t\}$ に対応する点過程は

$$\{Z_t\} \Longleftrightarrow \{\tau(T_1), \tau(T_2), \cdots, \tau(T_n), \cdots\}$$

となり，$\{X_t\}$ と $\{Z_t\}$ との関係は図 4.4 のようになる．t 軸の $(0, A)$ における Operational Time $\tau(t)$ の傾きを 2λ とすると，intensity 関数 $\lambda(t) = 2\lambda$ となり，ジャンプの出現頻度が λ のときの 2 倍となる．(A, B) における $\tau(t)$ の傾きを $\dfrac{1}{2}\lambda$ であるとすると，$\lambda(t) = \dfrac{1}{2}\lambda$ となり，ジャンプの出現頻度は λ のときの半分となる．図 4.4 においては t 軸上に $\{X_t\}$ に対応する点過程がプロットされ，y 軸上には $\tau(t)$ で変換された $\{Z_t\}$ に対応する点過程 $\{\tau(T_1), \tau(T_2), \cdots\}$ がプロットされている．$\{Z_t\}$ は intensity が 1 となる Poisson 過程となることに注意しよう．

次に Operational Time が $\tau(t)$ で与えられる一般化された Poisson 過程に

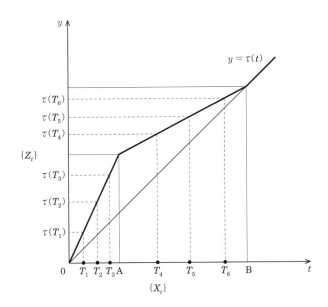

図 **4.4** $\tau(t)$ による時間変更

関して，n 番目のクレームが発生する時点 T_n の確率分布について考えよう．

$W_1 = \tau(T_1), W_2 = \tau(T_2) - \tau(T_1), \cdots, W_n = \tau(T_n) - \tau(T_{n-1}), \cdots$ とすると，$\{W_i\}$ は独立同分布で W_i は平均 1 の指数分布 Ex(1) に従い，$S_n = W_1 + \cdots + W_n$ はガンマ分布に従い，その確率密度関数は

$$f_{S_n}(x) = \begin{cases} \dfrac{x^{n-1}e^{-x}}{\Gamma(n)} & (x > 0) \\ 0 & (x \leqq 0) \end{cases}$$

となる．$\tau(T_n) = S_n (T_n = \tau^{-1}(S_n))$ であるので，T_n の分布関数は次のように求められる．

$$P(T_n \leqq t) = P(\tau^{-1}(S_n) \leqq t)$$
$$= P(S_n \leqq \tau(t))$$
$$= \int_0^{\tau(t)} \frac{x^{n-1}e^{-x}}{\Gamma(n)} dx$$

であるので，T_n の確率密度関数 $f_{T_n}(t)$ は

$$f_{T_n}(t) = \begin{cases} \dfrac{\lambda(t)\tau(t)^{n-1}e^{-\tau(t)}}{\Gamma(n)} & (t > 0) \\ 0 & (t \leqq 0) \end{cases}$$

となる $(\tau'(t) = \lambda(t)$ に注意$)$．

また，$T_n = \tau^{-1}(S_n)$ であるので T_n の期待値と分散は次のようになる：

$$E[T_n] = \int_0^\infty \tau^{-1}(x) \cdot \frac{x^{n-1}e^{-x}}{\Gamma(n)} dx,$$
$$V[T_n] = \int_0^\infty (\tau^{-1}(x))^2 \cdot \frac{x^{n-1}e^{-x}}{\Gamma(n)} dx - \left(\int_0^\infty \tau^{-1}(x) \cdot \frac{x^{n-1}e^{-x}}{\Gamma(n)} dx \right)^2.$$

4.4 複合 Poisson 過程 (Compound Poisson Process)

事故と事故の間の時間間隔が独立で Ex(λ) に従うとき，時刻 t までに発生するクレーム件数 N_t は intensity λ の Poisson 過程に従うことを上に見てき

た. ここでは, 各クレームに付随するクレーム額を独立同分布な確率変数 $\{Z_i\}$ で表し, 時刻 t までに発生したクレームのクレーム総額 S_t について考えよう. ここで, $\{N_t\}$ と $\{Z_i\}$ とは独立であると仮定する. i 番目のクレームのクレーム額を Z_i とし,

$$E[Z_i] = \mu, \qquad V[Z_i] = \sigma^2$$

が存在するとする.

このとき, 時点 t までのクレーム総額 S_t は

$$S_t = \sum_{k=1}^{N_t} Z_k$$

となる. Poisson 過程においてはジャンプの幅は常に 1 であったが, S_t においては, ジャンプの幅も確率変数となるのである.

Z_i のモーメント母関数が存在するとき, 次の命題が成り立つ.

命題 4.5 クレーム額 Z_i のモーメント母関数 $M(\theta)$ が存在するとき, S_t のモーメント母関数 $M_{S_t}(\theta)$ は

$$M_{S_t}(\theta) = \exp\{\lambda t(M(\theta) - 1)\}$$

となり, S_t の期待値と分散は次のようになる:

$$E[S_t] = \lambda t \mu, \qquad V[S_t] = \lambda t(\sigma^2 + \mu^2).$$

証明 N_t に関する条件付き期待値を考えることによって

$$M_{S_t}(\theta) = \sum_{k=0}^{\infty} E[e^{\theta(Z_1 + \cdots + Z_{N_t})} | N_t = k] \cdot P(N_t = k)$$

$$= \sum_{k=0}^{\infty} M(\theta)^k \frac{(\lambda t)^k}{k!} e^{-\lambda t}$$

$$= \exp\{\lambda t(M(\theta) - 1)\}$$

となる.

このモーメント母関数より

$$M'_{S_t}(\theta) = \lambda t M'(\theta) e^{\lambda t M(\theta) - \lambda t},$$

$$M''_{S_t}(\theta) = \lambda t M''(\theta) e^{\lambda t M(\theta) - \lambda t} + (\lambda t)^2 M'(\theta)^2 e^{\lambda t M(\theta) - \lambda t}$$

となり,

$$E[S_t] = M'_{S_t}(0) = \lambda t \mu,$$

$$E[S_t^2] = M''_{S_t}(0) = \lambda t (\sigma^2 + \mu^2) + (\lambda t)^2 \mu^2,$$

$$V[S_t] = \lambda t (\sigma^2 + \mu^2)$$

となる.

演習問題

4.1

X_t を intensity λ の Poisson 過程とするとき, $Z_t = \exp\{\lambda X_t - ct\}$ がマルチンゲールとなるように c の値を定めよ.

4.2

$\{N_t\}$ を時刻 t までに発生するクレーム件数を表す intensity λ の Poisson 過程とする. $\{Z_i\}$ をクレーム額を表す独立同分布な確率変数列とし, $E[Z_i] = \mu, V[Z_i] = \sigma^2$ とし,

$$S_t = \sum_{i=1}^{N_t} Z_i$$

とする. $\dfrac{1}{2} < \alpha < 1$ とするとき, 次が成立することを示せ:

$$\lim_{t \to \infty} P(\, |S_t - \lambda \mu t| > t^\alpha \,) = 0.$$

4.3

$0 < t_1 < t_2$ として, 演習問題 4.2 と同様に S_{t_1}, S_{t_2} を定め, Z_j の特性関数を $\varphi(y) = E[e^{iy Z_j}]$ とする.

このとき，(S_{t_1}, S_{t_2}) の特性関数を

$$\varphi(y_1, y_2) = E[\exp\{iy_1 S_{t_1} + iy_2 S_{t_2}\}]$$

で定める.

(1) $\varphi(y_1, y_2)$ を $\varphi(\cdot)$ を用いて表せ.

(2) S_{t_1} と S_{t_2} の共分散 $\mathrm{Cov}[S_{t_1}, S_{t_2}]$ を求めよ.

4.4

$\{N_t\}$ を intensity λ の Poisson 過程に従うクレーム件数過程とし，各クレーム額 $\{Z_i\}$ は独立同分布で平均 μ の指数分布 $\mathrm{Ex}\left(\dfrac{1}{\mu}\right)$ に従うとする. しかし，$Z_i \leqq a\,(a > 0)$ となるときには保険金の支払いが免責されるとする (免責されない場合にはクレーム額全額を支払うとする).

(1) 時刻 t までに発生する保険金支払いが生ずるクレーム件数を M_t とするとき，$P(M_t = k)$ を求めよ.

(2) 時刻 t までの保険金支出総額 W_t の期待値と分散を求めよ.

4.5

1 年間に発生するクレーム件数 N は幾何分布 $\mathrm{Ge}(p)$ に従うとする. すなわち，

$$P(N = n) = pq^n$$

が成り立つとする. 各クレームのクレーム額 $\{Z_i\}$ は独立同分布で指数分布 $\mathrm{Ex}(\lambda)$ に従うとする. 1 年間の総クレーム額を

$$S = X_1 + \cdots + X_N$$

とするとき，$u > 0$ に対して $P(S < u)$ を求めよ. また，$P(S = 0)$ も求めよ.

4.6

1 年間に発生するクレーム件数 N の確率分布は

$$P(N = 0) = 1 - c_0, \qquad P(N = k) = \frac{c}{k}a^k$$

$$(k = 1, 2, \cdots, 0 < a < 1)$$

で与えられるとする．またクレーム額 $\{X_i\}$ は独立同分布で指数分布 $\mathrm{Ex}(\lambda)$ に従うとする．

このとき，クレーム総額を $S = X_1 + \cdots + X_N$ で表す．

(1) c の値を求めよ．

(2) $f_S(u) = \dfrac{d}{du} P(S \leqq u)$ を求めよ．

4.7

$\lambda(t) = at^{b-1}\ (a, b > 0)$ を強度関数とする一般化された Poisson 過程 X_t をクレーム件数過程とする．

(1) 第 1 番目のクレーム発生時間 T_1 の期待値を求めよ．

(2) 第 n 番目のクレーム発生時間 T_n の期待値を求めよ．

4.8

Operational Time $\tau(t)$ が次で与えられているとする：

$$\tau(t) = \begin{cases} 2t & (0 \leqq t < 1) \\ \dfrac{1}{2}t + \dfrac{3}{2} & (1 \leqq t < 3) \\ t & (3 \leqq t) \end{cases}$$

(1) 時間区間 (0,2) で 3 件のクレームが発生する確率を求めよ．

(2) $\tau(t)$ を Operational Time とする一般化された Poisson 過程に関して，2 番目のクレームが発生した時間 T_2 の確率密度関数を求め，T_2 の期待値を求めよ．

第5章
サープラス過程と破産確率

5.1　Lundberg モデル

保険会社の時点 t の資本 X_t を表す確率過程を次のように定める.

(1)　保険会社の初期資本は u_0 で与えられる.

(2)　保険料は単位時間当たり $c > 0$ という割合で連続的に徴収される.
すなわち，時点 t までの保険料収入の総額は ct となる.

(3)　クレームが発生する時点を $0 < T_1 < T_2 < \cdots$ とし，それらの時点
でのクレーム額を $Z_1, Z_2, \cdots$ で表す.

$\{T_i\}$ に関して次の仮定 A をおく.

仮定 A　$\{T_i - T_{i-1}\}$：独立同分布で指数分布 Ex (λ) に従う.（ただし，$T_0 = 0$ とする.）

N_t を時点 $t \geqq 0$ までに発生したクレーム件数とすると，$\{N_t\}_{t \geqq 0}$ は intensity λ の Poisson 過程となり，

$$P(N_t = k) \;=\; e^{-\lambda t} \frac{(\lambda t)^k}{k!}$$

となる.

時点 t における会社の資本は

$$X_t \;=\; u_0 + ct - S_t \qquad\qquad (5.1)$$

となる. ここで, S_t は時点 t までのクレーム総額で, i 番目のクレームのクレーム額を Z_i とすると,

$$S_t \;=\; \sum_{i=1}^{N_t} Z_i \qquad\qquad (5.2)$$

で与えられる. このようにして定められた X_t を**サープラス過程**とよぶ.

また, 会社の破産時間 T を X_t が初めて 0 以下の領域に達する時間

$$T = \inf\{t > 0\,; X_t \leqq 0\}$$

として定義する (図 5.1 を参照).

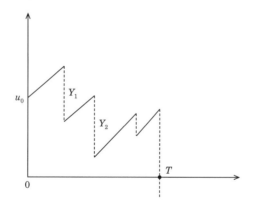

図 **5.1**　破産時点 T

このとき, 初期資本が u_0 であるときの破産確率 $\varepsilon(u_0)$ を次で定義する:

$$\varepsilon(u_0) = P_{u_0}(T < \infty).$$

ここで, $P_{u_0}(\cdot)$ は $X_0 = u_0$ となるプロセスに関する確率分布を表している.

一方で, クレーム額 $\{Z_i\}$ に関しては次の仮定をおく.

仮定 B $\{Z_i\}$ は独立同分布で正の値を取り，モーメント母関数 $M(\theta) = E[e^{\theta X}]$ が存在するとし，Z_i の期待値 μ，分散 σ^2 が

$$\mu = E[Z_i], \qquad \sigma^2 = V[Z_i]$$

により存在するとする．

さらに，

仮定 C $\{T_i\}$ と $\{Z_i\}$ は独立である．

という仮定をおく．

時刻 0 から時刻 t までの会社資本の変化量の期待値は次のようになる：

$$
\begin{aligned}
E[X_t - X_0] &= ct - E\left[\sum_{i=1}^{N_t} Z_i \right] \\
&= ct - E[N_t] \cdot E[Z_1] \\
&= (c - \lambda\mu)t. \qquad (E[N_t] = \lambda t,\ E[Z_1] = \mu \text{に注意})
\end{aligned}
$$

$t > 0$ において会社資本は時間とともに増加傾向にあるとして，資本の変化量の期待値が正になっていると仮定する．

仮定 D $c > \lambda\mu$.

このとき，破産確率 $\varepsilon(u_0)$ について次の定理が成立する．

定理 5.1 仮定 A $\sim$ 仮定 D の下で，$g(r) = \lambda M(r) - cr - \lambda$ とおき，$R > 0$ を $g(R) = 0$ となる唯一解とするとき

$$\varepsilon(u_0) = \frac{e^{-Ru_0}}{E_{u_0}[e^{-RX_T} | T < \infty]}$$

が成立する．ここで，$E_{u_0}[\cdot]$ は $P_{u_0}(\cdot)$ に関する期待値である．

さらに，Lundberg 不等式とよばれる

$$\varepsilon(u_0) < e^{-Ru_0}$$

という評価が成り立つ.

証明 証明のポイントはマルチンゲールを用いた評価である.

まず，$E_{u_0}[e^{-r(X_t-X_0)}]$ を $g(r) = \lambda M(r) - cr - \lambda$ を用いて表現することを考えよう．

$$X_t - X_0 = ct - \sum_{k=1}^{N_t} Z_k$$

であるので，

$$
\begin{aligned}
&E_{u_0}[e^{-r(X_t-X_0)}] \\
&= e^{-crt} E\left[\exp\left\{r\sum_{i=1}^{N_t} Z_i\right\}\right] \\
&= e^{-crt} \sum_{n=0}^{\infty} E_{u_0}\left[\exp\left\{r\sum_{i=1}^{n} Z_i\right\} \bigg| N_t = n\right] P(N_t = n) \\
&= e^{-crt} \sum_{n=0}^{\infty} M(r)^n e^{-\lambda t}\frac{(\lambda t)^n}{n!} \\
&= e^{-t(cr+\lambda)} \sum_{n=0}^{\infty} \frac{(\lambda t M(r))^n}{n!} \\
&= \exp\{t(\lambda M(r) - cr - \lambda)\}
\end{aligned}
$$

となる．

ここで，$g(r) = \lambda M(r) - cr - \lambda$ に注意すると，

$$E_{u_0}[e^{-r(X_t-X_0)}] = e^{tg(r)} \tag{5.3}$$

となる．

次に，$s < t$ として，$E_{u_0}[e^{-r(X_t-X_s)}]$ を考えると，

$$X_t - X_s = c(t-s) - \sum_{i=1}^{N_t-N_s} Z_i$$

となるので，上と同様の方法で

$$E_{u_0}[e^{-r(X_t-X_s)}] = e^{(t-s)g(r)}$$

が成り立つ．

時刻 t までの $\{X_u\}_{u\leq t}$ で生成される σ-加法族を $\mathfrak{F}_t$ として，フィルトレーション $\{\mathfrak{F}_t\}_{t\geq 0}$ を考える．$s < t$ としたとき，$X_t - X_s$ は上のように表現されるので，これは $\mathfrak{F}_s$ と独立となる．

したがって，

$$E_{u_0}[e^{-r(X_t-X_s)}|\mathfrak{F}_s] = E_{u_0}[e^{-r(X_t-X_s)}] = e^{(t-s)g(r)}$$

が成り立つ．

条件付き期待値の性質を用いると，次が補題が言える．

補題 5.2 $M_t = e^{-rX_t-g(r)t}$ はマルチンゲールとなる．すなわち，$s \leq t$ のとき

$$E_{u_0}[e^{-rX_t-g(r)t}|\mathfrak{F}_s] = e^{-rX_s-g(r)s}$$

が成り立つ．

破産時間 T はマルコフ時間となり，定理 3.6 (任意停止定理) を用いると，$M_{T\wedge t}$ は $\{\mathfrak{F}_t\}$ に関してマルチンゲールとなる．

したがって，$E_{u_0}[M_{T\wedge t}|\mathfrak{F}_0] = M_0$ となり，期待値をとると，

$$E_{u_0}[M_{T\wedge t}] = E_{u_0}[M_0] \tag{5.4}$$

が成り立つ．

式 (5.4) に $M_t = e^{-rX_t-g(r)t}$ を入れると，

$$e^{-ru_0} = E_{u_0}[e^{-rX_{T\wedge t}-g(r)(T\wedge t)}]$$

が成り立つ．

この右辺を次のように二つに分解する：

$$e^{-ru_0} = E_{u_0}[e^{-rX_T - g(r)T}; T \leqq t] + E_{u_0}[e^{-rX_t - g(r)t}; T > t]. \quad (5.5)$$

$T \leqq t$ のとき, $T \wedge t = T$ となること, $T > t$ のときは $T \wedge t = t$ となること
を用いた.

次に, 関数 $g(r)$ の挙動について考える. $g(0) = 0$ で

$$g'(0) = \lambda M'(0) - c = \lambda \mu - c < 0, \qquad (\text{仮定 D より})$$

$$g''(r) = \lambda M''(r) = \lambda E[Z_i^2 e^{rZ_i}] > 0$$

に注意すると, $y = g(r)$ のグラフは下に凸で, $g(r) \to \infty (r \to \infty)$ となり, 図
5.2 のようになる.

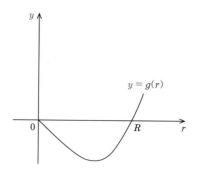

図 5.2 $y = g(r)$ のグラフ

したがって, $g(R) = 0$ となる $R > 0$ がただ一つ定まる. そこで, 式 (5.5)
に $r = R$ を代入すると,

$$e^{-Ru_0} = E_{u_0}[e^{-RX_T}; T \leqq t] + E[e^{-RX_t}; T > t] \qquad (5.6)$$

となる.

まず, 式 (5.6) の第 2 項について

$$E_{u_0}[e^{-RX_t}; T > t] \to 0 \quad (t \to \infty)$$

を示す.

命題 4.5 より, 次が成り立つことに注意する:

$$\begin{cases} E[X_t] = u_0 + ct - E\left[\sum_{k=1}^{N_t} Z_k\right] = u_0 + c_1 t \\ V[X_t] = V\left[\sum_{k=1}^{N_t} Z_k\right] = c_2 t \end{cases} \tag{5.7}$$

ここで, $c_1 = c - \lambda\mu > 0$, $c_2 = \lambda(\mu^2 + \sigma^2) > 0$ である.

式 (5.6) の第 2 項を次のように分解する:

$$E[e^{-RX_t}; T > t] = I_1 + I_2,$$

$$I_1 = E[e^{-RX_t} \cdot \chi_{\{T>t, X_t > \frac{1}{2}c_1 t\}}],$$

$$I_2 = E[e^{-RX_t} \cdot \chi_{\{T>t, X_t \leqq \frac{1}{2}c_1 t\}}].$$

I_1 においては,

$$\left| e^{-RX_t} \cdot \chi_{\{T>t, X_t > \frac{1}{2}c_1 t\}} \right| \leqq e^{-\frac{1}{2}Rc_1 t} \to 0 \quad (t \to \infty)$$

であり, I_1 の被積分関数は t に一様に 1 で上から押さえられるので, ルベーグの収束定理より

$$I_1 \to 0 \quad (t \to \infty)$$

が言える.

また, $T > t, X_t \leqq \dfrac{1}{2}c_1 t$ のときには,

$$\left| X_t - E[X_t] \right| > \frac{c_1}{2\sqrt{c_2}} \sqrt{t} \sqrt{V[X_t]}$$

となるので, チェビシェフの不等式から

$$I_2 \leqq P\left(\left| X_t - E[X_t] \right| > \frac{c_1}{2\sqrt{c_2}} \sqrt{t} \sqrt{V[X_t]} \right)$$

$$\leqq \left(\frac{2\sqrt{c_2}}{c_1} \right)^2 \frac{1}{t} \to 0 \quad (t \to \infty)$$

が言える.

I_1, I_2 の評価から

$$(5.6) \text{ の第 2 項} = E[e^{-RX_t}; T > t] \to 0 \quad (t \to \infty)$$

となる.

式 (5.6) の第 1 項において, $t \to \infty$ とすると, 単調収束定理により

(5.6) の第 1 項

$$\to E_{u_0}[e^{-RX_T} ; T < \infty] = E_{u_0}[e^{-RX_T} | T < \infty]\varepsilon(u_0) \quad (t \to \infty)$$

となり, 定理の最初の主張が示される.

また, $X_T < 0$ であることを考慮すると, $E_{u_0}[e^{-RX_T} | T < \infty] > 1$ となり,

$$\varepsilon(u_0) < e^{-Ru_0}$$

という評価がえられる. □

●──安全割増 θ と調整係数 R

時点 t までのクレーム総額を S_t とすると

$$S_t = \sum_{i=1}^{N_t} Z_i$$

と表され, 命題 4.5 から $E[S_t] = \mu\lambda t$ となる.

クレーム額の期待値 = 保険料収入額

となる考え方で c の値を定めると, $ct = \lambda\mu t$ より $c = \lambda\mu$ となるが, これに安全割増 $\theta > 0$ を考慮して

$$c = (1 + \theta)\mu\lambda \tag{5.8}$$

と定める.

定理 5.1 より, 破産確率 $\varepsilon(u_0)$ は

$$\varepsilon(u_0) < e^{-Ru_0} \tag{5.9}$$

と評価され, R は

$$\lambda M(R) - cR - \lambda = 0$$

の正の解として与えられる. この R を**調整係数**とよぶ.

破産確率を上から β で押さえるために安全割増 θ はどのようにとっておけば良いかを考えよう. 式 (5.9) より $\varepsilon(u_0)$ は上から e^{-Ru_0} で押さえられているので,

$$
\begin{cases}
\beta = e^{-Ru_0} \\
M(R) - (1+\theta)\mu R - 1 = 0
\end{cases}
$$

より

$$
\theta = \frac{u_0\left\{1 - M\left(-\dfrac{\log\beta}{u_0}\right)\right\}}{\mu\log\beta} - 1
$$

となる.

5.2 Lundberg モデルにおける破産確率関数 $G(u,y)$ の取り扱い

Lundberg モデルの会社資本 X_t を前と同様に

$$
X_t = u + ct - \sum_{i=1}^{N_t} Z_i
$$

で定める. また, 破産時間を確率変数 T で表すと, これはマルコフ時間となる.

このとき, 破産確率関数 $G(u,y)$ を

$$
G(u,y) = P_u(T < \infty, -X_T \geqq y) \tag{5.10}
$$

で定める. $P_u(\cdot)$ はマルコフ性のところで述べたように初期値が $X_0 = u$ となるプロセスについての確率分布であることを表している.

初期資本が u のとき, 有限時間で破産が起こり, 負債額が y 以上となる確率が $G(u,y)$ である.

このとき, $G(u,y)$ は次の方程式をみたす.

命題 5.3

$$\frac{\partial G}{\partial u}(u,y)$$
$$= \frac{\lambda}{c}\left\{ G(u,y) - \int_0^u G(u-z,y)dF_{Z_1}(z) - \int_{u+y}^\infty dF_{Z_1}(z) \right\}.$$

証明 Δt を微小時間として，X_t の時間区間 $(0,\Delta t)$ での状態に応じて次のような分解を考える：

$$G(u,y) = P_u(T < \infty, -X_T \geqq y,\ (0,\Delta t) \text{ で事故が発生しない})$$
$$+ P_u(T < \infty, -X_T \geqq y,\ (0,\Delta t) \text{ で事故が 1 件発生する})$$
$$+ P_u(T < \infty, -X_T \geqq y,\ (0,\Delta t) \text{ で事故が 2 件以上発生する})$$
$$= I_1 + I_2 + I_3$$

事象 $E_{\Delta t}(0), E_{\Delta t}(1), E_{\Delta t}(2)$ を次で定める：

$$E_{\Delta t}(0) = (0,\Delta t) \text{ で事故が発生しない事象},$$
$$E_{\Delta t}(1) = (0,\Delta t) \text{ で事故が 1 件発生する事象},$$
$$E_{\Delta t}(2) = (0,\Delta t) \text{ で事故が 2 件以上発生する事象}.$$

● ——**(1)** I_1 **の取り扱い**

マルコフ性を用いて次のように変形する：

$$I_1 = P_u(T < \infty, -X_T \geqq y \mid E_{\Delta t}(0)) \cdot P_u(E_{\Delta t}(0))$$
$$= P_{u+c\Delta t}(T < \infty, -X_T \geqq y)P_u(E_{\Delta t}(0))$$
$$= G(u+c\Delta t,y)(1 - \lambda\Delta t + o(\Delta t)).$$

● ——**(2)** I_2 **の取り扱い**

まず，I_2 を次のように分解する：

$$I_2 = P_u(T < \infty, -X_T \geqq y \mid E_{\Delta t}(1)) \cdot P_u(E_{\Delta t}(1))$$

$$= P_u(T < \infty, -X_T \geqq y, Z_1 < u + c\Delta t \mid E_{\Delta t}(1)) \cdot P_u(E_{\Delta t}(1))$$

$$+ P_u(T < \infty, -X_T \geqq y, Z_1 \geqq u + c\Delta t \mid E_{\Delta t}(1)) \cdot P_u(E_{\Delta t}(1)).$$

ここで，事象 $E_{\Delta t}(1)$ の下で事故は 1 回起こり，そのときのクレーム額が Z_1 である．

$Z_1 < u + c\Delta t$ のときには，$(0, \Delta t)$ で破産は起こらず，

$$X_{\Delta t} = u + c\Delta t - Z_1 > 0$$

となる．また，$z < Z_1 < z + dz$ となる確率が $dF_{Z_1}(z)$ となることに注意すると，

$$I_2 \text{の第 1 項} = \int_0^{u+c\Delta t} P_{u+c\Delta t - z}(T < \infty, -X_T \geqq y) dF_{Z_1}(z)$$

$$\cdot (\lambda \Delta t + o(\Delta t))$$

$$= \int_0^{u+c\Delta t} G(u + c\Delta t - z, y) dF_{Z_1}(z) \cdot (\lambda \Delta t + o(\Delta t))$$

となる．

$Z_1 > u + c\Delta t$ のときには，$(0, \Delta t)$ で破産が起こり，$T < \infty$ は実現されるが，$-X_T \geqq y$ となるためには，$Z_1 \geqq u + c\Delta t + y$ でなければならず，

$$I_2 \text{の第 2 項} = \int_{u+c\Delta t + y}^{\infty} dF_{Z_1}(z) \cdot (\lambda \Delta t + o(\Delta t))$$

となる．

◉──(3) I_3 の取り扱い

$P_u(E_{\Delta t}(2)) = o(\Delta t)$ であるので，

$$I_3 = o(\Delta t)$$

となる．

以上のことをまとめると，

$$G(u,y) = G(u + c\Delta t, y)(1 - \lambda\Delta t + o(\Delta t))$$
$$+ \int_0^{u+c\Delta t} G(u + c\Delta t - z, y)dF_{Z_1}(z) \cdot (\lambda\Delta t + o(\Delta t))$$
$$+ \int_{u+c\Delta t+y}^{\infty} dF_{Z_1}(z) \cdot (\lambda\Delta t + o(\Delta t))$$

が得られる.

これより,

$$\frac{G(u + c\Delta t, y) - G(u, y)}{c\Delta t}$$
$$= G(u + c\Delta t, y) \cdot \left(\frac{\lambda}{c} + \frac{o(\Delta t)}{\Delta t} \right)$$
$$- \int_0^{u+c\Delta t} G(u + c\Delta t - z, y)dF_{Z_1}(z) \cdot \left(\frac{\lambda}{c} + \frac{o(\Delta t)}{\Delta t} \right)$$
$$- \int_{u+c\Delta t+y}^{\infty} dF_{Z_1}(z) \cdot \left(\frac{\lambda}{c} + \frac{o(\Delta t)}{\Delta t} \right)$$

となり, $\Delta t \to 0$ とすることにより

$$\frac{\partial G}{\partial u}(u, y) = \frac{\lambda}{c} \left\{ G(u, y) - \int_0^u G(u - z, y)dF_{Z_1}(z) - \int_{u+y}^{\infty} dF_{Z_1}(z) \right\}$$

が成り立つ. □

命題 5.3 において, 両辺を u について 0 から ∞ まで積分すると

$$\int_0^{\infty} du \frac{\partial G}{\partial u}(u, y)$$
$$= \frac{\lambda}{c} \left\{ \int_0^{\infty} du\, G(u, y) - \int_0^{\infty} du \int_0^u G(u - z, y)dF_{Z_1}(z) - \int_0^{\infty} du \int_{u+y}^{\infty} dF_{Z_1}(z) \right\},$$

右辺第 2 項で積分順序の交換を行うと,

$$\int_0^{\infty} du \int_0^u G(u - z, y)dF_{Z_1}(z)$$

$$= \int_0^\infty dF_{Z_1}(z) \int_z^\infty du G(u - z, y)$$

$$= \int_0^\infty dF_{Z_1}(z) \int_0^\infty dw G(w, y)$$

$$(\ u - z = w \ とおいて置換積分)$$

$$= (F_{Z_1}(\infty) - F_{Z_1}(0)) \int_0^\infty dw G(w, y)$$

$$= \int_0^\infty dw G(w, y)$$

となる.

これを上式に代入すると次の式がえられる:

$$G(\infty, y) - G(0, y) = -\frac{\lambda}{c} \int_y^\infty dw(1 - F_{Z_1}(w)).$$

$G(\infty, y) = 0$ であるので,

$$G(0, y) = \frac{\lambda}{c} \int_y^\infty (1 - F_{Z_1}(w)) dw \tag{5.11}$$

となる.

◉──初期資本 $u = 0$ のときの取り扱い

$u = 0$ のときの破産確率 $\varepsilon(0)$ は

$$\varepsilon(0) = G(0, 0) = \frac{\lambda}{c} \int_0^\infty (1 - F_{Z_1}(w)) dw$$

となる.

話を簡単にするために Z_1 は連続型の確率分布に従い,確率密度関数 $f_{Z_1}(z) = F'_{Z_1}(z)$ を持つとし,部分積分を用いると,

$$\int_0^\infty (1 - F_{Z_1}(w)) dw = [(1 - F_{Z_1}(w)) w]_0^\infty + \int_0^\infty w f_{Z_1}(w) dw = \mu$$

となるので,$u = 0$ のときの破産確率は

$$\varepsilon(0) = \frac{\lambda\mu}{c} \tag{5.12}$$

となる.

次に破産時の負債額 Y の確率分布について考えよう. Y の分布関数を $F_Y(y)$ とすると

$$\begin{aligned}
F_Y(y) &= P_0(-X_T \leqq y | T < \infty) \\
&= 1 - P_0(-X_T > y | T < \infty) \\
&= 1 - \frac{G(0, y)}{\varepsilon(0)} \\
&= \frac{1}{\mu}\int_0^\infty (1 - F_{Z_1}(w))dw - \frac{1}{\mu}\int_y^\infty (1 - F_{Z_1}(w))dw \\
&= \frac{1}{\mu}\int_0^y (1 - F_{Z_1}(w))dw
\end{aligned}$$

となる.

◉——$Z_1 \sim \mathbf{Ex}\left(\dfrac{1}{\mu}\right)$: 平均 μ の指数分布のときの $\varepsilon(u)$ について

命題 5.3 の式において, $y = 0$ として $\varepsilon(u) = G(u, 0)$ について関係式を導くと,

$$\frac{d\varepsilon(u)}{du} = \frac{\lambda}{c}\left\{\varepsilon(u) - \int_0^u \varepsilon(u - z)dF_{Z_1}(z) - \int_u^\infty dF_{Z_1}(z)\right\}$$

となる.

Z_1 が $\mathbf{Ex}\left(\dfrac{1}{\mu}\right)$ に従うとすると, $dF_{Z_1}(z) = \dfrac{1}{\mu}e^{-\frac{1}{\mu}z}dz$ となるので,

$$\frac{d\varepsilon(u)}{du} = \frac{\lambda}{c}\left\{\varepsilon(u) - \frac{1}{\mu}e^{-\frac{u}{\mu}}\int_0^u \varepsilon(w)e^{\frac{w}{\mu}}dw - e^{-\frac{u}{\mu}}\right\} \tag{5.13}$$

が成り立つ. (右辺第 2 項で, $w = u - z$ とおいた.)

式 (5.13) の両辺を u で微分すると, 次式がえられる:

$$\frac{d^2\varepsilon(u)}{du^2} = \frac{\lambda}{c}\left\{\frac{d\varepsilon(u)}{du} + \frac{1}{\mu^2}e^{-\frac{u}{\mu}}\int_0^u \varepsilon(w)e^{\frac{w}{\mu}}dw - \frac{\varepsilon(u)}{\mu} + \frac{1}{\mu}e^{-\frac{u}{\mu}}\right\}.$$
$$(5.14)$$

式 (5.13) より

$$\frac{1}{\mu}e^{-\frac{u}{\mu}}\int_0^u \varepsilon(w)e^{\frac{w}{\mu}}dw = \varepsilon(u) - e^{-\frac{u}{\mu}} - \frac{c}{\lambda}\frac{d\varepsilon(u)}{du}$$

であるから，これを (5.14) に代入すると

$$\frac{d^2\varepsilon(u)}{du^2} = -\frac{(c-\lambda\mu)}{c\mu}\frac{d\varepsilon(u)}{du} \qquad (5.15)$$

となる．

この微分方程式を解くと，C_1, C_2 を定数として

$$\varepsilon(u) = C_1 e^{-\frac{c-\lambda\mu}{c\mu}u} + C_2$$

となる．

$$\varepsilon(0) = \frac{\lambda\mu}{c}, \qquad \varepsilon'(0) = \frac{\lambda}{c}\{\varepsilon(0)-1\} = \frac{\lambda(\lambda\mu-c)}{c^2}$$

であるので，

$$C_1 = \frac{\lambda\mu}{c}, \qquad C_2 = 0$$

となり，

$$\varepsilon(u) = \frac{\lambda\mu}{c}e^{-\frac{c-\lambda\mu}{c\mu}u} \qquad (5.16)$$

となる．

5.3 破産確率への別のアプローチ

サープラス過程における「最小値の更新」という概念を導入して破産確率 $\varepsilon(u)$ を考える問題がアクチュアリー試験に出題されているので，これを用いた破産確率の取り扱いについて考えよう．この概念は株式市場の言葉で言えば

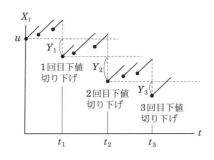

図 **5.3**　下値切り下げ

「新安値をつける」という表現になる.

初期資本が u のサープラス過程

$$X_t = u + ct - \sum_{i=1}^{N_t} Z_i$$

を考える. 初めて $X_{t_1} \leqq u$ となる時点 $t_1 > 0$ が存在するとき, t_1 で第 1 回目の**下値切り下げ (最小値の更新)** が行われたという. 下値切り下げが行われる確率は, 初期資本 0 のときの破産確率であるので, $\varepsilon(0)$ となる.

$u_1 = X_{t_1}$ とすると, **下値切り下げ幅**は $Y_1 = u - u_1$ となり, この Y_1 の分布は破産時の負債額 Y の分布に等しいので

$$F_{Y_1}(y) = \frac{1}{\mu} \int_0^y \Big(1 - F_Z(z)\Big) dz$$

となる.

次に t_1 以後, 初めて $X_{t_2} \leqq u_1$ となる時点 t_2 が存在するとき, t_2 で第 2 回目の下値切り下げが行われたという. また, $u_2 = X_{t_2}$ とおくと, 下値切り下げ幅は $Y_2 = u_2 - u_1$ となり, この Y_2 の分布関数も $F_{Y_1}(\cdot)$ となる.

同様にして順次, (存在すれば) 3 回目, 4 回目, $\cdots$ の下値切り下げを定めて行き, Y_n を n 回目の下値切り下げ幅とする.

このとき, 下値切り下げが行われる回数を N とする. $N = 0$ である確率, すなわち下値切り下げが 1 回も起こらない確率は

$$P(N = 0) = 1 - \varepsilon(0) = \frac{c - \lambda\mu}{c}$$

となる．この確率を $\rho(0)$ とする．

また，下値切り下げが 1 回である確率は，ある時刻 t_1 においてサープラスが初期サープラスを下回り，その後は一度も X_t が X_{t_1} を下回らない確率に等しいので，

$$P(N = 1) = \varepsilon(0)\rho(0) = \left(\frac{\lambda\mu}{c}\right)\left(\frac{c - \lambda\mu}{c}\right).$$

同様にして，

$$P(N = n) = \left(\frac{\lambda\mu}{c}\right)^n \left(\frac{c - \lambda\mu}{c}\right)$$

が成り立ち，N は幾何分布 $\mathrm{Ge}\left(\dfrac{c - \lambda\mu}{c}\right)$ に従うことがわかる．

さらに，N のモーメント母関数は次のようになる．

$$M_N(t) = \frac{c - \lambda\mu}{c - \lambda\mu e^t}$$

下値切り下げ回数が N であるときの切り下げ幅の和を W で表すと，W は次のようになる：

$$W = Y_1 + \cdots + Y_N.$$

この W を用いると，破産が発生するための必要十分条件は，$W = Y_1 + Y_2 + \cdots + Y_N \geqq u$ となることである．

$$\text{破産が起こる} \iff W \geqq u \tag{5.17}$$

したがって，$\varepsilon(u) = P(W \geqq u)$ となる．

また，Y_i の分布関数は

$$F_{Y_i}(y) = \frac{1}{\mu}\int_0^y (1 - F_Z(z))dz$$

であるので，Y_i の 確率密度関数 (p.d.f.) は

$$f_{Y_i}(y) = \frac{1}{\mu}(1 - F_Z(y)) \tag{5.18}$$

となり，Y_i のモーメント母関数は，次のようになる：

$$
\begin{aligned}
M_{Y_i}(r) &= \int_0^\infty e^{ry} \cdot \frac{1}{\mu}(1 - F_Z(y))dy \\
&= \frac{1}{\mu}\left\{ \left[\frac{1}{r}e^{ry}(1 - F_Z(y)) \right]_0^\infty + \frac{1}{r}\int_0^\infty dy \cdot e^{ry}f_Z(y) \right\} \\
&= \frac{1}{\mu}\left(-\frac{1}{r} + \frac{1}{r}M_Z(r) \right) \\
&= \frac{1}{\mu r}(M_Z(r) - 1).
\end{aligned}
$$

また，$W = Y_1 + Y_2 + \cdots + Y_N$ のモーメント母関数は，次のようになる：

$$
\begin{aligned}
M_W(r) &= \sum_{n=0}^\infty E[e^{r(Y_1 + Y_2 + \cdots + Y_n)} | N = n]P(N = n) \\
&= \sum_{n=0}^\infty \{M_{Y_i}(r)\}^n \left(\frac{\lambda\mu}{c} \right)^n \left(\frac{c - \lambda\mu}{c} \right) \\
&= \frac{c - \lambda\mu}{c} \sum_{n=0}^\infty \left\{ \frac{1}{\mu r}(M_Z(r) - 1)\left(\frac{\lambda\mu}{c} \right) \right\}^n \\
&= \frac{(c - \lambda\mu)r}{cr + \lambda - \lambda M_Z(r)}. \tag{5.19}
\end{aligned}
$$

Y_i の p.d.f. を $f(y)$ とすると，

$$P(Y_1 + \cdots + Y_n \leqq w) = \int_0^w \underbrace{(f * \cdots * f)}_{n}(y)dy \tag{5.20}$$

となるので，W の分布関数は

$$
\begin{aligned}
P(W \leqq w) &= \sum_{n=1}^\infty P(W \leqq w | N = n)P(N = n) \\
&= \sum_{n=1}^\infty P(Y_1 + \cdots + Y_n \leqq w)pq^n \\
&= p\int_0^w \sum_{n=1}^\infty q^n \underbrace{(f * \cdots * f)}_{n}(y)dy \tag{5.21}
\end{aligned}
$$

となる。

次に W の分布が計算できる例について考える.

●──$Z_i \sim \mathbf{Ex}\left(\dfrac{1}{\mu}\right)$ のとき

クレーム額 Z_i の分布が平均 μ の指数分布 $\mathrm{Ex}\left(\dfrac{1}{\mu}\right)$ に従うとき,W の確率分布を求めよう.

$Z_i \sim \mathrm{Ex}\left(\dfrac{1}{\mu}\right)$ なので,Y_i の分布関数 $F_{Y_i}(y)$ は

$$F_{Y_i}(y) = \frac{1}{\mu}\int_0^y e^{-\frac{z}{\mu}}dz$$
$$= 1 - e^{-\frac{y}{\mu}}$$

となり,$Y_i \sim \mathrm{Ex}\left(\dfrac{1}{\mu}\right)$ となる.

簡単のために $p = \rho(0)$, $q = \varepsilon(0)$ とおくと,$N \sim \mathrm{Ge}(\rho(0))$ より,

$$P(N = n) = pq^n.$$

W は以下に見るように混合分布となる.まず,$W = 0$ となる確率は

$$P(W = 0) = P(N = 0) = p$$

となる.

次に $w > 0$ として,$P(W \leqq w)$ について考えよう:

$$P(W \leqq w) = \sum_{n=0}^{\infty} P(W \leqq w | N = n) P(N = n)$$
$$= p + \sum_{n=1}^{\infty} P(W \leqq w | N = n) P(N = n)$$
$$= p + \sum_{n=1}^{\infty} \int_0^w \left(\frac{1}{\mu}\right)^n \frac{1}{\Gamma(n)} u^{n-1} e^{-\frac{u}{\mu}} pq^n du$$
$$= p + \frac{pq}{\mu}\int_0^w \sum_{n=1}^{\infty} \frac{1}{(n-1)!}\left(\frac{uq}{\mu}\right)^{n-1} e^{-\frac{u}{\mu}} du$$
$$= p + \frac{pq}{\mu}\int_0^w e^{-\frac{p}{\mu}u} du$$

$$= 1 - qe^{-\frac{p}{\mu}w}.$$

このとき，$W > u$ のときに「破産が起こる」ということができるので，破産確率 $\varepsilon(u)$ は

$$\varepsilon(u) = P(W > u)$$
$$= qe^{-\frac{p}{\mu}u}$$
$$= \frac{\lambda\mu}{c}e^{-\frac{c-\lambda\mu}{\mu c}u}$$

となり，(5.16) の別証明がえられた．

演習問題

5.1

Lundberg モデルで考えたように，会社の初期資本が u_0 で，保険料は単位時間 c の割合で連続的に収入され，クレームの時間間隔が独立に平均 $\frac{1}{\lambda}$ の指数分布 Ex(λ) に従うとする．さらに，クレーム額が平均 $\frac{1}{\mu}$ の指数分布 Ex(μ) に従うとする．このとき，次の問いに答えよ．

(1) 1 回目のクレームの発生により会社が破産する確率を求めよ．

(2) 時刻 T までにちょうど 1 回のクレームが発生し，それによって会社が破産しない確率を求めよ．

(3) 時刻 T までにちょうど 1 回のクレームが発生し，それによって会社が破産しない条件の下で，時点 T における会社資産額の期待値を求めよ．

5.2

Lundberg モデルにおいて，クレーム額 $\{Z_i\}$ の確率分布が次で与えられるとき，調整係数 $R = 1$ となる安全割増 θ の値を求めよ．

(1) $Z_i \sim$ Ex(2)

(2) $Z_i \sim$ U(0, a)

5.3

Lundberg モデルにおいて，クレーム額 $\{Z_i\}$ の確率分布が次の確率密度関数で与えられるガンマ分布であるとする：

$$
f_{Z_i}(x) = \begin{cases} \dfrac{a^m}{\Gamma(m)} x^{m-1} e^{-ax} & (x > 0) \\ 0 & (x \leqq 0) \end{cases}.
$$

Lundberg 不等式に基づく破産確率を $\dfrac{1}{N}$ まで許容するとき，安全割増 θ の値を求めよ．

5.4

Lundberg モデルにおいて，クレーム額 $\{Z_i\}$ の確率分布が次の確率密度関数で与えられるとする：

$$
f_{Z_i}(x) = \begin{cases} \sqrt{\dfrac{\alpha}{2\pi x^3}} \exp\left\{ -\dfrac{\alpha}{2x}\left(\dfrac{x}{\mu} - 1 \right)^2 \right\} & (x > 0) \\ 0 & (x \leqq 0) \end{cases}.
$$

$u_0 = N$ とし，Lundberg 不等式に基づく破産確率を $e^{-c_0 N}$ まで許容するとき，安全割増 θ の値を求めよ．

注意 $f_{Z_i}(x)$ は確率密度関数であるので，

$$
\int_0^\infty x^{-\frac{3}{2}} e^{-\frac{\alpha}{2x}\left(\frac{x}{\mu}-1\right)^2} dx = \sqrt{\dfrac{2\pi}{\alpha}}
$$

が μ の値に関係なく成り立つことに注意する．

5.5

初期資本 $u_0 = 0$ となる Lundberg モデルにおいて，クレーム額 Z_i の分布が連続型で確率密度関数 $f_{Z_1}(z)$ をもち，

$$
\int_y^\infty f_{Z_1}(z)dz = o\left(\dfrac{1}{y^2} \right) \qquad (y \to \infty)
$$

であるとする．このとき，破産時の負債額 Y の期待値は $E[Y] = \dfrac{1}{2\mu}E[Z_1^2]$ をみたすことを示せ．

5.6 (離散時間破産確率モデル)

離散時点 $n = 0, 1, 2, \cdots$ を考え，時点 n における会社資本 U_n が

$$U_n = u_0 + cn - \sum_{k=1}^{n} W_k$$

で与えられるモデルを考える．ここで，u_0 は初期資本，c は単位時間あたりの保険料収入額，W_k は時点 k におけるクレーム額とし，$\{W_i\}$ は独立で，W_i は離散幾何分布

$$P(W_i = k) = pq^k \qquad (k = 0, 1, 2, \cdots,\ 0 < p < 1,\ q = 1 - p)$$

に従うとする．このとき，時点 2 以内に会社が破産する確率を求めよ．ただし，c, u_0 は整数値をとるとする．

第6章
リスク尺度

6.1 リスク尺度とは

リスク尺度 (Risk Measure) とは，読んで字のごとし，リスクの大きさを測るメジャー (ものさし) である．将来のリスクに対して準備しておくべき金額であると言ってもよい．リスクは確率変数 X で表され，このリスク X に対して，準備金 $\rho(X) \in \mathbb{R}$ が定まるのである．

例えば生命保険に関してリスク X は加入者の死亡により支払われる保険金を予定利率で現在価値に変換したものとして，

$$
X = \begin{cases} Kv^T & (0 < T \leqq n) \\ 0 & (その他) \end{cases}
$$

で与えられる．ここで，T は加入者の余命，n は契約年数，$v = \dfrac{1}{1+i}$ は現価率 (i：予定利率)，K は保険金額である．このリスク X を期待値で評価して，保険料 $\rho(X) = E[X] = KE[v^T]$ というリスク尺度が定まるのである．期待値による保険料は最もシンプルなリスク尺度であるが，これ以外にもいろいろなリスク尺度が考えられている．

まず，いくつかのリスク尺度について述べよう．

6.1.1　Value at Risk $\mathrm{VaR}_\alpha(X)$

本書においては，リスク X を正の方向に値をとるものとして考える．すなわち，X の値が大きければ大きいほどリスクが高まると考えるのである．文献によっては，リスクは会社側にとって負の影響を及ぼすものであるから，負の方向に値をとることがある．このときには，値が小さくなればなるほどリスクが高まるのである．文献を読むときにはこの点に注意されたい．

リスク X の信頼水準 α の Value at Risk $\mathrm{VaR}_\alpha(X)$ とは，

$$\mathrm{VaR}_\alpha(X) = \inf\{x \in \mathbb{R}\,;\, F_X(x) \geqq \alpha\} \tag{6.1}$$

で定められるものである．ここで，$F_X(x) = P(X \leqq x)$ は X の分布関数である．

X が正の値をとり，確率密度関数 $f(x)$ を持つ連続型分布のときには，$\mathrm{VaR}_\alpha(X)$ は図 6.1 で示される値である．

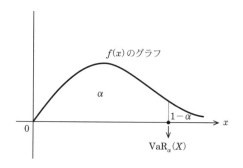

図 **6.1**　$\mathrm{VaR}_\alpha(X)$

リスク X に対する準備金として $\mathrm{VaR}_\alpha(X)$ を準備しておくと，不足金が生ずる確率は $1 - \alpha$ となることを意味している．

リスク X の分布関数 $F_X(x)$ に不連続点が生ずる場合があるが，

本書では不連続点は有限個であるとし，次の仮定をおくことにする．

> $F_X(x)$ が高々有限個の不連続点を持つとし，各不連続点の間の区間に
> おいて $F_X(x)$ が可微分で，$F_X'(x) = f(x)$ となる $f(x)$ が存在すると仮定
> する．

$F_X(x)$ が $x = u$ で不連続で，ジャンプ幅 $= F_X(u) - F_X(u-0) = p_0$ で
あるとき，X は u で point mass p_0 をもつという．ここで，$F_X(u-0) = \lim_{h \uparrow u} F_X(h)$ である．

(i) X が連続型分布を持つとき，$\alpha = F_X(u_0)$ となる u_0 がただ一つ存在す
るとき，$\mathrm{VaR}_\alpha(X) = u_0$ となり，

$$P(X > \mathrm{VaR}_\alpha(X)) = 1 - \alpha$$

が成り立つ．

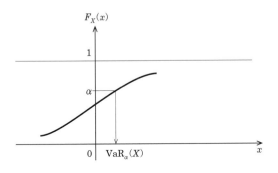

図 6.2 (i) のケース

(ii) $\alpha = F_X(u_0)$ となる u_0 が複数存在する場合．$\tilde{u}_0 = \sup\{x ; F_X(x) = \alpha\}$ とおくと，$\mathrm{VaR}_\alpha(X) \leqq \tilde{u}_0$ となる．このとき図 6.3 (次ページ) の (ii-1) と
(ii-2) の二つのケースが考えられる．いずれの場合も次が成立：

$$P(X > \mathrm{VaR}_\alpha(X)) = 1 - \alpha.$$

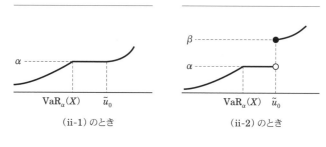

図 **6.3**   (ii-1), (ii-2) のケース

(iii) $F_X(u)$ が $x = u_0$ で不連続で,

$$\gamma = F_X(u_0 - 0) < \alpha < \gamma' = F_X(u_0)$$

であるとき, $\mathrm{VaR}_\alpha(X) = u_0$ となり, 次が成立:

$$P(X > \mathrm{VaR}_\alpha(X)) = 1 - \gamma'.$$

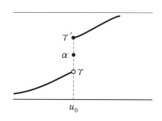

図 **6.4**   (iii) のケース

また, $x = u_1, \cdots, u_m$ で $F_X(x)$ が不連続となり, 不連続点の間で $F_X(x)$ が真に単調増加するとき, $y = \mathrm{VaR}_t(X)$ のグラフは図 6.5 (次ページ) の右側の図のようになる.

X の期待値 $E[X]$ はルベーグ-スティルチェス積分を用いて,

$$E[X] = \int_{-\infty}^{\infty} x\, dF_X(x)$$

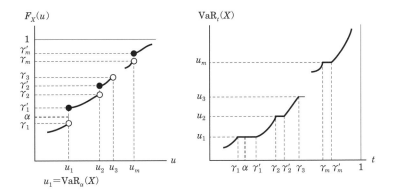

図 **6.5** $F_X(u)$ と $\mathrm{VaR}_t(X)$ のグラフ

と表されるが，これを上の仮定の下で，具体的に表してみよう．$F_X(x)$ の不連続点 u_i における point mass を

$$\delta_i = F_X(u_i) - F_X(u_i - 0) \qquad (i = 1, 2, \cdots, m)$$

とすると，

$$E[X] = \int_{-\infty}^{u_1} x f(x) dx + \sum_{i=1}^{m-1} \int_{u_i}^{u_{i+1}} x f(x) dx + \int_{u_m}^{\infty} x f(x) dx + \sum_{i=1}^{m} u_i \delta_i$$

と表される．

例 6.1 (指数分布) $X \sim \mathrm{Ex}(\lambda)$ のとき X の分布関数 $F_X(u)$ は

$$F_X(x) = \int_0^x \lambda e^{-\lambda u} du = 1 - e^{-\lambda x}$$

であるので，

$$\mathrm{VaR}_\alpha(X) = -\frac{1}{\lambda} \log(1 - \alpha)$$

となる．

例 6.2 (正規分布) $X \sim \mathrm{N}(\mu, \sigma^2)$ のとき

$$\int_{\mathrm{VaR}_\alpha(X)}^\infty \frac{1}{\sqrt{2\pi}\sigma} e^{-\frac{1}{2\sigma^2}(x-\mu)^2} dx = 1 - \alpha$$

となるので, $z = \dfrac{x-\mu}{\sigma}$ と変数変換を行うと,

$$\int_{\frac{\mathrm{VaR}_\alpha(X)-\mu}{\sigma}}^\infty \frac{1}{\sqrt{2\pi}} e^{-\frac{1}{2}z^2} dz = 1 - \alpha$$

となるので, 標準正規分布 $\mathrm{N}(0,1)$ の上側 ε 点を $u(\varepsilon)$ とすると

$$u(1-\alpha) = \frac{\mathrm{VaR}_\alpha(X) - \mu}{\sigma}$$

より,

$$\mathrm{VaR}_\alpha(X) = \mu + \sigma u(1-\alpha)$$

となる.

ここで, 標準正規分布 $\mathrm{N}(0,1)$ の上側 ε 点 $u(\varepsilon)$ とは

$$\int_{u(\varepsilon)}^\infty \frac{1}{\sqrt{2\pi}} e^{-\frac{1}{2}z^2} dz = \varepsilon$$

で定められるものである.

6.1.2 期待ショートフォール (Expected Shortfall) $\mathbf{ES}_\alpha(X)$

リスク X の信頼水準 α の期待ショートフォール $\mathrm{ES}_\alpha(X)$ を次で定める:

$$\begin{aligned}
\mathrm{ES}_\alpha(X) &= E[\max\{X - \mathrm{VaR}_\alpha(X), 0\}] \\
&= E[X - \mathrm{VaR}_\alpha(X); X > \mathrm{VaR}_\alpha(X)] \\
&= E[X; X > \mathrm{VaR}_\alpha(X)] - \mathrm{VaR}_\alpha(X) \cdot P(X > \mathrm{VaR}_\alpha(X)).
\end{aligned}$$

$$\tag{6.2}$$

$F_X(u)$ がすべての点で微分可能となる連続型分布のときには,

$$P(X > \mathrm{VaR}_\alpha(X)) = 1 - \alpha$$

となり，X の確率密度関数を $f_X(x)$ とすると

$$\mathrm{ES}_\alpha(X) = \int_{\mathrm{VaR}_\alpha(X)}^\infty x f_X(x) dx - \mathrm{VaR}_\alpha(X)(1-\alpha)$$

となる．

リスク X に対して，$\mathrm{VaR}_\alpha(X)$ によって対処しようとしていたとする．$\mathrm{VaR}_\alpha(X)$ を超えるリスク X が発生したとき，その不足分 $X - \mathrm{VaR}_\alpha(X)$ の期待値が期待ショートフォールである．

X の分布が一般のときには次の命題が成立する．

命題 6.1 $u_0 = \mathrm{VaR}_\alpha(X)$ とする．

(1) $F_X(x)$ が $x = u_0$ で可微分であるとき，次が成立：

$$\int_\alpha^1 \mathrm{VaR}_t(X) dt = E[X; X > \mathrm{VaR}_\alpha(X)].$$

(2) $F_X(x)$ が $x = u_0$ で不連続で，$\gamma = F_X(u_0 - 0), \gamma' = F_X(u_0)$ として，$\gamma < \alpha < \gamma'$ となるとき，次が成立：

$$\int_\alpha^1 \mathrm{VaR}_t(X) dt = (\gamma' - \alpha)\mathrm{VaR}_\alpha(X) + E[X; X > \mathrm{VaR}_\alpha(X)].$$

証明 (1) X が連続型で $F_X'(x) = f_X(x)$ が存在するとき，$0 < t < 1$ に対して，

$$F_X(\mathrm{VaR}_t(X)) = t$$

となる．$z = \mathrm{VaR}_t(X)$ とおくと，$F_X(z) = t$ となるので，

$$f_X(z)\frac{dz}{dt} = 1$$

であり，$f_X(z)dz = dt$ となる．これを用いると，次が成立する：

$$\int_\alpha^1 \mathrm{VaR}_t(X) dt = \int_{\mathrm{VaR}_\alpha(X)}^\infty z f_X(z) dz = E[X; X > \mathrm{VaR}_\alpha(X)].$$

(2) の証明は図 6.5 (119 ページ) を参考にすればできるが，紙数の関係で省略する． □

この命題 6.1 から，$\mathrm{ES}_\alpha(X)$ と $\mathrm{VaR}_t(X)$ との間には次のような関係があることが分かる．

命題 6.2

$$\mathrm{ES}_\alpha(X) = \int_\alpha^1 \left(\mathrm{VaR}_t(X) - \mathrm{VaR}_\alpha(X)\right) dt. \tag{6.3}$$

証明　$x = \mathrm{VaR}_\alpha(X)$ で $F_X(x)$ が可微分の場合．このときには，

$$P(X > \mathrm{VaR}_\alpha(X)) = 1 - \alpha$$

であることに注意すると，

$$
\begin{aligned}
\int_\alpha^1 &\left(\mathrm{VaR}_t(X) - \mathrm{VaR}_\alpha(X)\right) dt \\
&= E[X; X > \mathrm{VaR}_\alpha(X)] - (1-\alpha)\cdot \mathrm{VaR}_\alpha(X) \\
&= E[X; X > \mathrm{VaR}_\alpha(X)] - \mathrm{VaR}_\alpha(X)\cdot P(X > \mathrm{VaR}_\alpha(X)) \\
&= \mathrm{ES}_\alpha(X)
\end{aligned}
$$

となる．$F_X(x)$ が不連続の場合の証明は紙数の関係で省略する． □

例 6.3 (指数分布)　$X \sim \mathrm{Ex}(\lambda)$ とすると，

$$u_0 = \mathrm{VaR}_\alpha(X) = -\frac{1}{\lambda}\log(1-\alpha)$$

であるので

$$\mathrm{ES}_\alpha(X) = \int_{u_0}^\infty x\lambda e^{-\lambda x} dx - \mathrm{VaR}_\alpha(X)(1-\alpha)$$

$$= \left[-xe^{-\lambda x}\right]_{u_0}^{\infty} + \int_{u_0}^{\infty} e^{-\lambda x} dx - \mathrm{VaR}_\alpha(X)(1-\alpha)$$
$$= \frac{1-\alpha}{\lambda}$$

となる.

6.1.3 Tail Value at Risk $\mathrm{TVaR}_\alpha(X)$ と Conditional Tail Expectation $\mathrm{CTE}_\alpha(X)$

リスク X の信頼水準 α の Tail Value at Risk を次で定める：

$$\mathrm{TVaR}_\alpha(X) = \frac{1}{1-\alpha}\int_\alpha^1 \mathrm{VaR}_t(X)dt. \tag{6.4}$$

$x = u_0 = \mathrm{VaR}_\alpha(X)$ で $F_X(x)$ が可微分となるとき,

$$\mathrm{TVaR}_\alpha(X) = \frac{1}{1-\alpha}E[X; X > \mathrm{VaR}_\alpha(X)]$$
$$= E[X|X > \mathrm{VaR}_\alpha(X)]$$

となり，$\mathrm{TVaR}_\alpha(X)$ は以下に述べる Conditional Tail Expectation $\mathrm{CTE}_\alpha(X)$ と一致する.

また，$u_0 = \mathrm{VaR}_\alpha(X)$ とし，$x = u_0$ で $F_X(x)$ が不連続となり，$\gamma < \alpha < \gamma'$ であるとき $(\gamma = F_X(u_0 - 0), \gamma' = F_X(u_0))$，次が成立：

$$\mathrm{TVaR}_\alpha(X) = \frac{1}{1-\alpha}\{\mathrm{VaR}_\alpha(X)(\gamma'-\alpha) + E[X; X > \mathrm{VaR}_\alpha(X)]\}.$$

$X > \mathrm{VaR}_\alpha(X)$ という条件の下での X の条件付き期待値

$$E[X|X > \mathrm{VaR}_\alpha(X)]$$

を **Conditional Tail Expectation** $\mathrm{CTE}_\alpha(X)$ とよぶ.
すなわち，$\mathrm{CTE}_\alpha(X)$ を

$$\mathrm{CTE}_\alpha(X) = E[X|X > \mathrm{VaR}_\alpha(X)]$$
$$= \frac{E[X; X > \mathrm{VaR}_\alpha(X)]}{P(X > \mathrm{VaR}_\alpha(X))} \tag{6.5}$$

で定める.

$\mathrm{VaR}_\alpha(X)$ では $X > \mathrm{VaR}_\alpha(X)$ での挙動を評価することができないため考え出されたものが $\mathrm{CTE}_\alpha(X)$ である. これは北米方式の変額年金保険の責任準備金の算出に用いられた.

基本的な分布に対する $\mathrm{VaR}_\alpha(X), \mathrm{ES}_\alpha(X), \mathrm{TVaR}_\alpha(X)$ の表を表 6.1 に上げる.

表 6.1

分布	$\mathrm{VaR}_\alpha(X)$	$\mathrm{ES}_\alpha(X)$
$\mathrm{Ex}(\lambda)$	$-\dfrac{1}{\lambda}\log(1-\alpha)$	$\dfrac{1-\alpha}{\lambda}$
$\mathrm{N}(\mu,\sigma^2)$	$\mu+\sigma\Phi^{-1}(\alpha)$	$\dfrac{\sigma}{\sqrt{2\pi}}e^{-\{\frac{1}{2}\Phi^{-1}(\alpha)^2\}}-\sigma(1-\alpha)\Phi^{-1}(\alpha)$
$\mathrm{LN}(\mu,\sigma^2)$	$e^{\mu+\sigma\Phi^{-1}(\alpha)}$	$e^{\mu+\frac{\sigma^2}{2}}\Phi(\sigma-\Phi^{-1}(\alpha))-(1-\alpha)e^{\mu+\sigma\Phi^{-1}(\alpha)}$
$\mathrm{U}(a,b)$	$a+\alpha(b-a)$	$\dfrac{(1-\alpha)^2(b-a)}{2}$

分布	$\mathrm{TVaR}_\alpha(X)$
$\mathrm{Ex}(\lambda)$	$\dfrac{1}{\lambda}(1-\log(1-\alpha))$
$\mathrm{N}(\mu,\sigma^2)$	$\mu+\dfrac{\sigma}{\sqrt{2\pi}(1-\alpha)}e^{-\{\frac{1}{2}\Phi^{-1}(\alpha)^2\}}$
$\mathrm{LN}(\mu,\sigma^2)$	$\dfrac{e^{\mu+\frac{\sigma^2}{2}}\Phi(\sigma-\Phi^{-1}(\alpha))}{1-\alpha}$
$\mathrm{U}(a,b)$	$\dfrac{a+b+\alpha(b-a)}{2}$

6.2 ゆがみリスク尺度

リスク X の分布関数 $F_X(x)$ に対して, $S_X(x)=1-F_X(x)$ を導入する. X は負の値もとるものとすると, $S_X(x)$ は右連続な単調非増加関数で,

$$\lim_{x \to -\infty} S_X(x) = 1, \qquad \lim_{x \to \infty} S_X(x) = 0$$

が成り立つ.

話を簡単にするために, $F_X(x)$ は $x > 0$ において $x = a_1, a_2, \cdots, a_m$ $(0 < a_1 < a_2 < \cdots < a_m)$ で不連続, $x < 0$ において $x = b_1, b_2, \cdots, b_n$ $(0 > b_1 > b_2 > \cdots > b_n)$ で不連続であるとし, これら隣接する不連続点の間および $(a_m, \infty), (-\infty, b_n)$ では $F_X(x)$ は微分可能であり,

$$f(x) = F_X'(x) \qquad (x \in \mathbb{R} \setminus \{a_1, a_2, \cdots, a_m, b_1, b_2, \cdots, b_n\})$$

であるとする.

まず次式が成り立つことに注意する.

命題 6.3

$$E[X] = \int_0^\infty S_X(x)dx - \int_{-\infty}^0 F_X(x)dx.$$

証明 部分積分を用いて右辺第 1 項を次のように変形してみよう.

$$\int_0^\infty S_X(x)dx$$

$$= \int_0^{a_1} (1 - F_X(x))dx$$

$$+ \sum_{i=1}^{m-1} \int_{a_i}^{a_{i+1}} (1 - F_X(x))dx + \int_{a_m}^\infty (1 - F_X(x))dx$$

$$= \left\{ \left[x(1 - F_X(x)) \right]_0^{a_1} + \int_0^{a_1} xf(x)dx \right\}$$

$$+ \sum_{i=1}^{m-1} \left\{ \left[x(1 - F_X(x)) \right]_{a_i}^{a_{i+1}} + \int_{a_i}^{a_{i+1}} xf(x)dx \right\}$$

$$+ \left\{ \left[x(1 - F_X(x)) \right]_{a_m}^\infty + \int_{a_m}^\infty xf(x)dx \right\}$$

$$= \left\{ a_1(1 - F_X(a_1 - 0)) + \int_0^{a_1} xf(x)dx \right\}$$

$$+ \left\{ a_2(1 - F_X(a_2 - 0)) - a_1(1 - F_X(a_1)) + \int_{a_1}^{a_2} x f(x) dx \right\}$$

$$+ \cdots + \left\{ -a_m(1 - F_X(a_m)) + \int_{a_m}^{\infty} x f(x) dx \right\}$$

$$= \{a_1 \delta_1 + \cdots + a_m \delta_m\} + \int_0^{\infty} x f(x) dx$$

ここで,$F_X(x)$ の不連続点 a_i における $F_X(x)$ のジャンプ幅を

$$\delta_i = F_X(a_i) - F_X(a_i - 0)$$

とおいた.

同様にして,

$$\int_{-\infty}^0 F_X(x) dx = -\{b_1 \beta_1 + \cdots + b_n \beta_n\} - \int_{-\infty}^0 x f(x) dx$$

となる.ここで,$\beta_i = F_X(b_i) - F_X(b_i - 0)$ である.

これらの式から

$$\int_0^{\infty} S_X(x) dx - \int_{-\infty}^0 F_X(x) dx$$

$$= \{a_1 \delta_1 + \cdots + a_m \delta_m\} + \{b_1 \beta_1 + \cdots + b_n \beta_n\}$$

$$+ \int_{-\infty}^{\infty} x f(x) dx$$

$$= \int_{-\infty}^{\infty} x dF_X(x) = E[X]$$

となる. □

●──ゆがみリスク尺度

$g(x)$ を $g(0) = 0, g(1) = 1$ を満たす,単調非減少,左連続な関数とし,リスク X に対するリスク尺度 $E_g[X]$ を

$$E_g[X] = \int_0^{\infty} g(S_X(x)) dx - \int_{-\infty}^0 (1 - g(S_X(x))) dx$$

で定める．これをゆがみ関数 $g(x)$ による**ゆがみリスク尺度**とよぶ．

X が連続な確率分布で確率密度関数 $f_X(x)$ を持ち，$g(x)$ も可微分関数である場合について考えよう．

このとき，部分積分を用いると

$$
\begin{aligned}
E_g[X] &= \left\{ \Big[xg(S_X(x)) \Big]_0^\infty + \int_0^\infty xg'(S_X(x))f_X(x)dx \right\} \\
&\quad - \left\{ \Big[x(1-g(S_X(x))) \Big]_{-\infty}^0 - \int_{-\infty}^0 xg'(S_X(x))f_X(x)dx \right\} \\
&= \int_{-\infty}^\infty xg'(S_X(x))f_X(x)dx
\end{aligned}
$$

と表すことができる．

ここで，

$$
\begin{aligned}
&\int_{-\infty}^\infty g'(S_X(x))f_X(x)dx \\
&= \int_0^1 g'(u)du \\
&\quad (u = S_X(x) \text{ とおいた．} \ du = -f_X(x)dx.) \\
&= g(1) - g(0) = 1
\end{aligned}
$$

となるので，$g'(S_X(x))f_X(x)$ はある確率分布の確率密度関数とみなすことができる．

したがって，$E_g[X]$ は $g'(S_X(x))f_X(x)$ を確率密度関数とする確率分布に関する期待値となる．すなわち，X が連続型の分布を持つとき，関数 $g(x)$ によって

$f_X(x)$ を確率密度関数とする分布

$\Longrightarrow g'(S_X(x))f_X(x)$ を確率密度関数とする分布

となる変換が得られるのである.

例 6.4 (ワン変換) $\Phi(x)$ を N(0,1) の分布関数とする. すなわち

$$\Phi(x) = \int_{-\infty}^{x} \frac{1}{\sqrt{2\pi}} e^{-\frac{1}{2}u^2} du$$

とする.

$g(u)$ を

$$g(u) = \Phi(\Phi^{-1}(u) + a)$$

で定めるとき, $g(u)$ によるゆがみリスク尺度による確率分布の変換を**ワン変換 (Wang Transform)** とよぶ.

例えば, $X \sim N(\mu, \sigma^2)$ とするとき, ワン変換で N(μ, σ^2) がどのような確率分布に変換されるのかを考えよう.

$$g'(u) = \Phi'(\Phi^{-1}(u) + a) \frac{d}{du} \Phi^{-1}(u)$$

となることに注意しよう.

$\Phi^{-1}(u) = z$ とおくと, $u = \Phi(z)$ であるので, 両辺を u で微分すると,

$$1 = \frac{dz}{du} \Phi'(z)$$

となるので

$$\frac{d}{du} \Phi^{-1}(u) = \frac{dz}{du} = \frac{1}{\Phi'(\Phi^{-1}(u))}$$

となり,

$$g'(u) = \frac{\Phi'(\Phi^{-1}(u) + a)}{\Phi'(\Phi^{-1}(u))} = \frac{e^{-\frac{1}{2}(\Phi^{-1}(u)+a)^2}}{e^{-\frac{1}{2}(\Phi^{-1}(u))^2}}$$

$$= e^{-\frac{1}{2}(2a\Phi^{-1}(u)+a^2)}$$

となる.

$X \sim \mathrm{N}(\mu, \sigma^2)$ のとき,

$$
\begin{aligned}
S_X(x) &= \frac{1}{\sqrt{2\pi}\sigma} \int_x^\infty e^{-\frac{1}{2\sigma^2}(u-\mu)^2} du \\
&= \frac{1}{\sqrt{2\pi}} \int_{\frac{x-\mu}{\sigma}}^\infty e^{-\frac{1}{2}z^2} dz \qquad (z = \frac{u-\mu}{\sigma} \text{ とおいた}) \\
&= \frac{1}{\sqrt{2\pi}} \int_{-\infty}^{-\frac{x-\mu}{\sigma}} e^{-\frac{1}{2}z^2} dz = \Phi\left(-\frac{x-\mu}{\sigma}\right)
\end{aligned}
$$

となるので,

$$
\begin{aligned}
&g'(S_X(x)) f_X(x) \\
&= \exp\left\{-\frac{1}{2}\left(2a\Phi^{-1}\left(\Phi\left(-\frac{x-\mu}{\sigma}\right)\right) + a^2\right)\right\} \\
&\quad \times \frac{1}{\sqrt{2\pi}\sigma} \exp\left\{-\frac{1}{2\sigma^2}(x-\mu)^2\right\} \\
&= \frac{1}{\sqrt{2\pi}\sigma} \exp\left\{-\frac{1}{2\sigma^2}(x-(\mu+\sigma a))^2\right\}
\end{aligned}
$$

となる.

したがって, ワン変換により $\mathrm{N}(\mu, \sigma^2)$ は $\mathrm{N}(\mu+\sigma a, \sigma^2)$ に変換される. すなわち, 平均値が σa だけ増えるように変換されるのである.

6.3 コヒーレントリスク尺度

これまでいくつかのリスク尺度について述べてきたが, リスク尺度が満たすべき条件とは何であろうか? このリスク尺度が満たすべき条件を公理論的に整理したものが次に述べるコヒーレントリスク尺度という概念である.

次の条件を満たすリスク尺度 $\rho(X)$ を**コヒーレントリスク尺度**とよぶ:

(1) $\rho(X+a) = \rho(X) + a \quad (a \in \mathbb{R})$ （平行移動不変性）

(2) $X_1(\omega) \leqq X_2(\omega) \quad (\text{a.e. } \omega \in \Omega) \Longrightarrow \rho(X_1) \leqq \rho(X_2)$ （単調性）

(3) $\rho(X_1 + X_2) \leqq \rho(X_1) + \rho(X_2)$ （劣加法性）

(4) $\rho(cX) = c\rho(X) \quad (c \geqq 0)$ （正の同次性）

前にも述べたように，本書ではリスクの大きさを正の方向にとっている．X が負の方向に行けば行くほどリスクが大きくなると考えると，上の条件も変わってくることがある．例えば，(2) の条件は

$$X_1 \leqq X_2 \Longrightarrow \rho(X_1) \geqq \rho(X_2)$$

となる．他の文献を読むときこの点に注意されたい．

それでは上の (1) から (4) の条件について，それらの意味を考えてみよう．

(1) の条件について：X をクレーム額として，X に対して準備している金額が $\rho(X)$ であるとしよう．クレーム額が一定金額 a だけ増額されたときに，準備しておくべき金額が $\rho(X) + a$ であると考えるのは自然なものと言える．また，リスク X に対して支払金が $\rho(X)$ の保険に入ったとすると，そのときのリスクは $X - \rho(X)$ になる．この $X - \rho(X)$ に対して，準備しておくべき金額は $\rho(X - \rho(X)) = 0$ となるのである．

(2) の条件について：より大きいリスクに対して，より大きい金額を準備しておくべきであるという条件である．これも自然に受け入れる条件であろう．

(3) の条件について：二つのリスク X_1, X_2 に対しては，それぞれのリスクに対する準備金 $\rho(X_1), \rho(X_2)$ の和で対処できるという条件である．

(4) の条件について：リスクが c 倍されたとき，その準備金は元の準備金の c 倍となることを意味している．

6.4　ゆがみ関数と劣加法性

ゆがみ関数 $g(x)$ に対するゆがみリスク尺度 $\rho_g(X) = E_g[X]$

$$\rho_g(X) = \int_0^\infty g(S_X(x))dx - \int_{-\infty}^0 (1 - g(S_X(x)))dx$$

がコヒーレントリスク尺度の公理の (1), (2), (4) を満たすことは簡単に分かるが，(3) の劣加法性 (sub-additivity) については次の定理が知られている．

定理 6.4　$\rho_g(X)$ が劣加法的となるための必要十分条件は関数 $g(x)$ が

$I = [0, 1]$ で凹 (concave) となることである. ここで, $g(x)$ が I で凹であるとは, 任意の区間 $(a, b) \subset I$ に対して

$$g(\theta a + (1 - \theta)b) \geqq \theta g(a) + (1 - \theta)g(b) \qquad (\theta \in [0, 1])$$

が成り立つことである.

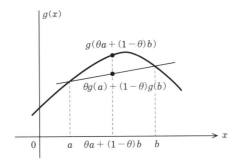

図 6.6

　十分性：$g(x)$ が I で凹であるとき, $\rho_g(\cdot)$ が劣加法的となることの証明は Wang-Dheane [7] によってなされており, 必要性：$\rho_g(\cdot)$ が劣加法的であるとき, $g(x)$ が I で凹となることの証明は以下の演習問題 **6.4** を参照されたい.

6.4.1 Value at Risk について

$\mathrm{VaR}_\alpha(X)$ はゆがみ関数

$$g(x) = \begin{cases} 1 & (x > 1 - \alpha) \\ 0 & (\text{その他}) \end{cases}$$

に関するゆがみリスク尺度となる.

　話を簡単にするために, $X(\omega) > 0$ (a.e. ω) とすると,

$$\rho_g(X) = \int_0^\infty g(S_X(x))dx$$

$$= \int_0^\infty \mathbf{1}_{\{S_X(x)>1-\alpha\}}(x)dx$$

$$= \int_0^\infty \mathbf{1}_{\{F_X(x)\leqq\alpha\}}(x)dx$$

$$= \mathrm{VaR}_\alpha(X)$$

となる. X が負の値をとる場合の証明については演習問題 **6.6** を参照されたい.

上の $g(x)$ は凹関数 (concave function) ではないので $\mathrm{VaR}_\alpha(X)$ は劣加法的とはならない. したがって, $\mathrm{VaR}_\alpha(X)$ はコヒーレントリスク尺度とはならない.

6.4.2 Tail Value at Risk について

まず, 次の命題に注意する :

命題 6.5 $u_0 = \mathrm{VaR}_\alpha(X)$ とする.

(1) $F_X(x)$ が $x = u_0$ で不連続で,
$$\gamma = F_X(u_0 - 0) < \alpha < \gamma' = F_X(u_0)$$
となるとき, 次が成り立つ :
$$\int_{\mathrm{VaR}_\alpha(X)}^\infty S_X(x)dx$$
$$= -(1-\gamma')\cdot\mathrm{VaR}_\alpha(X) + E[X; X > \mathrm{VaR}_\alpha(X)].$$

(2) $F_X(x)$ が $x = u_0$ で可微分となるとき,
$$\int_{\mathrm{VaR}_\alpha(X)}^\infty S_X(x)dx$$
$$= -(1-\alpha)\cdot\mathrm{VaR}_\alpha(X) + E[X; X > \mathrm{VaR}_\alpha(X)].$$

証明 (1) $F_X(x)$ が $x = u_0, u_1, u_2, \cdots, u_m(u_0 < u_1 < u_2 < \cdots < u_m)$ で不連続とすると, 次が成り立つ :
$$\int_{u_0}^\infty S_X(x)dx$$

$$= \sum_{i=1}^{m} \int_{u_{i-1}}^{u_i} S_X(x)dx + \int_{u_m}^{\infty} S_X(x)dx$$

$$= \sum_{i=1}^{m} \left\{ \left[xS_X(x) \right]_{u_{i-1}}^{u_i} + \int_{u_{i-1}}^{u_i} xf(x)dx \right\}$$

$$\quad + \left\{ \left[xS_X(x) \right]_{u_m}^{\infty} + \int_{u_m}^{\infty} xf(x)dx \right\}$$

$$= \{u_1(1 - F_X(u_1 - 0)) - u_0(1 - F_X(u_0))\}$$

$$\quad + \{u_2(1 - F_X(u_2 - 0)) - u_1(1 - F_X(u_1))\}$$

$$\quad + \cdots + \{u_m(1 - F_X(u_m - 0)) - u_{m-1}(1 - F_X(u_{m-1}))\}$$

$$\quad + \int_{u_0}^{\infty} xf(x)dx$$

$$= -u_0(1 - F_X(u_0)) + u_1(F_X(u_1) - F_X(u_1 - 0))$$

$$\quad + \cdots + u_m(F_X(u_m) - F_X(u_m - 0))$$

$$\quad + \int_{u_0}^{\infty} xf(x)dx$$

$$= -\mathrm{VaR}_\alpha(X)(1 - \gamma') + E[X; X > \mathrm{VaR}_\alpha(X)].$$

(2) $x = u_0$ で $F_X(x)$ が可微分となるときには，$F_X(u_0) = \alpha$ となるので，

$$\int_{u_0}^{\infty} S_X(x)dx = -\mathrm{VaR}_\alpha(X) \cdot (1 - \alpha) + E[X; X > \mathrm{VaR}_\alpha(X)]$$

となる． □

命題 6.6　Tail Value at Risk は次のゆがみ関数 $g(x)$ に関するゆがみリスク尺度となる：

$$g(x) = \min\left\{ \frac{x}{1-\alpha}, 1 \right\} = \begin{cases} \dfrac{x}{1-\alpha} & (0 \leqq x \leqq 1 - \alpha) \\ 1 & (x > 1 - \alpha) \end{cases}.$$

証明 $u_0 = \mathrm{VaR}_\alpha(X)$ とする. まず,

$$g(S_X(x)) = \begin{cases} \dfrac{S_X(x)}{1-\alpha} & (F_X(x) \geqq \alpha) \\ 1 & (F_X(x) < \alpha) \end{cases} = \begin{cases} \dfrac{S_X(x)}{1-\alpha} & (x \geqq u_0) \\ 1 & (x < u_0) \end{cases}$$

に注意しよう.

(1) $u_0 > 0$ のとき

$x < 0$ に対しては, $g(S_X(x)) = 1$ となるので

$$\rho_g(X) = \int_0^\infty g(S_X(x))dx - \int_{-\infty}^0 (1 - g(S_X(x))dx$$
$$= u_0 + \frac{1}{1-\alpha} \int_{u_0}^\infty S_X(x)dx$$

となる.

(1-1) $F_X(x)$ が $x = u_0$ で不連続のとき

$\gamma = F_X(u_0 - 0) < \alpha < \gamma' = F_X(u_0)$ に注意し, 命題 6.5 を用いると

$$\rho_g(X) = u_0 + \frac{1}{1-\alpha}\left(-u_0 \cdot (1 - \gamma') + E[X; X > \mathrm{VaR}_\alpha(X)]\right)$$
$$= \frac{\gamma' - \alpha}{1-\alpha} \cdot \mathrm{VaR}_\alpha(X) + \frac{1}{1-\alpha}E[X; X > \mathrm{VaR}_\alpha(X)]$$
$$= \mathrm{TVaR}_\alpha(X) \tag{6.6}$$

となる.

(1-2) $F_X(x)$ が $x = u_0$ で連続のとき

命題 6.5 より次が成立する:

$$\rho_g(X) = \frac{1}{1-\alpha}E[X; X > u_0]$$
$$= \mathrm{TVaR}_\alpha(X).$$

(2) $u_0 \leqq 0$ のとき

$x > 0$ に対して，$x > u_0$ となり，$g(S_X(x)) = \dfrac{1}{1-\alpha}S_X(x)$ であるので，

$$
\rho_g(X) = \frac{1}{1-\alpha}\int_0^\infty S_X(x)dx - \int_{u_0}^0 \left(1 - \frac{1}{1-\alpha}S_X(x)\right)dx
$$

$$
= u_0 + \frac{1}{1-\alpha}\int_{u_0}^\infty S_X(x)dx
$$

となる.

(2-1) $x = u_0$ で $F_X(x)$ が不連続のとき

$$
\rho_g(X) = u_0 + \frac{1}{1-\alpha}\left(-u_0(1-\gamma') + E[X; X > u_0]\right)
$$

$$
= \frac{\gamma' - \alpha}{1-\alpha}\cdot u_0 + \frac{1}{1-\alpha}E[X; X > u_0]
$$

$$
= \frac{1}{1-\alpha}\int_\alpha^\infty \mathrm{VaR}_t(X)dt = \mathrm{TVaR}_\alpha(X).
$$

(2-2) $x = u_0$ で $F_X(x)$ が連続のとき

$$
\rho_g(X) = u_0 + \frac{1}{1-\alpha}\left(-(1-\alpha)u_0 + E[X; X > u_0]\right)
$$

$$
= \frac{1}{1-\alpha}E[X; X > u_0] = \mathrm{TVaR}_\alpha(X)
$$

となる. □

命題 6.6 の $g(x)$ は凹関数であるので，$\mathrm{TVaR}_\alpha(X)$ は劣加法性を満たし，コヒーレントリスク尺度となる.

6.4.3 ワン変換について

$\Phi(x)$ を標準正規分布の分布関数とすると，

$$
\Phi(x) = \int_{-\infty}^x f(u)du \qquad \left(f(u) = \frac{1}{\sqrt{2\pi}}e^{-\frac{1}{2}u^2}\right)
$$

で与えられることに注意しよう.

$a > 0$ とする. このとき, ワン変換のゆがみ関数 $g(x)$ は

$$g(x) = \Phi(\Phi^{-1}(x) + a)$$

で与えられるので, $g(x)$ が凹となるのかをチェックするために, $g''(x)$ を求めてみよう.

まず,

$$g'(x) = f(\Phi^{-1}(x) + a) \cdot \frac{d}{dx}\Phi^{-1}(x)$$

となる.

$\Phi^{-1}(x)$ の微分は前と同様にして

$$\frac{d\Phi^{-1}(x)}{dx} = \frac{1}{f(\Phi^{-1}(x))}$$

となるので,

$$g'(x) = \frac{f(\Phi^{-1}(x) + a)}{f(\Phi^{-1}(x))}$$

となる.

これより, $g''(x)$ を求めよう. $f'(x) = -xf(x)$ であることに注意すると,

$$g''(x) = \frac{-(\Phi^{-1}(x) + a)f(\Phi^{-1}(x) + a) + f(\Phi^{-1}(x) + a)\Phi^{-1}(x)}{f(\Phi^{-1}(x))^2}$$
$$= \frac{-af(\Phi^{-1}(x) + a)}{f(\Phi^{-1}(x))} < 0 \qquad (a > 0 \, \text{より})$$

が成り立ち, $g(x)$ が凹となることが分かる.

したがって, ワン変換はコヒーレントリスク尺度となる.

6.5 保険料決定原理

損害保険の保険金支払いリスク額を確率変数 X で表すとき, その保険料 $\rho(X)$ を定める**保険料決定原理**として次のものが考えられる.

---

(1) 期待値原理：$\rho(X) = (1+h)E[X]$.

(2) 標準偏差原理：$\rho(X) = E[X] + h\sqrt{V[X]}$.

(3) 指数原理：$\rho(X) = \dfrac{1}{h}\log M_X(h)$

    $(M_X(h) = E[e^{hX}]$：X のモーメント母関数$)$

(4) パーセンタイル原理：$\rho(X) = \inf\{u; F_X(u) \geqq 1-h\}$.

(5) エッシャー原理：$\rho(X) = \dfrac{E[Xe^{hX}]}{E[e^{hX}]}$.

注意 (1) $h > 0$ は安全割増を表すパラメータと考えられる.

(2) パーセンタイル原理は，リスク尺度の Value at Risk $\mathrm{VaR}_{1-h}(X)$ と同じものである. $\rho(X) = \mathrm{VaR}_{1-h}(X)$ でリスクに備えていたとき，リスク X が $\rho(X) = \mathrm{VaR}_{1-h}(X)$ を上回る確率は h となることに注意.

例題 6.1 クレーム件数を $N \sim \mathrm{Ge}\,(p)$ とし，クレーム額を $\{Z_i\}$: i.i.d. $\sim$ $\mathrm{Ex}\,(\lambda)$ とする. 年間クレーム総額を $S = Z_1 + \cdots + Z_N$ とし，純保険料を以下の算出原理に従って求めよ.

(1) 標準偏差原理：$\rho_1(S) = E[S] + h\sqrt{V[S]}$.

(2) 指数原理：$\rho_2(S) = \dfrac{1}{h}\log M_S(h)$, $(M_S(h) = E[e^{hS}]$ は S のモーメント母関数$)$.

(3) エッシャー原理：$\rho_3(S) = \dfrac{E[Se^{hS}]}{E[e^{hS}]}$.

(4) パーセンタイル原理：$\rho_4(S) = \mathrm{VaR}_{1-h}(S)$.

解 (1) $E[S|N] = \dfrac{1}{\lambda}N$, $V[S|N] = \dfrac{1}{\lambda^2}N$ より,

$$E[S] = E[E[S|N]] = \frac{1}{\lambda}E[N] = \frac{q}{\lambda p} \qquad \left(E[N] = \frac{q}{p}\right)$$

$$V[S] = \frac{1}{\lambda^2}V[N] + \frac{1}{\lambda^2}E[N] = \frac{q}{\lambda^2}\cdot\frac{1+p}{p^2} \qquad \left(V[N] = \frac{q}{p^2}\right)$$

に注意する.

これより, $\rho_1(S) = \dfrac{q}{\lambda p} + h \cdot \dfrac{1}{\lambda p} \sqrt{q(1+p)}$.

(2) まず, $M_S(h)$ を求める :

$$M_S(h) = \sum_{n=0}^{\infty} E[e^{h(Z_1 + \cdots + Z_N)}|N = n)] \, P(N = n)$$

$$= \sum_{n=0}^{\infty} M_{Z_1}(h)^n \cdot pq^n = \sum_{n=0}^{\infty} \left(\frac{\lambda}{\lambda - h}\right)^n pq^n$$

$$= \frac{p}{1 - \dfrac{\lambda q}{\lambda - h}} = \frac{p(\lambda - h)}{\lambda p - h}.$$

キュムラント関数を $f(h) = \log M_S(h)$ とすると,

$$\rho_2(S) = \frac{1}{h} f(h) = \frac{1}{h} log \frac{p(\lambda - h)}{\lambda p - h}.$$

(3) $\rho_3(S)$ は $f(h)$ を h で微分することによって得られる :

$$\rho_3(S) = f'(h) = \frac{\lambda q}{(\lambda p - h)(\lambda - h)}. \qquad (q = 1 - p)$$

(4) $z = \mathrm{VaR}_{1-h}(S)$ とする.

$$P(S \geqq z) = \sum_{n=1}^{\infty} P(Z_1 + \cdots + Z_n \geqq z|N = n)P(N = n)$$

$$= \sum_{n=1}^{\infty} \int_z^{\infty} \frac{\lambda^n u^{n-1} e^{-\lambda u}}{(n-1)!} pq^n$$

$$= \lambda pq \int_z^{\infty} \sum_{m=0}^{\infty} \frac{(\lambda qu)^m}{m!} \cdot e^{-\lambda u} du = \lambda pq \int_z^{\infty} e^{-\lambda pu} du$$

$$= qe^{-\lambda pz}$$

であり, $P(S \geqq z) = h$ より $\rho_4(S) = z = \dfrac{1}{\lambda p} \left(\log \dfrac{q}{h}\right)$.

●──期待効用理論に基づく保険料決定

不確実性下における意思決定に関して, 期待効用を最大化するように個人は

意思決定を行うという**期待効用理論**がある．これに基づく保険料の決定について述べる．

災害等のリスク (損害額) が確率変数 X として与えられていて，次の二つの選択肢があるとする．

選択肢 1：リスク X をそのまま受け入れる．
選択肢 2：リスクを保険料 P を支払うことにより移転させる．

期初の富 (資本) を w とし，効用関数と呼ばれる関数 $u(x)$ を用意して次のようなルールで意思決定を行う：

- $E[u(w-X)] > u(w-P) \implies$ 選択肢 1 を選択．
- $E[u(w-X)] < u(w-P) \implies$ 選択肢 2 を選択．

選択肢 1 を選択するということは確率変数 X の不確実性を受け入れるということである．一方，選択肢 2 を選択したときには保険料 P を支払う代償として不確実性を消すことができる．

このとき，

$$E[u(w-X)] = u(w-P_0)$$

を満たす P_0 が受け入れられる保険料の上限と考えられる．

$u(x)$ は個人 (契約者) によって異なり，$u(x)$ が上に凸なときはリスク回避的，下に凸なときはリスク愛好的，直線のときはリスク中立的であると言われる．

例題 6.2 クレーム件数 $N \sim \mathrm{Ge}(p)$，クレーム額 $Z_i \sim \mathrm{Ex}\,(\lambda)$ とし，$X = Z_1 + \cdots + Z_N$ とする．契約者の効用関数が $u(x) = -e^{-cx}$ で与えられ，期初の資本が w であるとき，契約者がリスク X を移転するために支払う保険料の上限 P_0 を求めよ．

解 期待効用の一致 $E[u(w-X)] = u(w-P_0)$ から求める．

$$E[u(w-X)] = \sum_{n=0}^{\infty} E[u(w-X)|N=n] \cdot P(N=n)$$

$$= u(w) \cdot P(N=0) - \sum_{n=1}^{\infty} \int_0^{\infty} e^{-c(w-x)} \cdot \frac{\lambda^n x^{n-1} e^{-\lambda x}}{\Gamma(n)} \cdot pq^n dx$$

$$= -e^{-cw} \cdot p - \lambda pq e^{-cw} \int_0^{\infty} e^{-(\lambda-c)x} \sum_{n=1}^{\infty} \frac{(\lambda qx)^{n-1}}{(n-1)!} dx$$

$$= -pe^{-cw} - \lambda pq e^{-cw} \int_0^{\infty} e^{-(\lambda p - c)x} dx = -e^{-cw} \frac{p(\lambda-c)}{\lambda p - c}$$

$u(w-P_0) = -e^{-c(w-P_0)}$ であるので $P_0 = \frac{1}{c}\log\frac{p(\lambda-c)}{\lambda p - c}$ となる.

演習問題

6.1

確率変数 X が **2.3.5 の例 6** で与えられた対数正規分布に従うとき，$\mathrm{VaR}_\alpha(X)$ を求めよ.

6.2

確率変数 X の分布関数 $F_X(x)$ が次で与えられるとする.

$$F_X(x) = \begin{cases} 1 - e^{-2x} & (x \geqq 3) \\ \dfrac{x^2}{e^6} & (2 \leqq x < 3) \\ \dfrac{x}{e^6} & (0 \leqq x < 2) \\ 0 & (x \leqq 0) \end{cases}$$

このとき，X の期待値 $E[X]$ を求めよ.

6.3

リスク X の分布関数 $F_X(x)$ が次式で与えられている (次ページ図 6.7):

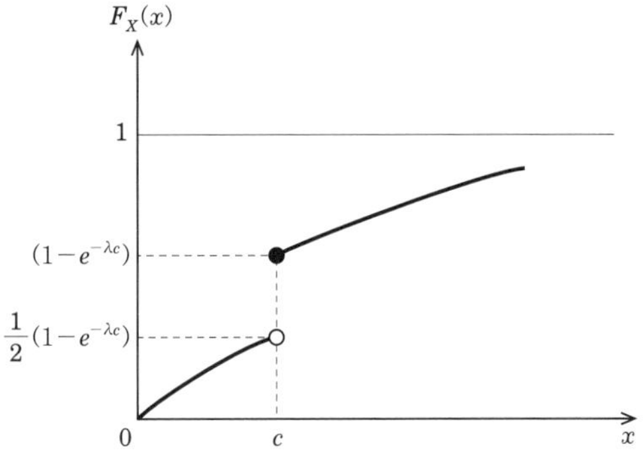

図 **6.7**

$$
F_X(x) = \begin{cases} \dfrac{1}{2}(1 - e^{-\lambda x}) & (0 \leqq x < c) \\ 1 - e^{-\lambda x} & (c \leqq x) \\ 0 & (\text{その他}) \end{cases}
$$

(1) $\mathrm{VaR}_t(X)$ を求めよ.

(2) 期待ショートフォール $\mathrm{ES}_\alpha(X)$ を求めよ.

(3) Tail Value at Risk $\mathrm{TVaR}_\alpha(X)$ を求めよ.

6.4

ゆがみ関数 $g(x)$ のゆがみリスク尺度 $\rho_g(\cdot)$ が劣加法性をみたすとき, $g(x)$ が凹関数となることを次のように背理法で示そう.

$g(x)$ がある区間 $(a, b) \subset (0, 1)$ で凸であると仮定する. すなわち, 任意の $\theta \in (0, 1)$ に対して

$$
g(a\theta + (1 - \theta)b) < \theta g(a) + (1 - \theta)g(b)
$$

が成り立つと仮定する. $c = \dfrac{1}{2}(a + b)$, $z < \dfrac{1}{2}(b - a)$ とする. また, $w > 0$ となる任意の w をとって, X, Y の確率分布を

$$\begin{cases} P(X = 0, Y = 0) = 1 - c - z, & P(X = w + z, Y = 0) = z, \\ P\left(X = 0, Y = w + \dfrac{z}{2}\right) = z, & P\left(X = w + z, Y = w + \dfrac{z}{2}\right) = 0, \\ P(X = 0, Y = w + z) = 0, & P(X = w + z, Y = w + z) = c - z \end{cases}$$

で定めるとき，

$$\rho_g(X + Y) > \rho_g(X) + \rho_g(Y)$$

となることを示せ.

6.5

$X \sim \mathrm{N}(\mu, \sigma^2)$ のとき次の問に答えよ.

(1)　$\mathrm{VaR}_\alpha(X)$ を $\mathrm{N}(0,1)$ の上側 ε 点 $u(\varepsilon)$ を用いて表せ. $u(\varepsilon)$ は

$$\int_{u(\varepsilon)}^{\infty} \frac{1}{\sqrt{2\pi}} e^{-\frac{1}{2}z^2} dz = \varepsilon$$

で定められるものである.

(2)　$\mathrm{ES}_\alpha(X)$ を $u(\varepsilon)$ を用いて表せ.

6.6

$$g(x) = \begin{cases} 1 & (x > 1 - \alpha) \\ 0 & (x \le 1 - \alpha) \end{cases}$$

をゆがみ関数とするゆがみリスク尺度 $\rho_g(X)$ が

$$\rho_g(X) = \mathrm{VaR}_\alpha(X)$$

をみたすことを，負の値も取る一般の X について示せ.

6.7

確率変数 X が 2 章例 6 (40 ページ) で述べた対数正規分布 $\mathrm{LN}(\mu, \sigma^2)$ に従うとするとき，ワン変換でどのような分布に変換されるか？

6.8

$g(x) = \Phi(\Phi^{-1}(x) + a)$ でワン変換を定めるとする.

(1) X の分布関数が

$$F_X(x) = \begin{cases} 0 & (x < 0) \\ 0.5 & (0 \leqq x < 1) \\ 1 & (1 \leqq x) \end{cases}$$

で与えられているとき, $\rho_g(X) = E_g[X]$ を求めよ.

(2) X の分布関数が次で与えられるとき, $\rho_g(X) = E_g[X]$ を求めよ. ただし, $c_1 < 0 < c_2 < c_3$ とする.

$$F_X(x) = \begin{cases} 0 & (x < c_1) \\ b_1 & (c_1 \leqq x < c_2) \\ b_2 & (c_2 \leqq x < c_3) \\ 1 & (c_3 \leqq x) \end{cases}$$

6.9

効用関数を $u(x)$, 期初の富を w とし, 保有しているリスク X に対して, $E[X] = \mu, V[X] = \sigma^2$ とする. 効用の一致から保険料の上限 P_0 を定めるとき, $r(x) = -\dfrac{u''(x)}{u'(x)}$ とおく. $u(x)$ を $w - \mu$ の周りでテイラー展開することにより $P_0 \cong \mu + \dfrac{1}{2}r(w - \mu)\sigma^2$ と近似できることを示せ. $r(x)$ はアロー-プラットの絶対危険回避度と呼ばれる.

第7章
漸近理論

　損害保険数理を実際に用いる際には，統計学の基本的な知識は必須であるが，本書ではその解説は行わず，むしろその知識を前提とする．しかし，基本的な内容ながら大学レベルの教科書では必ずしも紹介されない項目の一つとして，漸近理論の基本的な手法があるので，本章にて概説する．

　統計学の初歩において例示される基本的な母集団 (正規母集団，二項母集団等々) に関しては，母数を区間推定したり仮説検定したりするための統計量がどのような分布に従うかは知られていた．しかし，一般の母集団を考えた場合には，対応する統計量の従う分布を決定することは難しく，あるいは，そもそもうまい統計量を見つけることからして難しい．すなわち，区間推定や仮説検定の精密 (exact) な定式化は一般には困難であり，実のところ，精密な定式化ができる場合のほうがよほど限られている．

　そこで統計学では，**漸近的** (asymptotic) な方法が開発され，よく研究されてきた．それは，信頼区間や棄却域を比較的簡単な計算で求めることができるとともに，データがある程度以上あるならば (理念的に想定される) 精密な定式化による結果に十分に近くなることが保証される手法の研究であり，その研究は**漸近理論**とよばれる．

　最も簡単な漸近的方法の例は，統計学の初歩でも登場する．それは，いわゆる「近似法」であり，注目する統計量が，互いに独立に同一の分布に従う確率変数の和ないし平均として書けることから，中心極限定理により近似的に正規分布に従うとして統計的推測を行う方法である．この方法については，すぐあ

とで簡単におさらいする.

実は,「近似法」とは違って中心極限定理が直接利用できない場合でも,ある種の正規近似を行うことができる.本章で中心的に扱うのは,そうした手法のうちの基本的な内容である.その際に鍵となるのは,最尤推定量がもつ漸近正規性と漸近有効性という特性である.

なお,以下では煩雑になるのを避けるため,例としては統計的推測のうち区間推定の場合だけをとり上げるが,もちろんその他の統計的推測にも応用可能である.以下で区間推定の場合をとり上げる都合上,ここで,未知母数が一つ(θ とする)の場合の信頼区間の作り方の要点をまとめておけば,次のとおりである.

まず,適当に小さい正数 ε(たとえば 0.05)を決めておいて,**信頼係数**を $1 - \varepsilon$(たとえば $0.95 = 95\%$)とする.標本を表す確率変数が $X_1, \cdots, X_n$ であり,実際の観測値が $x_1, \cdots, x_n$ であるとすると,標本分布論に基づいて,

$$P(g_1(X_1, \cdots, X_n) \leqq \theta \leqq g_2(X_1, \cdots, X_n)) = 1 - \varepsilon$$

となる適当な二つの n 変数関数 g_1, g_2 を選べば,

$$(g_1(x_1, \cdots, x_n), \ g_2(x_1, \cdots, x_n))$$

が求める信頼区間である.これを $1 - \varepsilon$ **信頼区間**(たとえば「95% 信頼区間」)という.この際の g_1, g_2 の選び方の候補は無数にあるが,原理的には,信頼区間の幅ができるだけ小さくなるようにしたり,区間の中心が不偏推定値とよばれる点推定値と一致するようにしたりして選ぶ.現実には,ともかくもうまい統計量 $T(X_1, \cdots, X_n, \theta)$ があらかじめわかっているところからはじめて,

$$P(a \leqq T(X_1, \cdots, X_n, \theta) \leqq b) = 1 - \varepsilon$$

を満たす不等式

$$a \leqq T(X_1, \cdots, X_n, \theta) \leqq b$$

を,θ についての不等式

$$g_1(X_1, \cdots, X_n) \leqq \theta \leqq g_2(X_1, \cdots, X_n)$$

に変形することによって g_1, g_2 を「導出」するのがふつうである.

7.1 近似法

本節では,中心極限定理に基づいた近似法について簡単におさらいをしてお
く.**中心極限定理**とは,(適当な条件の下で) 和の分布を正規化したものの極限
が標準正規分布となることを主張する定理である.統計学における実用上は,
典型的には,次の正規近似を正当化する定理である.

定理 7.1 (中心極限定理) $X_1, X_2, \cdots$ (代表して X とする) が互いに独立
に同一の分布に従い,その分布の平均 $\mu := E[X]$ と分散 $\sigma^2 := V[X]$ が
存在するとき,n が十分に大きければ,

$$T := \frac{\overline{X} - \mu}{\dfrac{\sigma}{\sqrt{n}}}$$

という統計量 T は近似的に標準正規分布 $\mathrm{N}(0, 1)$ に従う.

ここで,

$$\overline{X} := \frac{1}{n} \sum_{i=1}^{n} X_i$$

であり,この表記法は以下でもいちいち断らずに用いる.また,たとえば X_i
の実現値は x_i というように,確率変数の大文字部分を小文字に変えたものを,
その確率変数に対応する実現値として用いる.

この近似を用いると,σ^2 が既知の場合には,標準正規分布の上側 $\dfrac{\varepsilon}{2}$ 点を
$u\left(\dfrac{\varepsilon}{2}\right)$ とすれば,

$$1 - \varepsilon \fallingdotseq P\left(-u\left(\frac{\varepsilon}{2}\right) \leqq T \leqq u\left(\frac{\varepsilon}{2}\right)\right)$$
$$= P\left(\overline{X} - u\left(\frac{\varepsilon}{2}\right)\frac{\sigma}{\sqrt{n}} \leqq \mu \leqq \overline{X} + u\left(\frac{\varepsilon}{2}\right)\frac{\sigma}{\sqrt{n}}\right)$$

となるので,

$$\left(\overline{x} - u\left(\frac{\varepsilon}{2}\right)\frac{\sigma}{\sqrt{n}},\ \overline{x} + u\left(\frac{\varepsilon}{2}\right)\frac{\sigma}{\sqrt{n}}\right)$$

を (近似的な)$1 - \varepsilon$ 信頼区間とすればよい. これが**近似法**による信頼区間の基本的な作り方である. より具体的な区間推定の例を見てみよう.

例題 7.1 ある保険契約の各契約者の 1 年間のクレーム件数の分布は, 互いに独立に同一の Poisson 分布 Po(λ)(λ は未知) に従うものとする. ある年度のクレーム件数を調べたところ, 全契約者 10000 人のクレーム総数は 500 件であった. このとき, この母集団の母数 λ の 95% 信頼区間を近似法により求めよ. 必要であれば, 標準正規分布の上側 5% 点 $u(0.05)$ を 1.645, 同 2.5% 点 $u(0.025)$ を 1.960 とせよ.

解　$n := 10000, s := 500$ とし, 各契約者のクレーム件数を $X_1, \cdots, X_n$ (したがって, それぞれの実現値は $x_1, \cdots, x_n$ と表記する) とする. この母集団の母平均は λ である. したがって, もし母分散 σ^2 が既知ならば, 近似法より, λ の 95% 信頼区間は

$$\left(\overline{x} - u(0.025)\frac{\sigma}{\sqrt{n}},\ \overline{x} + u(0.025)\frac{\sigma}{\sqrt{n}}\right)$$

となる.

ところが, 本問の場合は $\sigma^2 = \lambda$ であり, 未知である. その一方, 本問では近似法が使えるほど n が十分に大きいと考えている. このような場合, λ の点推定値 $\overline{x}$ が十分に λ に近いと考えて, $\sigma = \sqrt{\lambda}$ の λ の部分に $\overline{x}$ を代入して信頼区間とする. すなわち, λ の 95% 信頼区間は

$$\left(\overline{x} - u(0.025)\sqrt{\frac{\overline{x}}{n}},\ \overline{x} + u(0.025)\sqrt{\frac{\overline{x}}{n}}\right)$$

とする. 具体的な数値を代入すれば, 求める信頼区間は,

$$\left(\frac{500}{10000} - 1.960\sqrt{\frac{\frac{500}{10000}}{10000}}, \frac{500}{10000} + 1.960\sqrt{\frac{\frac{500}{10000}}{10000}}\right)$$

$$= (0.05 - 0.0044, 0.05 + 0.0044) = (0.0456, 0.0544)$$

である. □

こうした，**左右対称の信頼区間**は，「点推定値 ± 一定幅」という形，すなわち，本問の場合でいえば，0.05 ± 0.0044 というように表記しておくとわかりやすい面があるので，以下ではそのように表記する．また，母数 θ の点推定値を $\hat{\theta}$ とし，母数 θ の点推定量の分散を $v_n(\theta)$ とすると，この問題で得られたタイプの信頼区間は，一般に，次のように表すことができる．

$$\theta \text{ の } 1 - \varepsilon \text{ 信頼区間} = \hat{\theta} \pm u\left(\frac{\varepsilon}{2}\right)\sqrt{v_n(\hat{\theta})}$$

さて，いま見た Poisson 母集団の場合に正規近似が使えたのは，未知母数の推定量が (たまたま) 標本平均，すなわち互いに独立に同一の分布に従う確率変数の平均によって表されたからであった．しかし，一般にはこれは成り立たない．たとえば，母集団分布として，Poisson 分布の代わりに，幾何分布という，ごくごく基本的な分布をとってきただけで，もうこの手法は使えない．実際，幾何分布 $\mathrm{Ge}(p)$ (確率関数 $f(x) = p(1-p)^x, \quad x = 0, 1, 2, \cdots$) の未知母数 p の最尤推定量 T_p は，

$$\frac{\partial}{\partial p} \log \prod_{i=1}^{n} f(X_i) = \frac{n}{p} - \frac{n\overline{X}}{1-p} = 0$$

を満たす p であるから，

$$T_p = \frac{1}{1 + \overline{X}}$$

である．したがって，n が大きくても，この推定量を正規化したものが近似的

に標準正規分布に従うことが中心極限定理だけから直接保証されることはなく，ここで言う意味での「近似法」は使うことができない．

7.2 最尤推定量の漸近正規性と漸近有効性

母数の推定量が (典型的には) 標本平均で表される場合には中心極限定理を直接の根拠にして正規近似が使えるが，一般にはそうした「近似法」は保証されないことを前節で確認した．しかし実は，漸近理論によれば，標本が十分大きければもっと一般的にある種の正規近似が正当化される．最も基本的な正規近似は次のとおりである．

命題 7.2 (最尤推定量の漸近正規性と漸近有効性) $X_1, X_2, \cdots$ が互いに独立に同一の分布に従うものとし，その分布の密度関数ないし確率関数を $f_X(x;\theta)$ とするとき，一定の正則条件の下では，標本の大きさ n が十分大きければ，母数 θ の最尤推定量 $\hat{\theta}$ は近似的に正規分布 $\mathrm{N}\left(\theta, \dfrac{1}{I_n(\theta)}\right)$ に従う．

この近似における正規分布の分散は，最尤推定量 $\hat{\theta}$ の**漸近分散**とよばれる．$I_n(\theta)$ は**フィッシャー情報量**であり，

$$I_n(\theta) := nE\left[\left(\frac{\partial}{\partial\theta}\log f_X(X;\theta)\right)^2\right] \tag{7.1}$$

と定義される．ただし，正則条件を満たす場合には，

$$E\left[\left(\frac{\partial}{\partial\theta}\log f_X(X;\theta)\right)^2\right] = -E\left[\frac{\partial^2}{\partial\theta^2}\log f_X(X;\theta)\right]$$

が成り立ち，この右辺のほうが計算しやすい場合が多いので，実用上は，

$$I_n(\theta) = -nE\left[\frac{\partial^2}{\partial\theta^2}\log f_X(X;\theta)\right] \tag{7.2}$$

としてフィッシャー情報量を求める場合が多い．

この近似は要するに，標本が大きければ最尤推定量は正規近似でき (これを最尤推定量の**漸近正規性**という)，その際の正規分布の分散 (すなわち最尤推定量の漸近分散) はフィッシャー情報量の逆数で表される (これを最尤推定量の**漸近有効性**という) ということである．

この近似の根拠および詳しい正則条件は，統計学の本に譲る[1]．ただし，正則条件を満たさないのは典型的にはどういう場合かは記しておこう．一つには，母数は連続の値をとるものである必要があるので，たとえば二項分布 $\mathrm{B}(n,p)$ の母数 n は，正則条件を満たさない．そのほかにも，母数に応じて標本のとりうる値の範囲が変化してしまう場合も正則条件は満たさず，一様分布 $\mathrm{U}(a,b)$ の母数やパレート分布 $\mathrm{Pa}(\alpha,\beta)$ (分布関数 $F(x) = 1 - \left(\dfrac{\beta}{x}\right)^{\alpha}$, $x \geqq \beta$) の母数 β などがその例である．また，複数の分布をつぎはぎした分布 (つまり，とりうる値の区分によって実質的に分布が異なるもの) もふつうはだめである．

例題 7.2 ある保険契約の各契約者の 1 年間のクレーム件数の分布は，互いに独立に同一の幾何分布 $\mathrm{Ge}(p)$(p は未知，確率関数 $f(x) = p(1-p)^x$, $x = 0,1,2,\cdots$) に従うものとする．ある年度のクレーム件数を調べたところ，全契約者 10000 人のクレーム総数は 500 件であった．このとき，この母集団の母数 p の 95% 信頼区間を，最尤推定量の漸近正規性と漸近有効性を利用して求めよ．必要であれば，標準正規分布の上側 5% 点 $u(0.05)$ を 1.645，同 2.5% 点 $u(0.025)$ を 1.960 とせよ．

解 母集団分布が幾何分布 $\mathrm{Ge}(p)$ のとき，標本の大きさが $n := 10000$ の場合のフィッシャー情報量 $I_n(p)$ は，式 (7.2) より

$$
\begin{aligned}
I_n(p) &= -nE\left[\frac{\partial^2}{\partial p^2} \log p(1-p)^X\right] \\
&= n\left(\frac{1}{p^2} + \frac{1}{(1-p)^2}E[X]\right) \\
&= \frac{n}{p^2(1-p)} \quad (\because E[X] = \frac{1-p}{p})
\end{aligned}
$$

[1] たとえば，文献 [11] の第 13 章を見よ．

である．したがって，p の最尤推定量 $T_p = \dfrac{1}{1+\overline{X}}$ は，その漸近正規性と漸近有効性から，近似的に正規分布 $\mathrm{N}\left(p, \dfrac{p^2(1-p)}{n}\right)$ に従う．

ここで，n は十分に大きいと考えているので，最尤推定値 $\hat{p} = \dfrac{1}{1+\overline{x}}$ は十分に p に近いと考えて，漸近分散を $\dfrac{\hat{p}^2(1-\hat{p})}{n}$ とする．すると，求める信頼区間は，

$$\hat{p} \pm u(0.025)\sqrt{\frac{\hat{p}^2(1-\hat{p})}{n}}$$

$$= \frac{1}{1+\dfrac{500}{10000}} \pm 1.960\sqrt{\frac{\left(\dfrac{1}{1+\dfrac{500}{10000}}\right)^2\left(1-\dfrac{1}{1+\dfrac{500}{10000}}\right)}{10000}}$$

$$= 0.9524 \pm 0.0041$$

である． □

母数 θ の最尤推定値を $\hat{\theta}$ とすると，この問題で得られたタイプの信頼区間は，一般に，次のように表すことができる．

$$\theta \text{ の } 1-\varepsilon \text{ 信頼区間} = \hat{\theta} \pm u\left(\frac{\varepsilon}{2}\right)\sqrt{\frac{1}{I_n(\hat{\theta})}}$$

最尤推定量の漸近正規性や漸近有効性は，母集団の未知母数が複数あるときにも成り立つ．その場合，母数 θ に対するフィッシャー情報量 $I_n(\theta)$ の代わりに，(たとえば未知母数が k 個ならば)k 次元母数ベクトル $\boldsymbol{\theta} = (\theta_1, \cdots, \theta_k)$ に対するフィッシャー情報行列 $I_n(\boldsymbol{\theta})$ を用いることになる．たとえば 2 次元の場合のフィッシャー情報行列を具体的に書けば，

$$I_n(\theta_1, \theta_2) = -nE\left[\begin{pmatrix} \dfrac{\partial^2}{\partial\theta_1^2}\log f_X(X;\theta_1,\theta_2) & \dfrac{\partial^2}{\partial\theta_1\partial\theta_2}\log f_X(X;\theta_1,\theta_2) \\ \dfrac{\partial^2}{\partial\theta_2\partial\theta_1}\log f_X(X;\theta_1,\theta_2) & \dfrac{\partial^2}{\partial\theta_2^2}\log f_X(X;\theta_1,\theta_2) \end{pmatrix}\right]$$

$$(7.3)$$

である.

このようなフィッシャー情報行列を使えば,最尤推定量の漸近正規性と漸近有効性は次のとおり表現できる.

命題 7.3 (k 次元最尤推定量ベクトルの漸近正規性と漸近有効性)

$X_1, X_2, \cdots$ が互いに独立に同一の分布に従うものとし,その分布の密度関数ないし確率関数を $f_X(x;\boldsymbol{\theta})$ とするとき,一定の正則条件の下では,標本の大きさ n が十分大きければ,母数ベクトル $\boldsymbol{\theta} = (\theta_1, \cdots, \theta_k)$ の最尤推定量ベクトル $\hat{\boldsymbol{\theta}}$ は近似的に正規分布 $\mathrm{N}(\boldsymbol{\theta}, I_n(\boldsymbol{\theta})^{-1})$ に従う.ここで,$I_n(\boldsymbol{\theta})^{-1}$ はフィッシャー情報行列 $I_n(\boldsymbol{\theta})$ の逆行列である.

この近似における多次元正規分布の分散共分散行列は,最尤推定量ベクトル $\hat{\boldsymbol{\theta}}$ の**漸近共分散行列**とよばれ,その行列の成分である分散は,対応する最尤推定量の**漸近分散**,同じく共分散は,対応する二つの最尤推定量の**漸近共分散**とよばれる.

フィッシャー情報行列の逆行列の具体的な計算例は,演習問題 **7.1** を参照されたい.

7.3 母数以外の特性値の統計的推測

前節で見た,漸近理論に基づく正規近似は,母数以外の特性値に対して統計的推測を行う場合にも応用することができる.実際,考え方としては,単に,特性値の最尤推定量に対して漸近正規性と漸近有効性を適用すればよい.

まずは,特性値を母数 θ と単調関数 g を用いて $g(\theta)$ と表し,$g(\theta)$ の最尤推定量 $\widehat{g(\theta)}$ の漸近分散の求め方を確かめておこう.一般に,θ によって微分可

能な関数 $h(\theta)$ について,

$$
\frac{\partial}{\partial g(\theta)} h(\theta) = \left(\frac{\partial}{\partial \theta} g(\theta) \right)^{-1} \frac{\partial}{\partial \theta} h(\theta)
$$

であることに注意すると, $g(\theta)$ に対するフィッシャー情報量は,

$$
\begin{aligned}
I_n(g(\theta)) &= nE\left[\left(\frac{\partial}{\partial g(\theta)} \log f_X(X;\theta) \right)^2 \right] \\
&= nE\left[\left(\left(\frac{\partial}{\partial \theta} g(\theta) \right)^{-1} \frac{\partial}{\partial \theta} \log f_X(X;\theta) \right)^2 \right] \\
&= \left(\frac{\partial}{\partial \theta} g(\theta) \right)^{-2} nE\left[\left(\frac{\partial}{\partial \theta} \log f_X(X;\theta) \right)^2 \right] \\
&= \left(\frac{\partial}{\partial \theta} g(\theta) \right)^{-2} I_n(\theta)
\end{aligned}
$$

と表せる. したがって,

$$
\widehat{g(\theta)} \text{の漸近分散} = \left(\frac{\partial}{\partial \theta} g(\theta) \right)^2 \times \hat{\theta} \text{の漸近分散} \tag{7.4}
$$

という公式が得られる.

いま見たのは, 特性値が一つの母数の関数として表される場合であったが, 母数が複数の場合も含めると, 一般に次の公式が成り立つ.

命題 7.4 (特性値の漸近分散) g を, $\boldsymbol{\theta} := (\theta_1, \cdots, \theta_k)$ によって全微分可能な k 変数関数とするとき, $\widehat{g(\boldsymbol{\theta})}$ の漸近分散 (もしあれば) は,

$$
\widehat{g(\boldsymbol{\theta})} \text{の漸近分散} = \begin{pmatrix} \dfrac{\partial g}{\partial \theta_1} & \cdots & \dfrac{\partial g}{\partial \theta_k} \end{pmatrix} I_n(\boldsymbol{\theta})^{-1} \begin{pmatrix} \dfrac{\partial g}{\partial \theta_1} \\ \vdots \\ \dfrac{\partial g}{\partial \theta_k} \end{pmatrix} \tag{7.5}
$$

と表せる.

例題 7.3 ある保険契約の各契約者の 1 年間のクレーム件数の分布は，互い
に独立に同一の幾何分布 Ge(p)(p は未知，確率関数 $f(x) = p(1-p)^x$, $x = 0, 1, 2, \cdots$) に従うものとする．ある年度のクレーム件数を調べたところ，全契
約者 10000 人のクレーム総数は 500 件であった．このとき，この母集団の母
平均の 95% 信頼区間を，最尤推定量の漸近正規性と漸近有効性を利用して求
めよ．必要であれば，標準正規分布の上側 5% 点 $u(0.05)$ を 1.645，同 2.5%
点 $u(0.025)$ を 1.960 とせよ．

解 例題 7.2 の結果によれば，母集団分布が幾何分布 Ge(p) のとき，標本
の大きさが $n := 10000$ の場合のフィッシャー情報量 $I_n(p)$ は $\dfrac{n}{p^2(1-p)}$, p の
最尤推定値 $\hat{p}$ は $\dfrac{1}{1+\overline{x}}$, p の最尤推定量 T_p の漸近分散は $\dfrac{p^2(1-p)}{n}$ であった．
母集団の平均は $\dfrac{1-p}{p} =: g(p)$ であることから，

$$g(p) \text{ の最尤推定値 } \widehat{g(p)} = g(\hat{p}) = \frac{1-\hat{p}}{\hat{p}} = \overline{x}$$

であり，式 (7.4) より

$$g(p) \text{ の最尤推定量の漸近分散} = \left(\frac{\partial g}{\partial p}\right)^2 \times T_p \text{の漸近分散}$$

$$= \frac{1}{p^4} \times \frac{p^2(1-p)}{n} = \frac{1-p}{np^2}$$

である．
したがって，

$$g(p) \text{ の } 1-\varepsilon \text{ 信頼区間} = \frac{1-\hat{p}}{\hat{p}} \pm u\left(\frac{\varepsilon}{2}\right) \sqrt{\frac{1-\hat{p}}{n\hat{p}^2}}$$

$$= \overline{x} \pm u\left(\frac{\varepsilon}{2}\right) \sqrt{\frac{\overline{x}(1+\overline{x})}{n}}$$

であるから，

$$求める信頼区間 = \frac{500}{10000} \pm 1.960 \sqrt{\frac{\frac{500}{10000}\left(1 + \frac{500}{10000}\right)}{10000}}$$

$$= 0.05 \pm 0.0045$$

である. □

母数 θ の最尤推定値を $\hat{\theta}$ とすると，この問題で得られたタイプの信頼区間は，一般に，次のように表すことができる.

$$g(\theta) \text{ の } 1 - \varepsilon \text{ 信頼区間} = g(\hat{\theta}) \pm u\left(\frac{\varepsilon}{2}\right)\left|\frac{\partial}{\partial \theta}g(\hat{\theta})\right|\sqrt{\frac{1}{I_n(\hat{\theta})}}$$

ところで，いまの問題で見た幾何分布の平均 $g(p) = \dfrac{1-p}{p}$ の場合，最尤推定量は実は標本平均 $\overline{X}$ であるので，近似的な区間推定を行うのであれば，中心極限定理を直接使った「近似法」によることもできた．その場合，最尤推定量の分散は

$$V[\overline{X}] = \frac{V[X]}{n} = \frac{1-p}{np^2}$$

であり，上で見た (最尤推定量の) 漸近分散と同一なので，どちらの方法を用いてもまったく同じ信頼区間を得る.

演習問題

7.1

母集団分布が次のそれぞれの場合について，標本の大きさを n として，母数ベクトルの最尤推定量の漸近分散と漸近共分散を求めよ.

(1)　対数正規分布 $\mathrm{LN}(\mu, \sigma^2)$.

(2) $\alpha, \beta > 0$ として，分布関数が $F_X(x) = 1 - \left(\dfrac{\beta}{x+\beta}\right)^{\alpha}$, $0 \leqq x < \infty$ である分布 (第 2 種のパレート分布).

7.2

母集団分布を対数正規分布 $\mathrm{LN}(\mu, \sigma^2)$, 標本の大きさを n として，以下の各問いに答えよ.

(1) (σ^2 でなくて) σ の最尤推定量の漸近分散を求めよ.

(2) 母集団分布の平均の最尤推定量の漸近分散を求めよ.

第 8 章

タリフ理論と GLM (一般化線形モデル)

　本章では，GLM とよばれる統計モデルを，損害保険料率の算定に応用することを念頭に置いて紹介する.

　本章のタイトルに「タリフ理論」とあるが，**タリフ**とは料率ないし料率表のことであり，集団全体を多数のクラスに分けたときに，クラスごとの料率を決定するための適正な料率表の作り方を考えるのが本章の課題である. クラスは，数個の**リスク分類要素** (**危険標識**ともいう) に基づいて区分されるものを考える. リスク分類要素としてたとえば (自動車保険をイメージして) 性別と地域と車種の三つを考え，それぞれが，たとえば 2 個，4 個，3 個の**等級** (**ランク**) に分かれているとすれば，クラスは全部で $2 \times 4 \times 3 = 24$ 個あることになる. 多数のクラスを単に考えるのでなく，リスク分類要素に基づいたある種の構造 (「タリフ構造」といい，あとで説明する) をもった (この場合なら)24 個のクラスを扱うところが，ここでの課題の特徴である. そして，こうした課題を扱う理論を (本書では) **タリフ理論** という.

　本章の話の流れをあらかじめ示しておけば，次のとおりである. まず，タリフ理論における課題をもう少し詳細に示し，その課題は統計学的にはどういう課題であるかを確認する. 次に，一般化線形モデル (GLM) とは何かを簡単に説明する. そのあとに，GLM を用いて本章の課題を解く手法を紹介する.

　本章の課題に対して GLM はたしかに見事に適用することができる. しかし，GLM をはじめて学ぶ人が，GLM の一般論を扱う書物 (入門書であれ専門書であれ) にいきなりあたっても，こと本章の課題に対して GLM をどう適

用すべきかはすぐにはわからないと思われる．実のところ，本章の課題に対して GLM が適用できるようになるためには，GLM 以外の知識が肝心である．その一方，GLM に関しては，ほんの入口部分の知識だけあればよい．そこで以下では，GLM の一般的解説は最小限にとどめ，本章の課題に関わる統計的モデルのエッセンスともいうべき部分の解説を中心に行うこととした．

8.1 タリフ構造

　以下では，ある程度は具体的なほうがわかりやすいと考え，便宜上，リスク分類要素が二つのものを念頭に置き，それぞれの等級の個数が r, s であり $r \times s$ のタリフ構造をもつものとして解説を行う．もちろん，リスク分類要素を二つとすることは本質的でない．以下の説明内容が理解できれば，必要に応じて一般的な場合にあてはめることは難しくないであろう．なお，リスク分類要素がたった二つのタリフ構造でさえ，一般には，具体的な計算を手計算で実行するのはほとんど現実的でないので，演習問題において具体的な計算を課すときは，最も単純な 2×2 のタリフ構造の例を用いるので，あらかじめ注意されたい．

　さて，ここでの課題は，クラスごとの契約数 (**エクスポージャー数**) とクレーム総額のデータをもとに，各クラスの 1 契約 (エクスポージャーユニット) あたりのクレーム額 (**クレームコスト**という) の (将来の) 期待値を求めることである．そこで，$i = 1, \cdots, r;\ j = 1, \cdots, s$ について，必要な記号を次のとおり定義しておく (ただし，Y_{ij} 以降は，その直後の「確率モデル」を前提にして理解する必要がある)．

> (i, j)：各リスク分類要素における等級が順に i, j であるクラスの名前
>
> E_{ij}：クラス (i, j) の契約数 (定数)
>
> Y_{ijn}：クラス (i, j) の中で通し番号が n 番の契約のクレーム額 (確率変数)，
> $\qquad n = 1, \cdots, E_{ij}$
>
> y_{ijn}：同 (実現値)
>
> $C_{ij} := \displaystyle\sum_{n=1}^{E_{ij}} y_{ijn}$：クラス (i, j) のクレーム総額 (実現値)

Y_{ij}：記述の便宜上，Y_{ijn} $(n = 1, \cdots, E_{ij})$ のうちの一つを代表する確率変数

$\mu_{ij} := E[Y_{ij}]$ (未知の定数)

$h : \mathbb{R} \times \mathbb{R} \to \mathbb{R}$：タリフ構造を表現するのに用いられる，モデル上は既知の関数．ただし，以下では，次の二つの場合だけをとり上げる[1]．

$[$**加法型**$]$：$h(\alpha_i, \beta_j) = \alpha_i + \beta_j$

$[$**乗法型**$]$：$h(\alpha_i, \beta_j) = \alpha_i \beta_j$

以上のうち C_{ij} と E_{ij} が具体的にどのように与えられるかについては，(最も単純な 2×2 のタリフ構造の場合ではあるが) 章末の演習問題用の設例を参照されたい．

以下で想定する統計モデルでは，$i = 1, \cdots, r$; $j = 1, \cdots, s$ について，次の (1) から (3) が成り立つものと想定し，μ_{ij} に関する統計的推測 (実際に例示するのは点推定のみ) を行う．

(1) $Y_{ij1}, Y_{ij2}, \cdots, Y_{ijE_{ij}}$ は，互いに独立に同一の分布 $D(\mu_{ij})$ に従う．

(2) 分布 $D(\mu_{ij})$ は，パラメータ μ_{ij} だけが未知の分布 (ないし，その他のパラメータがあっても，目的の統計的推測においてはそれらのパラメータは本質的でないような分布) である．

(3) 未知の定数 α_i, β_j によって $\mu_{ij} = h(\alpha_i, \beta_j)$ と表現できる．

すなわち，ここで考えているのは一種の回帰分析である．

最も単純な例は，定数 σ^2 を既知 (ないし統計的推測の対象としない) として，

$$D(\mu_{ij}) = \mathrm{N}(\mu_{ij}, \sigma^2),$$

$$\mu_{ij} = \alpha_i + \beta_j$$

と想定する場合であり，線形回帰の問題 (点推定に関しては，後述する加法型

---

[1]実用上は，もう少し複雑な構造 (特に交互作用を考慮した構造) まで視野に入れるべきだが，本書では扱わない．

の場合のミニマムバイアス法に一致する) となる.

　タリフ理論で従来考えられてきた代表的なモデルは必ずしも回帰分析として提案されたものではないが，それにもかかわらず，大半のものは，上で述べた統計モデルによる回帰分析の問題として表現することができる[2]．代表的な各手法が，実際にどういうモデルとして捉え直せるかについては後述する.

　さて，上記のモデルではまだ対象が広すぎるので，もう少しモデルを限定する．具体的には，想定する分布を指数型分布族[3]の正準形のみに限定する.

定義 8.1 (指数型分布族の正準形)　密度関数ないし確率関数 $f(y, \mu)$ が，既知の関数 b, c, d を用いて

$$f(y,\mu) = \exp\left(y\, b(\mu) + c(\mu) + d(y)\right) \tag{8.1}$$

と書ける分布のことを，**指数型分布族の正準形**であるという.

　指数型分布族の正準形には，正規分布，ガンマ分布，逆ガウス分布，Poisson 分布，二項分布，負の二項分布などが含まれる.

　その密度関数ないし確率関数の形から，この分布族に属する分布であれば尤度関数や対数尤度関数が簡単になり，種々の統計的推測が簡単になることが想像つくであろう．実のところ，ここで統計モデルを指数型分布族の正準形に限定するのは，それらが何か理論的に真のモデルを表すと考えられるからではなく，これに限定すれば統計的推測の計算が簡単に済むという実践上の理由からである.

　もう少し具体的に見ると，ここで考えているモデルでは，対数尤度 ℓ が

---

[2] 例外としてはベイリー-サイモン法が挙げられる.

[3] Exponential family of distributions. 学習者にとっては不幸なことに "Exponential dispersion models"(EDM) ないし "Exponential dispersion family" が「指数型分布族」と訳されることがあって混乱する．EDM は，たしかに，本書でいう指数型分布族の正準形と，指す範囲としては同じ分布族ともいえるが，定式化において注目している観点がかなり異なる．したがって，両者を区別して理解したほうが無難である．EDM は，より発展的な内容を扱うためには実に有用だが，GLM の入口を理解するためにはやや複雑であり，不可欠でない.

$$\ell = \sum_{i,j} \sum_{n=1}^{E_{ij}} \left(y_{ijn} b(\mu_{ij}) + c(\mu_{ij}) \right) + C \qquad (C : \mu_{ij} を含まない式)$$

$$= \sum_{i,j} E_{ij} \left(\frac{C_{ij}}{E_{ij}} b(\mu_{ij}) + c(\mu_{ij}) \right) + C$$

と表される．したがって，個々の y_{ijn} の値は μ_{ij} の統計的推測には本質的でない．肝心なのは，

$$\frac{C_{ij}}{E_{ij}}, \quad i = 1, \cdots, r; \ j = 1, \cdots, s$$

である．特に，$i = 1, \cdots, r; \ j = 1, \cdots, s$ について，実現値が

$$y_{ij1} = \cdots = y_{ijE_{ij}} = \frac{C_{ij}}{E_{ij}}$$

である場合と (μ_{ij} の統計的推測に関しては) 何の違いもない．それゆえ，この分布族に限定して考える限り，ここでの統計的推測では，全部で

$$\sum_{i,j} E_{ij} 個$$

もある (膨大な量の) データをそのまま扱う代わりに，**重み**がそれぞれ E_{ij} である

$$r \times s 個$$

だけのデータとして処理することができる．

以下では最尤推定に限定して話を進める．加法型の場合，α_i を例にとれば，

$$\frac{\partial \ell}{\partial \alpha_i} = 0 \iff \sum_j E_{ij} \left(\frac{C_{ij}}{E_{ij}} b'(\alpha_i + \beta_j) + c'(\alpha_i + \beta_j) \right) = 0$$

であるから，最尤推定によって求まる $\alpha_i, \beta_j (i = 1, \cdots, r; \ j = 1, \cdots, s)$ が満たすべき方程式は，

$$
\begin{cases}
\sum_{j} E_{ij} \left(\dfrac{C_{ij}}{E_{ij}} b'(\alpha_i + \beta_j) + c'(\alpha_i + \beta_j) \right) = 0, & (i = 1, \cdots, r) \\[2ex]
\sum_{i} E_{ij} \left(\dfrac{C_{ij}}{E_{ij}} b'(\alpha_i + \beta_j) + c'(\alpha_i + \beta_j) \right) = 0, & (j = 1, \cdots, s)
\end{cases}
$$

$$(8.2)$$

となる. 同様に, 乗法型の場合には, α_i を例にとれば,

$$
\frac{\partial \ell}{\partial \alpha_i} = 0 \iff \sum_{j} E_{ij} \left(\frac{C_{ij}}{E_{ij}} b'(\alpha_i \beta_j) \beta_j + c'(\alpha_i \beta_j) \beta_j \right) = 0
$$

$$
\iff \sum_{j} E_{ij} \left(\frac{C_{ij}}{E_{ij}} b'(\alpha_i \beta_j) \alpha_i \beta_j + c'(\alpha_i \beta_j) \alpha_i \beta_j \right) = 0
$$

であるから, 最尤推定によって求まる $\alpha_i, \beta_j (i = 1, \cdots, r; \ j = 1, \cdots, s)$ が満たすべき方程式は,

$$
\begin{cases}
\sum_{j} E_{ij} \left(\dfrac{C_{ij}}{E_{ij}} b'(\alpha_i \beta_j) \alpha_i \beta_j + c'(\alpha_i \beta_j) \alpha_i \beta_j \right) = 0, & (i = 1, \cdots, r) \\[2ex]
\sum_{i} E_{ij} \left(\dfrac{C_{ij}}{E_{ij}} b'(\alpha_i \beta_j) \alpha_i \beta_j + c'(\alpha_i \beta_j) \alpha_i \beta_j \right) = 0, & (j = 1, \cdots, s)
\end{cases}
$$

$$(8.3)$$

となる.

この手の方程式を手計算で解くのは大変であり, また, そもそも解析的に解けるとは限らないが, 計算機によって数値解を求めるのは一般に簡単である.

例題 8.1 タリフ構造が加法型であり, 想定する分布を正規分布 (ただし, 分散 σ^2 はすべてのクラスに共通する定数とし, 統計的推測の対象としない) として, 各クラスのクレームコストの期待値を最尤推定するとき, リスク分類要素が二つの場合を例にすれば, (本節の記号を用いていえば) $\alpha_i, \beta_j (i = 1, \cdots, r; \ j = 1, \cdots, s)$ が満たすべき方程式は, $\mu_{ij} = \alpha_i + \beta_j$ を使って,

$$
\begin{cases}
\sum_{j} E_{ij} \left(\dfrac{C_{ij}}{E_{ij}} - \mu_{ij} \right) = 0, & (i = 1, \cdots, r) \\[2ex]
\sum_{i} E_{ij} \left(\dfrac{C_{ij}}{E_{ij}} - \mu_{ij} \right) = 0, & (j = 1, \cdots, s)
\end{cases}
$$

と表せることを示せ.

解 クラス (i,j) に対応する正規分布の密度関数 $f(y)$ は

$$f(y) = \frac{1}{\sqrt{2\pi}\sigma} \exp\left(-\frac{(y-\mu_{ij})^2}{2\sigma^2}\right) \propto \exp\left(\frac{2y\mu_{ij} - \mu_{ij}^2}{2\sigma^2}\right)$$

であるから, 対数尤度 ℓ は,

$$\ell = \sum_{i,j} \sum_{n=1}^{E_{ij}} \frac{2y_{ijn}\mu_{ij} - \mu_{ij}^2}{2\sigma^2} + C \qquad (C : \mu_{ij}を含まない式)$$

$$= \sum_{i,j} E_{ij} \frac{\dfrac{C_{ij}}{E_{ij}} \cdot 2\mu_{ij} - \mu_{ij}^2}{2\sigma^2} + C$$

である. ここで α_i を例にとれば,

$$\frac{\partial \ell}{\partial \alpha_i} = 0 \iff \sum_j E_{ij}\left(\frac{C_{ij}}{E_{ij}} - \mu_{ij}\right) = 0$$

であるから, 最尤推定によって求まる $\alpha_i, \beta_j(i=1,\cdots,r;\ j=1,\cdots,s)$ が満たすべき方程式は, 問題文にあるとおりのものとなる. □

実は, 本問で見た形の連立方程式を解いた結果を推定値とする方法は, ミニマムバイアス法とよばれる旧来からの方法と一致する.

定義 8.2 (ミニマムバイアス法) 連立方程式

$$\begin{cases} \displaystyle\sum_j E_{ij}\left(\frac{C_{ij}}{E_{ij}} - \mu_{ij}\right) = 0, & (i=1,\cdots,r) \\ \displaystyle\sum_i E_{ij}\left(\frac{C_{ij}}{E_{ij}} - \mu_{ij}\right) = 0, & (j=1,\cdots,s) \end{cases} \tag{8.4}$$

を解くことによって各クラスのクレームコストの期待値 μ_{ij} ($i=1,\cdots,r;\ j=1,\cdots,s$) を点推定する方法のことを (リスク分類要素が 2 個の場合の) **ミニマムバイアス法**という. リスク分類要素が 2 個以外の場合のミニマムバイアス法も同様に定義される.

本問ではタリフ構造を加法型 ($\mu_{ij} = \alpha_i + \beta_j$) としていたので，本問の最尤推定法は，ミニマムバイアス法を加法型に当てはめた場合と一致するということである．

例題 8.2 タリフ構造が乗法型であり，想定する分布を Poisson 分布として，各クラスのクレームコストの期待値を最尤推定すると，ミニマムバイアス法の乗法型の場合と一致することを示せ．

解 クラス (i, j) に対応する Poisson 分布の確率関数 $f(y)$ は

$$f(y) = e^{-\mu_{ij}} \frac{\mu_{ij}^y}{y!} \propto \exp\left(y \log(\mu_{ij}) - \mu_{ij}\right)$$

であるから，対数尤度 ℓ は，

$$\ell = \sum_{i,j} \sum_{n=1}^{E_{ij}} \left(y_{ijn} \log(\mu_{ij}) - \mu_{ij}\right) + C$$

$$= \sum_{i,j} E_{ij} \left(\frac{C_{ij}}{E_{ij}} \log(\mu_{ij}) - \mu_{ij}\right) + C$$

である．ここで α_i を例にとれば，

$$\frac{\partial \ell}{\partial \alpha_i} = 0 \iff \sum_j E_{ij} \left(\frac{C_{ij}}{E_{ij}} \cdot \frac{1}{\alpha_i} - \beta_j\right) = 0$$

$$\iff \sum_j E_{ij} \left(\frac{C_{ij}}{E_{ij}} - \mu_{ij}\right) = 0$$

であるから，最尤推定によって求まる $\alpha_i, \beta_j (i = 1, \cdots, r; \, j = 1, \cdots, s)$ が満たすべき方程式は，ミニマムバイアス法のものと一致する． □

例題 8.3 タリフ構造が乗法型であり，想定する分布をガンマ分布 (ただし，第 1 パラメータ ν はすべてのクラスに共通する定数とし，統計的推測の対象としない) として，各クラスのクレームコストの期待値を最尤推定するとき，(本節の記号を用いていえば) $\alpha_i, \beta_j (i = 1, \cdots, r; \, j = 1, \cdots, s)$ が満たすべき方程式は，

$$\begin{cases} \sum_j E_{ij}\left(\dfrac{C_{ij}}{E_{ij}}\dfrac{1}{\alpha_i\beta_j}-1\right)=0, & (i=1,\cdots,r) \\ \sum_i E_{ij}\left(\dfrac{C_{ij}}{E_{ij}}\dfrac{1}{\alpha_i\beta_j}-1\right)=0, & (j=1,\cdots,s) \end{cases}$$

と表せることを示せ.

解 クラス (i,j) に対応するガンマ分布の密度関数 $f(y)$ は

$$f(y)=\frac{1}{\Gamma(\nu)}\left(\frac{\nu}{\mu_{ij}}\right)^\nu y^{\nu-1}\exp\left(-\frac{\nu}{\mu_{ij}}y\right)$$
$$\propto \exp\left(-y\frac{\nu}{\mu_{ij}}-\nu\log(\mu_{ij})\right)$$

であるから,対数尤度 ℓ は,

$$\ell=\sum_{i,j}\sum_{n=1}^{E_{ij}}\left(-y_{ijn}\frac{\nu}{\mu_{ij}}-\nu\log(\mu_{ij})\right)+C$$
$$=\sum_{i,j}E_{ij}\left(-\frac{C_{ij}}{E_{ij}}\cdot\frac{\nu}{\mu_{ij}}-\nu\log(\mu_{ij})\right)+C$$

である.ここで α_i を例にとれば,

$$\frac{\partial\ell}{\partial\alpha_i}=0\iff\sum_j E_{ij}\left(\frac{C_{ij}}{E_{ij}}\cdot\frac{1}{\alpha_i^2\beta_j}-\frac{1}{\alpha_i}\right)=0$$
$$\iff\sum_j E_{ij}\left(\frac{C_{ij}}{E_{ij}}\cdot\frac{1}{\alpha_i\beta_j}-1\right)=0$$

であるから,最尤推定によって求まる $\alpha_i,\beta_j(i=1,\cdots,r;\ j=1,\cdots,s)$ が満たすべき方程式は,問題文にあるとおりのものとなる. □

8.2 GLM とは何か

GLM (Generalized Linear Model, 一般化線形モデル) とは,その名のとおり,線形モデルを一般化したものである.ここで線形モデルとは,単回帰モデルと重回帰モデルを総称したものであり,p,n を正の整数として,説明変数が p 個で観測数が n 個の場合のモデルは,次のとおりである.

定義 8.3 (線形モデル)   標本

$$(x_{11}, x_{12}, \cdots, x_{1p}, y_1), \ \cdots, \ (x_{n1}, x_{n2}, \cdots, x_{np}, y_n)$$

が得られたときに, 線形表現:

$$\mu = \beta_0 + \sum_{j=1}^{p} \beta_j x_j \qquad (8.5)$$

を想定し, $i = 1, \cdots, n$ について,

$$E[Y_i] = \mu_i = \beta_0 + \sum_{j=1}^{p} \beta_j x_{ij} \qquad (8.6)$$

であり, かつ, 確率変数 Y_i が互いに独立に正規分布 $N(\mu_i, \sigma^2)$ (μ_i は未知, σ^2 は i によらない定数) に従うものとして $\beta_0, \beta_1, \cdots, \beta_p$ ないし $\mu_1, \cdots, \mu_n$ の統計的推測を行うモデルのことを, $x_1, \cdots, x_p$ を**説明変数**とし Y を**目的変数**とする**線形モデル**という.

ちなみに, この線形モデルにおいて (後述するような「重み」等を考慮しなくてよい場合に) 最尤法で点推定を行った場合の $\beta_0, \beta_1, \cdots, \beta_p; \mu_1, \cdots, \mu_n$ それぞれの推定値を $\hat{\beta}_0, \hat{\beta}_1, \cdots, \hat{\beta}_p; \hat{\mu}_1, \cdots, \hat{\mu}_n$ とすると, その結果は,

$$\hat{\boldsymbol{\beta}} = \left(X^T X\right)^{-1} X^T \boldsymbol{y}, \qquad \hat{\boldsymbol{\mu}} = X \hat{\boldsymbol{\beta}}$$

と簡単に表記できる. ただし,

$$\hat{\boldsymbol{\beta}} := \begin{pmatrix} \hat{\beta}_0 \\ \hat{\beta}_1 \\ \vdots \\ \hat{\beta}_p \end{pmatrix}, \qquad \hat{\boldsymbol{\mu}} := \begin{pmatrix} \hat{\mu}_1 \\ \vdots \\ \hat{\mu}_n \end{pmatrix}, \qquad X := \begin{pmatrix} 1 & x_{11} & \cdots & x_{1p} \\ \vdots & \vdots & \ddots & \vdots \\ 1 & x_{n1} & \cdots & x_{np} \end{pmatrix}$$

であり, $\boldsymbol{X}^T$ は $\boldsymbol{X}$ の転置行列である.

この線形モデルを次のように一般化したのが GLM である.

定義 8.4 (**一般化線形モデル**) 定義 8.3 における線形表現の左辺の μ を, ある既知の関数 g を用いた $g(\mu)$ に置き換え, また, Y_i の従う分布を, (正規分布とは限らない) 指数型分布族の正準形である特定の分布 (実質的にパラメータ μ_i だけを未知とする) に従うものとしたモデルのことを, $x_1, \cdots, x_p$ を**説明変数**とし Y を**目的変数**とする**一般化線形モデル** (GLM) という.

---

g は**リンク関数** (ないし**連結関数**) とよばれ, 実際に GLM で用いられるものにはいろいろと制限がつくが, ここでその一般論を展開する必要はない. 代表的なものとしては, 線形モデルと同じ恒等関数 $g(x) = x$ をはじめ, 対数関数 $g(x) = \log x$ や逆数 $g(x) = \dfrac{1}{x}$ などがあるが, あとで見るように, タリフ構造が加法型のときは恒等関数, 乗法型のときは対数関数を使うことに必ずなるので, 本書ではほかのリンク関数を考える必要はない.

本章の課題にとり組む限りは, GLM に関して数学的に知っておくべきことは (線形回帰分析に関して必要な一般的知識は除くと) 以上でほぼ尽きている. その一方, 本章の課題に限定しても,「実際」の計算を行うに際しては, 次の点が重要である.

- GLM は, 計算機を用いた数値計算技術によって比較的容易に実行可能である.
- 実のところ, 現在では多くの統計ソフト (S-Plus, SAS, Stat など) に標準装備されているので, 実際の計算にはそれらを用いればよい.
- とりわけフリーの統計ソフト R にも標準装備されている.

GLM を統計ソフトを使って実行するには, 標本のデータを入力しておくなどの当然のことを除けば, あとは GLM を計算させるためのツール (R の場合なら glm 関数) に四つの情報——モデルで想定する分布, リンク関数, 目的変数, 線形表現——だけ入力すればすむ. たとえば, ガンマ分布でリンク関

数 g が対数関数で目的変数が y で線形表現が

$$g(\mu) = \beta_0 + \beta_1 x_1 + \beta_2 x_2$$

であるときには，R なら (x_1 を x1 等と書くとして)，

```
> glm(y~x1+x2,family=Gamma(log))
```

と入力するだけで瞬時に結果を出力してくれる．(数値はまったくでたらめなものとしているが) たとえば次のような具合である．

◉──出力例 1

```
> x1<-c(0.7,1.4,1.3,1.3)      #入力
> x2<-c(0.8,0.5,1.2,1.5)      #入力
> y<-c(8.2,6.4,2.7,19.2)      #入力
> glm(y~x1+x2,family=Gamma(log))      #入力


Call:  glm(formula = y ~ x1 + x2, family = Gamma(log))


Coefficients:
(Intercept)           x1            x2
     1.5290       -0.1981        0.8522


Degrees of Freedom:  3 Total (i.e.  Null); 1 Residual
Null Deviance:  1.871
Residual Deviance:  1.37        AIC: 31.11
```

いろいろな値が出力されているが，点推定の結果についてだけいえば，"Coefficients:" とあるところに記載されていている三つの数値がそれぞれ $\beta_0, \beta_1, \beta_2$ の値である ((Intercept) は「切片」のことで β_0 の値である)．

目的変数に対する実現値 $y_i (i = 1, \cdots, n)$ にそれぞれ重み w_i がある場合には,

$$w := (w_1, \cdots, w_n)$$

として, この w も指定しておく必要がある. R なら, たとえば

```
> glm(y~x1+x2,family=Gamma(log),weights=w)
```

という具合である. 具体例はあとで紹介する.

8.3 タリフ理論への GLM の適用

本章の課題に GLM が適用できそうである (実際適用できる) のは, タリフ構造が加法型の場合にはすでに足し算であるし, 乗法型の場合も対数をとれば足し算となって「線形表現」が得られそうである (実際得られる) からである. 具体的には, 加法型の場合にリンク関数を恒等関数とし, 乗法型の場合にリンク関数を対数関数とすれば, どちらも

$$g(\mu_{ij}) = \alpha_i + \beta_j$$

という「線形表現」が得られる. しかし, その場合, 説明変数はどうなっているのであろうか. というよりも, 説明変数をどのように設定すれば, この形が表現できるであろうか.

ここで考えている $r \times s$ 個のクラスの場合であれば, $r + s$ 個の未知数[4]

$$\alpha_1, \cdots, \alpha_r; \ \beta_1, \cdots, \beta_s$$

がある. そこで, $x_1, \cdots, x_r; \ x'_1, \cdots, x'_s$ を説明変数として, 線形表現を

$$g(\mu) = (\alpha_1 x_1 + \cdots + \alpha_r x_r) + (\beta_1 x'_1 + \cdots + \beta_s x'_s)$$

とし,

---

[4] 実際には 1 個は冗長であって任意に決めておくことができ, 実質的には $r + s - 1$ 個の未知数がある. 一般にリスク分類要素が p 個のときは, $p - 1$ 個の未知数は冗長である.

$$x_{ij\ell} = \begin{cases} 1 & (\ell = i) \\ 0 & (\ell \neq i) \end{cases} \qquad x'_{ij\ell} = \begin{cases} 1 & (\ell = j) \\ 0 & (\ell \neq j) \end{cases}$$

とする. すると,

$$g(\mu_{ij}) = (\alpha_1 x_{ij1} + \cdots + \alpha_r x_{ijr}) + (\beta_1 x'_{ij1} + \cdots + \beta_s x'_{ijs})$$
$$= \alpha_i + \beta_j$$

となって目的が達成される.

　実際に統計ソフトを使って以上の指定するためには, その目的が簡単に達成できるようにいろいろ工夫されている. R の場合には, $r + s$ 個の説明変数を用意する代わりに, 形式上は, リスク分類要素の個数 (いまの場合は 2 個) の説明変数 (たとえば sex,region としよう) を用意して, これらが因子型 (factor class) となるようにデータ (data.frame) を作っておけばよい. たとえば, 各クラスの契約数とクレームコストを表す変数をそれぞれ E, C として事前に適切にデータを入力しておけば, 乗法型に対してガンマ分布を想定したモデルに対する GLM 自体は,

```
> glm(C/E~sex+region,family=Gamma(log),weights=E)
```

とだけすればよい. これで (たとえば)Coefficients については, ちゃんと $r + s - 1$ 個[5] の未知数を決定してくれる. あるいは, $r \times s$ 個の各クラスのクレームコストを推定するという目的からすれば,

```
> fitted(glm(C/E~sex+region,family=Gamma(log),weights=E))
```

とだけすればよい. これで, $r \times s$ 個の各推定値だけをそのまま出力してくれる.
　$r \times s = 2 \times 3$ の場合について data.frame 作成も含めた R の出力例を (データの数値はまったくでたらめだが) 示せば, 次のとおりである.

---

[5]脚注 4) 参照.

●──出力例 2

```
> E<-c(1,4,1,4,2,1)
> C<-c(1,6,2,8,6,5)
> sex<-as.factor(c(1,1,1,2,2,2))
> region<-as.factor(c(1,2,3,1,2,3))
> data.frame(E,C,sex,region)


  E C sex region
1 1 1   1     1
2 4 6   1     2
3 1 2   1     3
4 4 8   2     1
5 2 6   2     2
6 1 5   2     3
> result<-glm(C/E~sex+region, Gamma(log), weights=E)
> result


Call:  glm(formula = C/E ~ sex + region, family
    = Gamma(log), weights = E)


Coefficients:
(Intercept)        sex2      region2      region3
   -0.03367     0.73541      0.42524      0.82134


Degrees of Freedom:  5 Total (i.e.  Null); 2 Residual
Null Deviance:      2.16
Residual Deviance: 0.02015       AIC: -19.42
> fitted(result)
          1         2         3         4         5         6
0.9668919 1.4793074 2.1982687 2.0172687 3.0863435 4.5863436
```

タリフ理論において従来提案されてきた代表的な料率算定法のうち，ミニマムバイアス法，ユング法，直接法は，GLM を用いた点推定の結果と一致する．次の一覧表のとおりである．

表 8.1

手法	タリフ構造	分布	リンク関数	備考
ミニマムバイアス法	加法型	正規分布 $N(\mu, \sigma^2)$	恒等関数	線形モデル．σ^2 は統計的推測の対象外
	乗法型	Poisson 分布 $Po(\mu)$	対数関数	ユング法と同じ
ユング法	乗法型	Poisson 分布 $Po(\mu)$	対数関数	ミニマムバイアス法 (乗法型) と同じ
直接法	乗法型	ガンマ分布 $\Gamma\left(\alpha, \dfrac{\alpha}{\mu}\right)$	対数関数	α は統計的推測の対象外

　したがって，GLM を利用すれば，従来の手法と整合的な (単に点推定にとどまらない) 幅広い回帰分析が可能となる．

　また，従来の手法に縛られず，もっと別の分布を用いた GLM を適用してみるというのも自然な発想であろう．データの特性等に応じて実際にどの分布を選ぶべきかに関する議論については本書では触れられない[6] が，本章の課題に適用するのにも有用と考えられる代表的な分布の名前だけ列挙しておけば，すでにとりあげた正規分布，ガンマ分布，Poisson 分布のほか，逆ガウス分布，擬似 Poisson 分布，ツイーディー分布などがある．

　これらの分布を R の glm 関数で使う場合の分布族 (family) としての名前はそれぞれ gaussian, Gamma, poisson, inverse.gaussian, quasipoisson, tweedie(p,q) である．ただし，ツイーディー分布が tweedie(p,q) という名前

---

[6]この点については，保険数理の教科書類の中では，R. Kaas, *et al.*, *Modern Actuarial Risk Theory Using R*, 2nd ed., Springer, 2008 の 9 章から 11 章 (特に理論的考察については 11 章) が，豊富な情報を提供してくれる．

で使えるのは，statmod というパッケージを利用した場合のことであり，p は
分散関数 $V(\mu) = \mu^p$ のべき指数 $p \geqq 1$ を表し，q はリンク関数を指定するた
めの指数 $q \geqq 0$ であって，リンク関数 g は，

$$g(x) = \begin{cases} x^q & (q > 0) \\ \log x & (q = 0) \end{cases}$$

と指定される．

　ツイーディー分布はなじみがないかもしれないが，パラメータ $p \geqq 1$ を指
定することによってさまざまな分布が表現できるので重宝である．具体的に
は，$p = 1$ なら Poisson 分布，$p = 2$ ならガンマ分布，$p = 3$ なら逆ガウス分
布，$1 < p < 2$ ならガンマ分布 $\Gamma\left(\dfrac{2-p}{p-1}, \beta\right)$ を Poisson 分布で複合した複合
Poisson 分布をそれぞれ表現する．また，p を変化させることによって何らか
の基準に基づく最適化 (たとえば GLM の結果の対数尤度が最大となる p を見
つける) を行えば，その基準のもとで GLM に最適なツイーディー分布を求め
ることも可能である．

演習問題

　演習問題 **8.1** から **8.3** では，共通して以下の設例を用いる．

　ある自動車保険の実績は，免許証の色 (ゴールドかゴールド以外か) と使用
目的 (業務かレジャーか) について下表のとおりであった．

エクスポージャー数 E_{ij}

	業務	レジャー	計
ゴールド	$E_{11} = 854$	$E_{12} = 820$	$E_{1\bullet} = 1674$
ゴールド以外	$E_{21} = 316$	$E_{22} = 503$	$E_{2\bullet} = 819$
計	$E_{\bullet 1} = 1170$	$E_{\bullet 2} = 1323$	$E_{\bullet\bullet} = 2493$

クレーム総額 C_{ij}

	業務	レジャー	計
ゴールド	$C_{11} = 414$	$C_{12} = 155$	$C_{1\bullet} = 569$
ゴールド以外	$C_{21} = 302$	$C_{22} = 189$	$C_{2\bullet} = 491$
計	$C_{\bullet 1} = 716$	$C_{\bullet 2} = 344$	$C_{\bullet\bullet} = 1060$

この実績に基づいてクレームコストの分析を行う.

8.1

タリフ構造が加法型であり, 想定する分布を正規分布 (分散はすべてのクラスに共通する定数とし, 統計的推測の対象としない) として, 各クラスのクレームコストの期待値 $\mu_{11}, \mu_{12}, \mu_{21}, \mu_{22}$ を最尤推定せよ. また, R が使える場合は, そのプログラム例を示せ. (本問の結果は, ミニマムバイアス法の加法型と一致する.)

8.2

タリフ構造が乗法型であり, 想定する分布を Poisson 分布として, 各クラスのクレームコストの期待値 $\mu_{11}, \mu_{12}, \mu_{21}, \mu_{22}$ を最尤推定せよ. また, R が使える場合は, そのプログラム例を示せ. (本問の結果は, ミニマムバイアス法の乗法型と一致する.)

8.3

タリフ構造が乗法型であり, 想定する分布をガンマ分布 (第 1 パラメータはすべてのクラスに共通する定数とし, 統計的推測の対象としない) として, 各クラスのクレームコストの期待値 $\mu_{11}, \mu_{12}, \mu_{21}, \mu_{22}$ を最尤推定せよ. また, R が使える場合は, そのプログラム例を示せ. (本問の結果は, 直接法と一致する.)

8.4

2×2 のタリフ構造でどのクラスもエクスポージャー数がすべて 1 であるとし

て，加法型で正規分布 (演習問題 **8.1** に対応) のモデル，乗法型で Poisson 分布 (演習問題 **8.2** に対応) のモデル，加法型で Poisson 分布 (上の問では対応するものなし) のモデルのそれぞれの場合について，各クラスのクレームコストの期待値 $\mu_{11}, \mu_{12}, \mu_{21}, \mu_{22}$ の最尤推定値をクレームコスト $C_{11}, C_{12}, C_{21}, C_{22}$ で表す公式を導け.

第9章

信頼性理論

保険数理の世界で開発された統計的手法として信頼性理論 (クレディビリティ理論) というものがある．本章ではこの理論の基礎的な事項について解説する．その際，統計的推測のうち点推定のみを扱う．それは，一つには，点推定の課題が最も基礎的であるからだが，それだけでなく，保険数理実務においては，リスクの把握そのものとは別に，保険料等を実際にピンポイントで決定しなければならないという要請からも，点推定の課題は理解しやすいからである．

信頼性理論は，契約者に生じた事故の実績を純保険料に反映させるための手法である．このような手法の動機づけは，自動車保険を例にとるとわかりやすい．自動車保険の場合には，運転に対する心構えや運転技量によって，契約者ごとの保険リスクは大きく異なっていると想定される．そこで，保険会社としては，契約者に生じた事故の実績も加味しながら適正な純保険料を算定すべきだということになるのである．

純保険料に実績を活かすにしても，いろいろな問題設定がありうる．本章では，大きく分けて二つの課題を扱う．一つは，特定の契約者ないし契約者集団の 1 年分のデータ (典型的には数百個の事故データ) だけをもとにして，翌年度の純保険料を現行純保険料からどれだけ変更すべきかを決定する，という課題である．この課題に対しては，有限変動信頼性理論とよばれる手法がその答えを与える．もう一つは，特定の契約者の数年分のデータ (データの個数は年数分，つまり数個と考える) と，参考とすべき他の多数の契約者の数年分のデータないし何らかの理論値をもとにして，翌年度の純保険料を求める，とい

う課題である．この課題に対しては，Bühlmann の方法が特に簡潔な答えを
与える．

9.1 有限変動信頼性理論

　本節では有限変動信頼性理論を紹介する．決して貶めることにならないと思
うので，最初に堂々と指摘しておくが，有限変動信頼性理論による計算方法は，
あくまでも実務上の便宜的な手法である．たとえば，以下では純保険料をピン
ポイントで決定する場合を扱うので，その限りで「点推定」であるのだが，通
常の統計的推測における点推定とはだいぶ様相が異なる．実のところ，この手
法は，通常の統計学的手法が使えないが現実には純保険料を決定しなければな
らない，という場面で，何とか合理的に「答え」を求めるための手法である．
　有限変動信頼性理論が直面している状況は，やや抽象的に述べれば次のとお
りである．いろいろな外部のデータ等を使いながら，いったん純保険料を定め
た．それに対し，実態を表すと考えられる過去 1 年分のデータがあり，両者に
は乖離がある．このとき，翌年度の純保険料をどう定めたらよいか．ただし，
想定している確率のモデル上，現行純保険料と実績データとの関係は何もわ
かっていない (これがわかっているならば，有限変動信頼性理論ではなく，次
節で解説する方法をはじめとする別の方法を用いるべきかもしれない)．
　このような状況でも，もし過去 1 年分だけでデータ量が十分であれば，現
行の純保険料は無視して実績データのみに基づいて点推定を行うのが一つの合
理的な考え方である．しかし，いったいどれくらいのデータ量があれば十分だ
といえるであろうか．また，その判定方法がわかっているとして，その方法を
用いた結果，十分なデータ量がないと判定されたとしたら，新たな純保険料は
いったいどのように定めるべきであろうか．
　この課題設定においては，現行純保険料と実績データとの関係が何もわかっ
ていない点が，一方では精確な推測を難しくしているとともに，他方では問題
を単純化している．その部分に何のモデルも想定しないのは努力不足と思われ
るかもしれないが，少なくとも次の二点から弁明することができる．一つに
は，実用上は，必要とされる精度と実行の際の負担との兼ね合いで具体的な手

法は選択されるべきであり，いつでも統計モデリングに可能な限りの精度を求めるべきということにはならない．もう一つは，何かモデルを想定するということは，同時に，モデル選択を誤るというリスクを伴うため，必要以上に特定のモデルに依拠しない方法のほうが，一般的に客観性を保ちやすい．

　有限変動信頼性理論は，「答え」の考え方も単純であり，以下のとおりである．純保険料の推定量としては，

$$\hat{C} := ZT + (1 - Z)H$$

という形の確率変数 $\hat{C}$ を採用する．ここで T は実績データのみに基づいたときの純保険料の点推定量であり，H は現行の純保険料 (大文字で書くが単なる定数) である．また，Z は**信頼度**とよばれる，1 以下の正の定数である．そして，クレーム総額は正規分布で近似できるものとみなし，変動係数 $\dfrac{\sqrt{V[T]}}{E[T]}$ (の推定値) があらかじめ定めた値 c 以下ならば $Z = 1$ とし，そうでない場合には，$\hat{C}$ の変動幅の指標 $\dfrac{\sqrt{V[\hat{C}]}}{E[T]}$ (の推定値) が c と一致するように Z を定める．$Z = 1$ のときは**全信頼度**といい，$Z < 1$ のときは**部分信頼度**という．具体的な計算方法は後で補うが，有限変動信頼性理論の基本的な考え方はこれだけである．

　この考えに基づけば，その結果得られる純保険料を表す確率変数の変動係数は一定の幅に収まる．このことは実用上非常に有用な特徴であり，本節冒頭で述べたように，この手法は「実務上の便宜的な」手法として重宝されている．また，このように「変動」を一定範囲に収められるという点こそ，この手法が「有限変動」信頼性理論とよばれるゆえんである．

　以下では，有限変動信頼性理論が用いられる場合の典型的なクレーム・モデルを紹介し，純保険料の計算方法をもう少し具体的に示していくことにする．

　有限変動信頼性理論で用いられる典型的なクレーム・モデルは次のとおりである．契約者数を ℓ，各契約者のクレーム件数を $M_1, \cdots, M_\ell$，クレーム総数を $N := M_1 + \cdots + M_\ell$，個別のクレーム額を $X_1, X_2, \cdots$，クレーム総額を $S := X_1 + \cdots + X_N$ とする．$M_1, \cdots, M_\ell; X_1, X_2, \cdots$ は互いに独立である．

$M_1, \cdots, M_\ell$(代表して適宜 M という記号を用いる) はどれも同一の分布に従う. また, $X_1, X_2, \cdots$(代表して適宜 X という記号を用いる) もどれも同一の分布に従う.

このモデルにおいて, もし実績データのみによって純保険料を推定するとしたら, その推定量 T は, $T := \dfrac{S}{\ell}$ となる. また, μ_M の推定量は $\dfrac{N}{\ell}$ となる. したがって, クレーム総数の実現値を n とすれば, μ_M の推定値 $\hat{\mu}_M = \dfrac{n}{\ell}$ となる.

さて, このモデルを用いた場合の有限変動信頼性理論の結論を先に提示しておけば, 次のとおりである.

　実績のクレーム総数に応じて, 実績データの信頼度を決定する. 具体的には, クレーム総額の変動幅が確率 $1 - \varepsilon$ で $\pm 100k\%$ 以内に収まる場合に全信頼度を与えるという基準を採用した場合,

$$n_F := \left(\frac{u\left(\frac{\varepsilon}{2}\right)}{k} \right)^2 \left(\frac{\hat{\sigma}_N^2}{\hat{\mu}_N} + \frac{\hat{\sigma}_X^2}{\hat{\mu}_X^2} \right) \tag{9.1}$$

で定義される n_F を**全信頼度を与えるクレーム総数**とよび, $n \geqq n_F$ であるときは $Z = 1$ とし, $n < n_F$ であるときは,

$$Z = \sqrt{\frac{n}{n_F}} \tag{9.2}$$

とする. ただし, $u\left(\frac{\varepsilon}{2}\right)$ は, 標準正規分布表の上側 $\frac{\varepsilon}{2}$ 点であり, ハット「^」がついているものは, それぞれの推定値を表す.

この結論の根拠を見る前に, 実用上の注意点を見ておこう.

まず, この結論は, 純保険料の推定のみを念頭において記述しているが, 実際の適用範囲はもう少し広い. 特に, 純保険料は 1 契約あたりの保険金のことであるが, 営業保険料 1 円あたりの保険金を表す損害率の推定の際にも, いま見た結論とまったく同じ信頼度を用いればよい.

N や X が従う分布については, 実用上, あらかじめ分布の種類等を特定す

る場合がある. 何の特定もしない場合には, 各推定値は, 平均については標本平均, 分散については標本不偏分散ないし (データが多ければ) 標本分散を用いればよい. しかし, 分布の種類等をあらかじめ特定する場合には, その特性を踏まえて推定値等を定めることになる.

たとえば, N は Poisson 分布に従うと想定することは多い. その場合には, Poisson 分布のパラメータによらず,

$$\frac{\sigma_N^2}{\mu_N} = 1$$

であるので,

$$n_F = \left(\frac{u\left(\frac{\varepsilon}{2}\right)}{k}\right)^2 \left(1 + \frac{\hat{\sigma}_X^2}{\hat{\mu}_X^2}\right) \tag{9.3}$$

とする. また, N が定数とみなせる場合 (たとえば, 実質的に, 契約者全員に 1 度ずつ保険金が支払われるような保険の場合) には,

$$n_F = \left(\frac{u\left(\frac{\varepsilon}{2}\right)}{k}\right)^2 \frac{\hat{\sigma}_X^2}{\hat{\mu}_X^2} \tag{9.4}$$

とし, X が定数とみなせる場合 (実質的に定額保険である場合) には,

$$n_F = \left(\frac{u\left(\frac{\varepsilon}{2}\right)}{k}\right)^2 \frac{\hat{\sigma}_N^2}{\hat{\mu}_N} \tag{9.5}$$

とする.

具体的な計算例は, 演習問題 9.1 を参照されたい. 以下では, 上の結論がどうして導かれるかを見ていこう.

例題 9.1 有限変動信頼性理論のモデルにおいて, 推定量 T の変動係数 $\frac{\sqrt{V[T]}}{E[T]}$ を, $\ell, \mu_M, \sigma_M^2, \mu_X, \sigma_X^2$ を用いて表せ.

解 複合分布の公式 (式 (2.8) および (2.9). ともに 32 ページ) から,

$$E[S] = \mu_N \mu_X,$$

$$V[S] = \sigma_N^2 \mu_X^2 + \mu_N \sigma_X^2$$

であるから，求める変動係数は，

$$\frac{\sqrt{V[T]}}{E[T]} = \frac{\sqrt{V[S]}}{E[S]}$$

$$= \frac{\sqrt{\sigma_N^2 \mu_X^2 + \mu_N \sigma_X^2}}{\mu_N \mu_X}$$

$$= \sqrt{\frac{1}{\mu_N} \left(\frac{\sigma_N^2}{\mu_N} + \frac{\sigma_X^2}{\mu_X^2} \right)}$$

$$= \sqrt{\frac{1}{\ell\mu_M} \left(\frac{\sigma_M^2}{\mu_M} + \frac{\sigma_X^2}{\mu_X^2} \right)} \quad (\because \mu_N = \ell\mu_M, \ \sigma_N^2 = \ell\sigma_M^2)$$

となる. □

ここで，実用上，未知母数を推定値で置き換えることによって変動係数の推定値を与えるとすれば，

$$\frac{\sqrt{V[T]}}{E[T]} \text{の推定値} = \sqrt{\frac{1}{\ell\hat{\mu}_M} \left(\frac{\hat{\sigma}_M^2}{\hat{\mu}_M} + \frac{\hat{\sigma}_X^2}{\hat{\mu}_X^2} \right)}$$

$$= \sqrt{\frac{1}{n} \left(\frac{\hat{\sigma}_M^2}{\hat{\mu}_M} + \frac{\hat{\sigma}_X^2}{\hat{\mu}_X^2} \right)} \quad (\because \hat{\mu}_M = \frac{n}{\ell})$$

である．したがって，変動係数の推定値が何らかの正の定数 c 以下であるという制約を設ければ，そのために必要なクレーム総数 n の条件は，

$$n \geqq \frac{1}{c^2} \left(\frac{\hat{\sigma}_M^2}{\hat{\mu}_M} + \frac{\hat{\sigma}_X^2}{\hat{\mu}_X^2} \right)$$

である.

例題 9.2 推定量 T は近似的に正規分布に従うものとする．このとき，ある ε と k(ともに 1 未満の正数) に対して，「クレーム総額の変動幅が確率 $1-\varepsilon$ で

$\pm 100k\%$ 以内に収まる場合に全信頼度を与える」という基準を採用したとし

たら，全信頼度が与えられる場合の変動係数 $\dfrac{\sqrt{V[T]}}{E[T]}$ の上限はいくらか.

解　「クレーム総額の変動幅が確率 $1-\varepsilon$ で $\pm 100k\%$ 以内に収まる」とい

う基準を式で表せば,

$$P(|S - E[S]| \leqq kE[S]) = P(|T - E[T]| \leqq kE[T]) \geqq 1 - \varepsilon$$

ということである．題意より，$\dfrac{T - E[T]}{\sqrt{V[T]}} \sim \mathrm{N}(0,1)$ であることから,

$$P(|T - E[T]| \leqq kE[T]) \geqq 1 - \varepsilon$$

$$\Longleftrightarrow P\left(\frac{|T - E[T]|}{\sqrt{V[T]}} \leqq \frac{kE[T]}{\sqrt{V[T]}} \right) \geqq 1 - \varepsilon$$

$$\Longleftrightarrow \frac{kE[T]}{\sqrt{V[T]}} \geqq u\left(\frac{\varepsilon}{2} \right)$$

$$\Longleftrightarrow 変動係数 \frac{\sqrt{V[T]}}{E[T]} \leqq \frac{k}{u\left(\dfrac{\varepsilon}{2} \right)}$$

である.　　　　　　　　　　　　　　　　　　　　　　　　　　　□

　ここで実用上，変動係数の代わりにその推定値を考えれば，以上の結果か

ら，「クレーム総額の変動幅が確率 $1-\varepsilon$ で $\pm 100k\%$ 以内に収まる場合に全信

頼度を与える」という基準を採用した場合に全信頼度を与えることのできるク

レーム総数 n の条件は,

$$n \geqq \left(\frac{u\left(\dfrac{\varepsilon}{2} \right)}{k} \right)^2 \left(\frac{\hat{\sigma}_M^2}{\hat{\mu}_M} + \frac{\hat{\sigma}_X^2}{\hat{\mu}_X^2} \right)$$

となる．この関係式を満たす最小の n を n_F と書き，**全信頼度を与えるクレー

ム総数**とよぶ．ここまでで，上で述べた「結論」(179 ページ) の前半部分が確

認できた.

　有限変動信頼性理論では，全信頼度が与えられないときには，すでに述べたように，純保険料の推定量として，$\hat{C} := ZT + (1-Z)H$ という形の確率変数 $\hat{C}$ を採用し，$\hat{C}$ の変動幅の指標 $\dfrac{\sqrt{V[\hat{C}]}}{E[T]}$（の推定値）が全信頼度の場合に確保されるべき T の変動係数と一致するように Z を定める．

例題 9.3　有限変動信頼性理論において，ある ε と k(ともに 1 未満の正数) に対して，「クレーム総額の変動幅が確率 $1-\varepsilon$ で $\pm100k\%$ 以内に収まる場合に全信頼度を与える」という基準を採用した場合，$n < n_F$ のときの部分信頼度 Z はいくらとすべきか．

解

$$\hat{C}の変動幅の指標\frac{\sqrt{V[\hat{C}]}}{E[T]} = \frac{Z\sqrt{V[T]}}{E[T]}$$

であるから，題意より，

$$\frac{Z\sqrt{V[T]}}{E[T]}の推定値 = \frac{k}{u\left(\dfrac{\varepsilon}{2}\right)}$$

となる Z を求めればよい．ここで，

$$\frac{\sqrt{V[T]}}{E[T]}の推定値 = \sqrt{\frac{1}{n}\left(\frac{\hat{\sigma}_M^2}{\hat{\mu}_M} + \frac{\hat{\sigma}_X^2}{\hat{\mu}_X^2}\right)},$$

$$n_F = \left(\frac{u\left(\dfrac{\varepsilon}{2}\right)}{k}\right)^2\left(\frac{\hat{\sigma}_M^2}{\hat{\mu}_M} + \frac{\hat{\sigma}_X^2}{\hat{\mu}_X^2}\right)$$

であることに注意すれば，

$$Z = \frac{k}{u\left(\dfrac{\varepsilon}{2}\right)} \div \frac{Z\sqrt{V[T]}}{E[T]}の推定値$$

$$= \sqrt{\frac{n}{n_F}}$$

が得られる. □

こうして，上で述べた「結論」(179 ページ) がすべて確かめられた.

9.2 ベイズ推定

本節では，使える実績データがほんの数個しかない場合に，将来の値を推定する課題を考える. もちろん，実績データ以外に何の情報もないとすれば，たった数個のデータで統計学にできることなどほとんどない. しかし，推定したいもの (たとえば母数) がどういう値をとりそうかについて，実績データ以外の知識ないし先入見がある場合には，統計学——ベイズ統計学——が力を発揮しうる.

以下では，ベイズ統計学による点推定の基本事項を，クレーム件数やクレーム額の推定の例を念頭に置きながら解説する. その際，最初に，基本的な着想を説明する. その着想は読者が自力で思いつけるようなものであり，実際，いきなり問題として出題する. その後，重要事項をまとめ，計算の工夫や基本的な結果など，先人の知恵を紹介する.

さて，まずは，ごく単純なモデルを使って，ベイズ統計学の予備知識なしにベイズ推定を行ってみよう.

例題 9.4 ある自動車保険を考える. その保険の契約者たちの事故の起こしやすさは，個人ごとの特性であると想定する. 特に，各人の年間事故件数の期待値に着目すると，その値は個人ごとの特性によって決まるため，各人の値は時間が経っても変わらず一定であり，また，過去のデータや理論から，各人の値は θ_1 か θ_2 の二つに一つであり，その人数比は $p_1 : p_2(p_1 + p_2 = 1)$ であると想定できるとする. また，各人の各年度の年間事故件数は，その人の「年間事故件数の期待値」を母数とする Poisson 分布に従っていると想定できるとする. この契約者集団から無作為に契約者を 1 人選び出したところ，その人の過去 n 年間の事故件数は，$x_1, \cdots, x_n$ であった. この契約者の翌年度の事故件数の期待値を求めよ.

　この手の問題のベイズ統計学による一般的解法を知った後は，公式にあてはめて，さっと答えを出すことができるが，ここでは発想方法を理解するため，ベイズ統計学の予備知識を使わずに「要領悪く」解答を示しておく．

　解　問題となっている契約者の母数 (年間事故件数の期待値) が θ_1 であるという事象を A_1，θ_2 であるという事象を A_2 とし，この人の過去 n 年間の事故件数が $x_1, \cdots, x_n$ であったという事象を B とすると，ベイズの定理より，$i = 1, 2$ について，

$$
\begin{aligned}
P(A_i|B) &= \frac{P(B|A_i)P(A_i)}{P(B|A_1)P(A_1) + P(B|A_2)P(A_2)} \\
&= \frac{p_i \prod\limits_{k=1}^{n} \dfrac{\theta_i^{x_k}}{(x_k)!} e^{-\theta_i}}{p_1 \prod\limits_{k=1}^{n} \dfrac{\theta_1^{x_k}}{(x_k)!} e^{-\theta_1} + p_2 \prod\limits_{k=1}^{n} \dfrac{\theta_2^{x_k}}{(x_k)!} e^{-\theta_2}} \\
&= \frac{p_i \theta_i^{\sum\limits_{k=1}^{n} x_k} e^{-n\theta_i}}{p_1 \theta_1^{\sum\limits_{k=1}^{n} x_k} e^{-n\theta_1} + p_2 \theta_2^{\sum\limits_{k=1}^{n} x_k} e^{-n\theta_2}}
\end{aligned}
$$

である．したがって，この人の翌年度の事故件数が x である確率を $f(x)$ とすれば，

$$
\begin{aligned}
f(x) &= P(A_1|B)\frac{\theta_1^x}{x!}e^{-\theta_1} + P(A_2|B)\frac{\theta_2^x}{x!}e^{-\theta_2} \\
&= \frac{p_1 \theta_1^{\sum\limits_{k=1}^{n} x_k} e^{-n\theta_1} \dfrac{\theta_1^x}{x!}e^{-\theta_1} + p_2 \theta_2^{\sum\limits_{k=1}^{n} x_k} e^{-n\theta_2} \dfrac{\theta_2^x}{x!}e^{-\theta_2}}{p_1 \theta_1^{\sum\limits_{k=1}^{n} x_k} e^{-n\theta_1} + p_2 \theta_2^{\sum\limits_{k=1}^{n} x_k} e^{-n\theta_2}}
\end{aligned}
$$

であるから，

$$
\begin{aligned}
\text{求める期待値} &= \sum_{x=1}^{\infty} x f(x) \\
&= \frac{p_1 \theta_1^{1+\sum\limits_{k=1}^{n} x_k} e^{-n\theta_1} + p_2 \theta_2^{1+\sum\limits_{k=1}^{n} x_k} e^{-n\theta_2}}{p_1 \theta_1^{\sum\limits_{k=1}^{n} x_k} e^{-n\theta_1} + p_2 \theta_2^{\sum\limits_{k=1}^{n} x_k} e^{-n\theta_2}}
\end{aligned}
$$

$$\left(\because \sum_{x=1}^{\infty} x \frac{\theta^x}{x!} e^{-\theta} = \theta\right)$$

である. □

こうしてベイズの定理を途中で使って翌年度の値の推測 (一種の点推定) が行えたわけだが, これがまさにベイズ推定の一例である. 本問の統計的推測は, 実質的に母数 (問題となっている人の「年間事故件数の期待値」という母数) の点推定であることにまず注意しよう[1].

こうした統計的処理を行う際, ベイズ統計学では, 未知の母数を (未知の定数でなく) 確率変数として定式化するのが習わしである. 郷に入れば郷に従おう. その上でその確率変数の従う分布を考える. そうした分布として, 統計的推測の対象そのものに関するデータをまだ得ていない段階で想定されるものを**事前分布**といい, データを得た後に, そのデータから得られる情報に基づいて更新した分布を**事後分布**という.

本問の場合, 実質的には, Poisson 母集団の母数の点推定を行っている. 標本を (確率変数として)$X_1, \cdots, X_n$ とし, 推定したい母数を (確率変数として)Θ で表し, その事前分布と事後分布の確率関数をそれぞれ $f_\Theta(\theta), f_{\Theta|X_1,\cdots,X_n}(\theta)$ とすれば, 題意より,

$$f_\Theta(\theta) = \begin{cases} p_1 & (\theta = \theta_1) \\ p_2 & (\theta = \theta_2) \\ 0 & (その他) \end{cases}$$

であり, また, 解答による計算結果から,

---

[1]実は, ここで行った点推定は, 後で言及する言葉を使えば「予測分布」に関するものであり, 母数の点推定そのものではない. したがって, 両者の結果が一致することは本来は説明を要することであるが, ここでは省略する. 後の例題 9.9 の解説も参照.

$$
f_{\Theta|X_1,\cdots,X_n}(\theta) = \begin{cases} \dfrac{p_1\theta_1^{\sum_{k=1}^{n}x_k}e^{-n\theta_1}}{p_1\theta_1^{\sum_{k=1}^{n}x_k}e^{-n\theta_1}+p_2\theta_2^{\sum_{k=1}^{n}x_k}e^{-n\theta_2}} & (\theta=\theta_1) \\[3em] \dfrac{p_2\theta_2^{\sum_{k=1}^{n}x_k}e^{-n\theta_2}}{p_1\theta_1^{\sum_{k=1}^{n}x_k}e^{-n\theta_1}+p_2\theta_2^{\sum_{k=1}^{n}x_k}e^{-n\theta_2}} & (\theta=\theta_2) \\[2em] 0 & (その他) \end{cases}
$$

である.

　母数の点推定値としては，母数の事後分布の期待値をとるのが代表的な方法の一つであるが，本問は実質的にこの推定方法となっている．実際，母数の事後分布の期待値は，後の例題 9.5 で見るように点推定値として望ましい性質をもっており，本書では，ベイズ推定としてこの推定方法のみを考えることにする.

　事前分布，事後分布というものを考えることから，ベイズ推定の途中で用いる**ベイズの定理**は次の形で捉えておくのが便利である.

　$X_1=x_1,\cdots,X_n=x_n$ が与えられたときの Θ の事後分布の密度関数ないし確率関数 $f_{\Theta|X_1,\cdots,X_n}(\theta|x_1,\cdots,x_n)$ を求めるときには，Θ が連続型であるときには，

$$
\begin{aligned}
&f_{\Theta|X_1,\cdots,X_n}(\theta|x_1,\cdots,x_n) \\
&= \frac{f_{X_1,\cdots,X_n|\Theta}(x_1,\cdots,x_n|\theta)f_\Theta(\theta)}{\int_{-\infty}^{\infty}f_{X_1,\cdots,X_n|\Theta}(x_1,\cdots,x_n|\theta)f_\Theta(\theta)d\theta}
\end{aligned} \tag{9.6}
$$

と計算し，Θ が離散型であるときには，

$$
f_{\Theta|X_1,\cdots,X_n}(\theta|x_1,\cdots,x_n) = \frac{f_{X_1,\cdots,X_n|\Theta}(x_1,\cdots,x_n|\theta)f_\Theta(\theta)}{\sum_\theta f_{X_1,\cdots,X_n|\Theta}(x_1,\cdots,x_n|\theta)f_\Theta(\theta)}
$$

$$\tag{9.7}$$

と計算する.

また，実際にベイズの定理を適用して分数計算をするときには，分母にも分子にも共通して現れるためにキャンセルされる部分が多いので，そのような部分は最初から無視して計算するのがよい．上の問題のように母集団分布がPoisson 分布の場合には，Poisson 分布 Po(λ) の確率関数 $f_X(x)$ を

$$f_X(x) = \frac{\lambda^x}{x!} e^{-\lambda} \qquad (x = 0, 1, \cdots)$$

と捉える代わりに，

$$f_X(x) \propto \lambda^x e^{-\lambda} \qquad (x = 0, 1, \cdots)$$

とだけ捉えて，最初から $x!$ の部分は無視して式を立てればよい．

一般には，未知母数が θ の母集団分布の密度関数ないし確率関数 $f_X(x; \theta)$ に対して，

$$f_X(x; \theta) = h(x) g(x; \theta)$$

となるような適当な関数 g, h のうち，g ができるだけ単純になるものを見つけ出し，

$$f_X(x; \theta) \propto g(x; \theta)$$

として計算していけばよい．また，事前分布の密度関数や確率関数に対しても，同様の省略が可能である．

さらにいうと，実は，たいていの場合は分母の計算はしなくてもよい．というのは，分母の計算結果には未知母数 θ が含まれないため，分子だけ見れば，事後分布の密度関数ないし確率関数の形が決まるからである．つまり，たいていは，Θ が連続型であれ離散型であれ，

$$f_{\Theta|X_1,\cdots,X_n}(\theta|x_1, \cdots, x_n) \propto f_{X_1,\cdots,X_n|\Theta}(x_1, \cdots, x_n|\theta) f_{\Theta}(\theta) \quad (9.8)$$

とすればよい．具体的な処理方法の例は，後に見る例題 9.6 を参照されたい．

以上をまとめると，(本書でいう) **ベイズ推定**は次のように表現することができる．

推定したい母数を確率変数 Θ として捉え，(何らかの理論や題意や主観

によって) 与えられた (母数の) 事前分布と母集団からの標本 $X_1, \cdots, X_n$ とに対してベイズの定理を (無駄な計算を省きながら) 適用して (母数の) 事後分布を算出し, その事後分布の期待値 $E[\Theta|X_1, \cdots, X_n]$ を点推定量とする.

例題 9.5 未知母数が Θ である母集団の標本を $X_1, \cdots, X_n$ とするとき, 母数の値との 2 乗誤差を最小とする推定量 (**最小 2 乗推定量** という) は, Θ の事後分布の期待値であることを示せ. すなわち, $E[(\Theta - g(X_1, \cdots, X_n))^2|X_1, \cdots, X_n]$ を最小とする $g(X_1, \cdots, X_n)$ は,

$$g(X_1, \cdots, X_n) = E[\Theta|X_1, \cdots, X_n]$$

であることを示せ.

解 煩雑なので, $\boldsymbol{X} := (X_1, \cdots, X_n)$, $\boldsymbol{x} := (x_1, \cdots, x_n)$ とする. すると, $E[(\Theta - g(\boldsymbol{x}))^2|\boldsymbol{X} = \boldsymbol{x}]$ を最小とする $g(\boldsymbol{x})$ が, $g(\boldsymbol{x}) = E[\Theta|\boldsymbol{X} = \boldsymbol{x}]$ であることをいえばよい.

$$\begin{aligned} &E[(\Theta - g(\boldsymbol{x}))^2|\boldsymbol{X} = \boldsymbol{x}] \\ &= g(\boldsymbol{x})^2 - 2E[\Theta|\boldsymbol{X} = \boldsymbol{x}]g(\boldsymbol{x}) + E[\Theta^2|\boldsymbol{X} = \boldsymbol{x}] \\ &= (g(\boldsymbol{x}) - E[\Theta|\boldsymbol{X} = \boldsymbol{x}])^2 + V[\Theta|\boldsymbol{X} = \boldsymbol{x}] \end{aligned}$$

となるので, これを最小とする $g(\boldsymbol{x})$ は, $g(\boldsymbol{x}) = E[\Theta|\boldsymbol{X} = \boldsymbol{x}]$ である. □

例題 9.6 母平均 Θ が未知の Poisson 母集団で, Θ の事前分布をガンマ分布 $\Gamma(\alpha, \beta)$ (α, β は既知) とするとき, 標本の値を $x_1, \cdots, x_n$ として, Θ を点推定せよ.

解 Θ の事前分布の密度関数は

$$f_\Theta(\theta) \propto \theta^{\alpha-1}e^{-\beta\theta} \qquad (\theta > 0)$$

であり，母集団分布の確率関数は

$$f_X(x;\theta) \propto \theta^x e^{-\theta} \qquad (x = 0, 1, \cdots)$$

であるから，Θ の事後分布の密度関数は

$$f_{\Theta|X_1,\cdots,X_n}(\theta) \propto \theta^{\alpha-1} e^{-\beta\theta} \prod_{k=1}^{n} \theta^{x_k} e^{-\theta}$$

$$= \theta^{\alpha + \sum_{k=1}^{n} x_k - 1} e^{-(\beta+n)\theta} \qquad (\theta > 0)$$

という形となる．この形の密度関数をもつのはガンマ分布 $\Gamma\left(\alpha + \sum_{k=1}^{n} x_k, \beta + n\right)$ にほかならないので，

$$\text{求める点推定値} = \text{ガンマ分布 } \Gamma\left(\alpha + \sum_{k=1}^{n} x_k, \beta + n\right) \text{ の期待値}$$

$$= \frac{\alpha + \sum_{k=1}^{n} x_k}{\beta + n}$$

である． □

　この解答からわかるとおり，Poisson 母集団の場合，母平均の事前分布をガンマ分布とするとその事後分布もガンマ分布となった．このように，事前分布と事後分布とが同じ型の分布になるような事前分布のことを**共役事前分布**という．Poisson 母集団 (の母平均) に対してこのような性質をもつ分布はガンマ分布しかないので，「Poisson 母集団 (の母平均) の共役事前分布はガンマ分布である」という表現をする．

　ベイズ統計学の基本を学ぶ際には，基本的で重要な母集団に対する共役事前分布とその事後分布を頭に入れておくのが一般的である．次表に代表的なものを挙げたので，結果を頭に入れておくとよい．また，共役事前分布から事後分布を求める計算を自分で実際に行ってみれば，よい計算練習となる．

　同表では，$\overline{x} := \dfrac{1}{n}\sum_{k=1}^{n} x_k$ (標本平均) とし，未知の母数は大文字 (確率変数)，既知の母数は小文字 (定数) で表している）．同表のいずれの推定値も，(事前

分布のパラメータと母集団の標本の大きさとによって決まる) 何らかの定数 Z を用いて,

$$Z \times 標本平均 + (1 - Z) \times 事前分布の平均$$

の形で表せていることにも注意されたい.

表 9.1

母集団分布	Θ の共役事前分布 Θ の事後分布	Θ の推定値
ベルヌーイ分布 Be(Θ) $f_X(x;\theta) \propto \theta^x(1-\theta)^{1-x}$	ベータ分布 Beta(a,b) Beta($a + n\overline{x}, b + n - n\overline{x}$)	$\dfrac{a + n\overline{x}}{a + b + n}$ $= \dfrac{n}{a+b+n}\overline{x}$ $+ \left(1 - \dfrac{n}{a+b+n}\right)\dfrac{a}{a+b}$
Poisson 分布 Po(Θ) $f_X(x;\theta) \propto \theta^x e^{-\theta}$	ガンマ分布 $\Gamma(\alpha, \beta)$ $\Gamma(\alpha + n\overline{x}, \beta + n)$	$\dfrac{\alpha + n\overline{x}}{\beta + n}$ $= \dfrac{n}{\beta+n}\overline{x}$ $+ \left(1 - \dfrac{n}{\beta+n}\right)\dfrac{\alpha}{\beta}$
正規分布 N(Θ, σ^2) $f_X(x;\theta) \propto e^{\frac{1}{\sigma^2}(2\theta x - \theta^2)}$	正規分布 N(μ, τ^2) N$\left(\dfrac{\sigma^2\mu + n\tau^2\overline{x}}{\sigma^2 + n\tau^2}, \dfrac{\sigma^2\tau^2}{\sigma^2 + n\tau^2}\right)$	$\dfrac{\sigma^2\mu + n\tau^2\overline{x}}{\sigma^2 + n\tau^2}$ $= \dfrac{\frac{n}{\sigma^2}}{\frac{1}{\tau^2} + \frac{n}{\sigma^2}}\overline{x}$ $+ \left(1 - \dfrac{\frac{n}{\sigma^2}}{\frac{1}{\tau^2} + \frac{n}{\sigma^2}}\right)\mu$

　信頼性理論を念頭に置いたベイズ推定の要点は以上であるが, 以下にいくつか補足をしておく. これらの補足は, 次節を理解する際にも重要である.

　多くの学習者が最初に学ぶ (ベイズ統計学でない) 統計学においては, (たとえば) Poisson 母集団に対する統計的推測の場合であれば, 母集団からとられる観測値 $X_1, X_2, \cdots$ は, 互いに独立に同一の Poisson 分布に従うものとされる. しかし, ベイズ統計学においては, 未知母数を確率変数としているため

に，この前提は成り立たない．$X_1, X_2, \cdots$ は，互いに独立でないし，(いまの例であれば) Poisson 分布にも従わない (何らかの同一の分布には従う)．

まずは，「独立でない」という点を見ておこう．

(ベイズ統計学でない) 統計モデルで「$X_1, X_2, \cdots$ は互いに独立である」としている点は，ベイズ統計学の採用する確率モデルでは，Θ を未知母数 (未知母数が複数あるならば未知母数ベクトル) として，「$X_1, X_2, \cdots$ は Θ の条件の下では互いに独立である」と表現することができる．その結果，たとえば，

$$\mathrm{Cov}[X_i, X_j | \Theta] = 0 \qquad (i \neq j)$$

となる．

例題 9.7　未知母数が Θ である母集団からの観測値 $X_1, X_2, \cdots$ (適宜，代表して X と書く) について，

$$\mathrm{Cov}[X_i, X_j] \qquad (i \neq j)$$

の値を，**母平均や母分散** (このモデルではそれぞれ $E[X|\Theta]$ と $V[X|\Theta]$ で表せることに注意されたい) の特性値 (平均や分散) を用いて表せ．

　解　一般に，

$$\begin{aligned}
\mathrm{Cov}[X, Y] &= E[XY] - E[X]E[Y] \\
&= E[E[XY|Z]] - E[E[X|Z]]E[E[Y|Z]] \\
&= (E[E[XY|Z]] - E[E[X|Z]E[Y|Z]]) \\
&\quad + (E[E[X|Z]E[Y|Z]] - E[E[X|Z]]E[E[Y|Z]]) \\
&= E[\mathrm{Cov}[X, Y|Z]] + \mathrm{Cov}[E[X|Z], E[Y|Z]]
\end{aligned}$$

が成り立つので，

$$\begin{aligned}
\mathrm{Cov}[X_i, X_j] &= E[\mathrm{Cov}[X_i.X_j|\Theta]] + \mathrm{Cov}[E[X_i|\Theta], E[X_j|\Theta]] \\
&= 0 + \mathrm{Cov}[E[X|\Theta], E[X|\Theta]]
\end{aligned}$$

$$= V[E[X|\Theta]]$$

である．つまり，答えは，母平均の分散である． □

母平均の分散は一般に正であるから，本問の結果より，ベイズ統計学では，母集団からの観測値どうしは (独立ではなく) 一般に正の相関があることがわかる．このあたりの感覚に慣れるために，少し計算練習をしておこう．

例題 9.8 上記のベイズ統計学のモデルにおいて，次の各値を，母平均 $E[X|\Theta]$ や母分散 $V[X|\Theta]$ の平均や分散によって表せ．

(1) 標本平均と母平均との共分散 $\mathrm{Cov}[\overline{X}, E[X|\Theta]]$．

(2) 標本平均の分散 $V[\overline{X}]$．

解 (1) 例題 9.7 と同様に計算して，

$$\mathrm{Cov}[\overline{X}, E[X|\Theta]] = \mathrm{Cov}[E[\overline{X}|\Theta], E[X|\Theta]] + E[\mathrm{Cov}[\overline{X}, E[X|\Theta]|\Theta]]$$
$$= \mathrm{Cov}[E[X|\Theta], E[X|\Theta]] + 0$$
$$= V[E[X|\Theta]]$$

である．つまり，答えは，母平均の分散である．

(2) 命題 3.4 (61 ページ) より，

$$V[\overline{X}] = V[E[\overline{X}|\Theta]] + E[V[\overline{X}|\Theta]] = V[E[X|\Theta]] + \frac{E[V[X|\Theta]]}{n}$$

である．つまり，答えは，母平均の分散と母分散の平均の $\dfrac{1}{n}$ 倍との和である． □

以下，本節の残りの部分では，ベイズ統計学の確率モデル上，標本はどのような分布に従うかを具体例で見てみよう．

例題 9.9 Poisson 母集団の未知母数 Θ の事前分布がガンマ分布 $\Gamma(\alpha, \beta)$ で

あるとき，次の問いに答えよ．

(1) データを観測する前の時点では，これから得られる標本が従う分布はどういう分布と想定されるか．

(2) 大きさ n の標本 $X_1 = x_1, \cdots, X_n = x_n$ がすでに得られているとき，その後に得られる標本が従う分布はどういう分布と想定されるか．

解 (1) 標本から一つを代表して X とすると，X が従う分布の確率関数 $f_X(x)$ は，

$$
\begin{aligned}
f_X(x) = P(X = x) &= \int_{-\infty}^{\infty} P(X = x | \Theta = \theta) f_\Theta(\theta) d\theta \\
&= \int_0^{\infty} \frac{\theta^x}{x!} e^{-\theta} \frac{\beta^\alpha}{\Gamma(\alpha)} \theta^{\alpha-1} e^{-\beta\theta} d\theta \\
&= \frac{1}{\Gamma(\alpha)x!} \left(\frac{\beta}{\beta+1}\right)^\alpha \left(\frac{1}{\beta+1}\right)^x \int_0^{\infty} t^{\alpha+x-1} e^{-t} dt \\
&\quad (t := (\beta+1)\theta) \\
&= \frac{\Gamma(\alpha+x)}{\Gamma(\alpha)x!} \left(\frac{\beta}{\beta+1}\right)^\alpha \left(\frac{1}{\beta+1}\right)^x \\
&= \binom{\alpha+x-1}{x} \left(\frac{\beta}{\beta+1}\right)^\alpha \left(1 - \frac{\beta}{\beta+1}\right)^x \qquad (x = 0, 1, \cdots)
\end{aligned}
$$

である (これは，2.3.4 の例 2 (35 ページ) で見た計算と同じである)．したがって，求める分布は負の二項分布 $\mathrm{NB}\left(\alpha; \dfrac{\beta}{\beta+1}\right)$ である．

(2) Θ の (事後) 分布は $\Gamma(\alpha + n\overline{x}, \beta + n)$ であるから，これを (1) の計算において事前分布の代わりに用いれば結果が得られ，求める分布は負の二項分布 $\mathrm{NB}\left(\alpha + n\overline{x}; \dfrac{\beta+n}{\beta+n+1}\right)$ である． $\qquad\square$

こうしたベイズ統計学のモデルにおいて，標本の従う分布のことを**予測分布**という．実績データを得る前の予測分布のことを**事前予測分布**といい，実績データを得た後の予測分布のことを**事後予測分布**という．いま見た例でいえば，

事後予測分布による標本の期待値は，負の二項分布 $\mathrm{NB}\left(\alpha + n\overline{x}; \dfrac{\beta + n}{\beta + n + 1}\right)$ の平均である $\dfrac{\alpha + n\overline{x}}{\beta + n}$ となる．この値は，この場合の未知母数の点推定値 (未知母数の事後分布の期待値) と一致するが，Poisson 母集団の母数は標本の期待値を表す母数であるから，これは然るべき結果である．

二項母集団 $\mathrm{Be}(\Theta)$ の未知母数 Θ の事前分布がベータ分布 $\mathrm{Beta}(a,b)$ であるとき，大きさ n の標本 $X_1 = x_1, \cdots, X_n = x_n$ が得られたときの標本の事後予測分布はベルヌーイ分布 $\mathrm{Be}\left(\dfrac{a + n\overline{x}}{a + b + n}\right)$ である (演習問題 **9.3** 参照)．よって，その場合の事後予測分布による標本の期待値は，$\dfrac{a + n\overline{x}}{a + b + n}$ であり，未知母数の点推定値と一致する．

例題 9.10 正規母集団 $\mathrm{N}(\Theta, \sigma^2)$ の未知母数 Θ の事前分布が正規分布 $\mathrm{N}(\mu, \tau^2)$ であるとき，標本の事前予測分布と，大きさ n の標本 $X_1 = x_1, \cdots, X_n = x_n$ が得られたときの標本の事後予測分布を求めよ．

解 事前予測分布の密度関数 $f_X(x)$ は，

$$
\begin{aligned}
f_X(x) &= \int_{-\infty}^{\infty} f_{X|\Theta}(x|\theta) f_\Theta(\theta) d\theta \\
&= \int_{-\infty}^{\infty} \frac{1}{\sqrt{2\pi}\sigma} e^{-\frac{(x-\theta)^2}{2\sigma^2}} \frac{1}{\sqrt{2\pi}\tau} e^{-\frac{(\theta-\mu)^2}{2\tau^2}} d\theta \\
&\quad \vdots \quad (\text{自明ではないが，計算していくと簡単な形になって}) \\
&= \frac{1}{\sqrt{2\pi(\sigma^2 + \tau^2)}} e^{-\frac{(x-\mu)^2}{2(\sigma^2+\tau^2)}} \qquad (-\infty < x < \infty)
\end{aligned}
$$

である．したがって，求める分布は正規分布 $\mathrm{N}(\mu, \sigma^2 + \tau^2)$ である．
Θ の事後分布が

$$
\mathrm{N}\left(\frac{\sigma^2\mu + n\tau^2\overline{x}}{\sigma^2 + n\tau^2}, \frac{\sigma^2\tau^2}{\sigma^2 + n\tau^2}\right)
$$

であることから，これを上の計算において事前分布の代わりに用いれば結果が

得られ，事後予測分布は，正規分布

$$\mathrm{N}\left(\frac{\sigma^2\mu + n\tau^2\overline{x}}{\sigma^2 + n\tau^2}, \sigma^2 + \frac{\sigma^2\tau^2}{\sigma^2 + n\tau^2}\right)$$

である． □

この事例でも，事後予測分布による標本の期待値は，

$$\frac{\sigma^2\mu + n\tau^2\overline{x}}{\sigma^2 + n\tau^2}$$

であり，未知母数の点推定値と一致する．

9.3 Bühlmann の方法

ベイズ推定は，推定したい対象そのものに関する実績データがほんの数個でもそれなりの推定を実現するすぐれた方法であった．しかし，実用の立場から見ると，以下の点で不便である．

(1) 共役事前分布を (恣意的に) 用いる場合を除いては，事後分布の計算が大変である．

(2) 何らかの事前分布を (恣意的に) 選ばないと計算が始まらない．

(3) 何らかの母集団分布を (恣意的に) 選ばないと計算が始まらない．

このうち (1) については，計算機の発達した現在では，数値的に計算することによりかなり複雑な場合も簡単に結果が求められるようになっており，あまり大きな問題ではなくなった．それでも，計算機で力ずくで解く方法は，結果に対する定性的な判断を鈍らせるおそれがあるので，可能ならば近似的でも計算が簡単な方法があることが望ましいのは，現在でも変わらない．

(2) については，ベイズ統計学では，無情報を表す事前分布なども用意され，恣意性を避ける方法も考えられている．しかし，本章 (信頼性理論) で考えているのは，推定したい対象そのもの以外についても実績データが使える場合が

典型であるから，事前分布は，むしろ情報を積極的に活用して決定したい．

(3) については，ベイズ統計学に限らずどんな統計学に対してもいえると思う読者もいるかもしれない．しかし，実際には，母集団分布の型を選ばずに行うノンパラメトリックとよばれる統計的推測が存在する．信頼性理論でもノンパラメトリックな手法があってほしい，というのが (3) の趣旨である．

以上の (1)，(2)，(3) で指摘したベイズ推定の「不便さ」をすべて解消しているのが，本節で紹介する Bühlmann の方法である．すでに述べたように本章では点推定のみを念頭に置くが，点推定の場合に限って Bühlmann の方法の基本的な発想を表現するのはそう難しくない．

まず，Bühlmann の方法で点推定しようとするのは，母集団分布の母平均である．すなわち，母平均を決定するのに十分な母数を Θ (もちろん，Θ は母平均そのものでもかまわない) とし，母集団分布に従う確率変数を代表して X とするならば，点推定しようとするのは $E[X|\Theta]$ の値である．あるいは，過去の標本を $X_1, \cdots, X_n$ とし，次に観測される値を X_{n+1} とするならば，点推定しようとするのは $E[X_{n+1}|\Theta]$ の値であると定式化しても同じことである．

Bühlmann の方法がベイズ推定の不便さを解消する秘密は，推定量の形を限定するところにある．ベイズ推定というのは，2 乗誤差が最小のものを，あらゆる推定量の中から選ぶという (一般には) 難しい課題であったので (実は) いろいろと不便が生じた．これに対し Bühlmann の方法では，候補とする推定量を線形推定量とよばれるものに限定する．

定義 9.1 (線形推定量) 推定したい対象そのものからの標本を $X_1, \cdots, X_n$ とするとき，

$$T = a_0 + \sum_{j=1}^{n} a_j X_j \tag{9.9}$$

という形の統計量のことを，その推定における**線形推定量**という．

もし母集団からとられる $X_1, X_2, \cdots$ がすべて同一の分布に従う (基本的な統計モデルではたしかにそう想定される) ならば，対称性から，線形推定量と

はいっても，実際には $a_1 = \cdots = a_n =: \dfrac{b}{n}$（ついでに $a_0 =: a$）として，

$$T = a + b\overline{X} \tag{9.10}$$

という形の統計量だけ考えればよいことに注意されたい．

　重要なのは，次の命題である．

命題 **9.2**（**最小 2 乗線形推定量**）　未知母数が Θ である母集団から順に観測される値を $X_1, X_2, \cdots$（適宜，代表して X と書く）とするとき，標本 $X_1, \cdots, X_n$ によって作られる線形推定量 T のうち，母平均 $E[X|\Theta]$（ないし $E[X_{n+1}|\Theta]$）との 2 乗誤差 $E[(E[X|\Theta] - T)^2]$ を最小にする推定量（**最小 2 乗線形推定量**という）は，

$$T = Z\overline{X} + (1 - Z)\mu \tag{9.11}$$

である．ここで，

$$\mu := E[X] = E[E[X|\Theta]] \qquad （母平均の平均） \tag{9.12}$$

$$Z := \frac{n}{n + \dfrac{v}{w}} \tag{9.13}$$

$$v := E[V[X|\Theta]] \qquad （母分散の平均） \tag{9.14}$$

$$w := V[E[X|\Theta]] \qquad （母平均の分散） \tag{9.15}$$

である．

　証明　対称性から

$$T := a + b\overline{X}$$

とし，

$$E[(E[X|\Theta] - T)^2] = E[(E[X|\Theta] - a - b\overline{X})^2]$$

を最小化する a, b を見つける（それぞれが $(1 - Z)\mu, Z$ であることを確かめれ

ばよい). そのために a, b で偏微分することにより, 次の連立方程式を得る[2].

$$\begin{cases} E[E[X|\Theta] - a - b\overline{X}] = 0 \\ E[\overline{X}(E[X|\Theta] - a - b\overline{X})] = 0 \end{cases}$$

第 1 式より $E[\overline{X}]E[E[X|\Theta] - a - b\overline{X}] = 0$ であることに注意すると, 第 2 式より

$$\begin{aligned} 0 &= \mathrm{Cov}[\overline{X}, E[X|\Theta] - a - b\overline{X}] \\ &= \mathrm{Cov}[\overline{X}, E[X|\Theta]] - b\,\mathrm{Cov}[\overline{X}, \overline{X}] \\ &= w - bV[\overline{X}] \quad (\because \text{第 1 項は例題 9.8 (1)}) \\ &= w - b\left(w + \frac{v}{n}\right) \quad (\because \text{例題 9.8 (2)}) \end{aligned}$$

であるから, たしかに

$$b = \frac{w}{w + \dfrac{v}{n}} = \frac{n}{n + \dfrac{v}{w}} = Z$$

である. また, この結果を用いると, 連立方程式の第 1 式から,

$$a = E[E[X|\Theta]] - bE[\overline{X}] = \mu - b\mu = (1 - Z)\mu$$

も得られ, 証明終わりである. □

この命題から, 式 (9.11) で定義された

$$T = Z\overline{X} + (1 - Z)\mu$$

という統計量は, 母平均 $E[X|\Theta]$(ないし $E[X_{n+1}|\Theta]$) のすぐれた点推定量であることが示唆される. また, この統計量は, 実は, 将来観測される値 X_{n+1} との 2 乗誤差 $E[(X_{n+1} - T)^2]$ についても最小 2 乗線形推定量である (確かめてみよ) ので, X_{n+1} の点推定量として使うこともできる.

上の命題に登場する μ, v, w はどれも, もし事前分布が決まっていればそこから求めることができ, それらをもとに実際の最小 2 乗線形推定量を作るこ

---

[2]偏微分の際, 偏微分と期待値の順序を変更 (これは問題ない) して実行している.

とができる．他方，もし事前分布を決めていなければ，推定したい対象そのものの以外の実績データを用いて求めたそれらの不偏推定値を代わりに用いて線形推定量を作り，それで代用する，というのが Bühlmann の方法である．つまり，**Bühlmann の方法**とは，次のような手法である．

Bühlmann の方法　未知母数が Θ である母集団から順に観測される値を $X_1, X_2, \cdots$ (適宜，代表して X と書く) とするとき，標本 $X_1, \cdots, X_n$ をもとに母平均 $E[X|\Theta]$ (ないし $E[X_{n+1}|\Theta]$ ないし X_{n+1}) を点推定する際に，

$$T := Z\overline{X} + (1 - Z)\mu$$

という推定量を用いる．ここで，

$$Z := \frac{n}{n + \dfrac{v}{w}},$$

μ は母平均の平均 $E[E[X|\Theta]]$ ないしその不偏推定値，

v は母分散の平均 $E[V[X|\Theta]]$ ないしその不偏推定値，

w は母平均の分散 $V[E[X|\Theta]]$ ないしその不偏推定値

である．

以下では，μ, v, w が推定値であることを明示する際には，それぞれ $\hat{\mu}, \hat{v}, \hat{w}$ と書くことにする．

　Bühlmann の方法の最も典型的な適用例においては，事前分布はおろか母集団分布の型も特定しないままで，母集団の母平均を推定する．Bühlmann の方法において，そのように完全にノンパラメトリックとする場合のモデルのことを **Bühlmann モデル**という[3]．

---

[3] 本書ではこの「狭い」意味で使うが，文献によっては，もう少し広いものを指して (たとえば，本書でいう Bühlmann の方法を用いるモデルであれば何でも) Bühlmann モデルとよぶ場合があるので注意されたい．

Bühlmann モデルにおいて $\hat{\mu}, \hat{v}, \hat{w}$ の不偏推定値として何を用いるべきかについては特別にきれいな理論があるわけではないが，Bühlmann モデルでの点推定は次のとおりとするのが一般的である．

Bühlmann モデル　$i = 1, \cdots, r$ について，未知母数が Θ_i である母集団があり，その r 個の母集団からそれぞれ n 個ずつ得た計 nr 個の観測値 $x_{ij}\,(i = 1, \cdots, r; j = 1, \cdots, n)$ をもとに，母平均 $E[X|\Theta_i]$（ないし $X_{i,n+1}$）を点推定するには，

$$Z\overline{x}_{i\bullet} + (1 - Z)\hat{\mu}$$

という推定値を用いる．ここで，

$$Z = \frac{n}{n + \dfrac{\hat{v}}{\hat{w}}},$$

$\hat{\mu} = E[X]$ の不偏推定値 $= \overline{x}_{\bullet\bullet}$,

$\hat{v} = E[V[X|\Theta]]$ の不偏推定値

$$= \frac{1}{r} \sum_{i=1}^{r} \frac{1}{n-1} \sum_{j=1}^{n} (x_{ij} - \overline{x}_{i\bullet})^2$$

$$= \frac{1}{r(n-1)} \left(\sum_{i=1}^{r} \sum_{j=1}^{n} x_{ij}^2 - n \sum_{i=1}^{r} \overline{x}_{i\bullet}^2 \right),$$

$\hat{w} = V[E[X|\Theta]]$ の不偏推定値

$$= (V[\overline{X}_{i\bullet}] - E[V[\overline{X}_{i\bullet}|\Theta]])\ \text{の不偏推定値}$$

$$= \frac{1}{r-1} \sum_{i=1}^{r} (\overline{x}_{i\bullet} - \overline{x}_{\bullet\bullet})^2 - \frac{\hat{v}}{n}$$

$$= \frac{1}{r-1} \left(\sum_{i=1}^{r} \overline{x}_{i\bullet}^2 - r\overline{x}_{\bullet\bullet}^2 \right) - \frac{\hat{v}}{n}$$

であり，

$$\overline{x}_{\bullet\bullet} := \frac{1}{rn} \sum_{i=1}^{r} \sum_{j=1}^{n} x_{ij}, \qquad \overline{x}_{i\bullet} := \frac{1}{n} \sum_{j=1}^{n} x_{ij}$$

である．

　このように，Bühlmann モデルにおいては観測値 $x_{ij}\,(i = 1, \cdots, r; j = 1, \cdots, n)$ をすべて同等に扱っているが，実用においては，(クレームに関するデータだとして) それぞれのエクスポージャー数[4] m_{ij} が一定値でない場合がよくあるし，また母集団ごとに観測値の個数 n_i が (一律に n ではなく) ばらばらであるのが一般的である．そのような場合には，形式的に Bühlmann モデルそのものを適用してはまずい．そこで，もう少し一般的な場合にも適用できるものとして，**Bühlmann-Straub モデル**とよばれるモデルが用意されている[5]．

　そのモデルにおいては，観測値 X_{ij} は，単位エクスポージャーあたりの値に換算したものとする．その際，

$$X_{ij} = \frac{1}{m_{ij}} \sum_{k=1}^{m_{ij}} Y_{ijk}$$

であるようなより基本的な確率変数 Y_{ijk} を想定し，その $Y_{ijk}\,(j = 1, \cdots, n_i; k = 1, \cdots, m_{ij})$ は，Θ_i をパラメータとする同一の分布に互いに独立に従うものとする．

　すると，Bühlmann の方法に基づいて次の手法が得られる．

Bühlmann-Straub モデル　　$i = 1, \cdots, r$ について，未知母数が Θ_i である母集団があり，その r 個の母集団からそれぞれ n_i 個ずつ得た計 $\sum_{i=1}^{r} n_i$ 個の観測値 $x_{ij}\,(i = 1, \cdots, r; j = 1, \cdots, n_i)$ をもとに，$i = 1, \cdots, r$ について母平均 $E[X|\Theta_i]$ (ないし $X_{i,n+1}$) を点推定するには，

$$Z_i \bar{x}_{i\bullet} + (1 - Z_i)\hat{\mu}$$

という推定値を用いる．ここで，

$$Z_i = \frac{m_i}{m_i + \dfrac{\hat{v}}{\hat{w}}},$$

---

[4]エクスポージャー数とは典型的には契約件数のことである．

[5]本書ではノンパラメトリックな場合のみを想定して「Bühlmann-Straub モデル」とよぶが，文献によっては，ノンパラメトリックでない場合も含めてそうよぶ場合があるので注意されたい．

> $\hat{\mu} = E[Y]$ の不偏推定値,
>
> $\hat{v} = E[V[Y|\Theta]]$ の不偏推定値,
>
> $\hat{w} = V[E[Y|\Theta]]$ の不偏推定値
>
> であり,
>
> $$m_i := \sum_{j=1}^{n_i} m_{ij}$$
>
> である.

このモデルにおいても，$\hat{\mu}, \hat{v}, \hat{w}$ の不偏推定値として何を用いるべきかについては特別にきれいな理論があるわけではないが，最も代表的なものは次のとおりである.

$$\hat{\mu} = \overline{x}_{\bullet\bullet},$$

$$\hat{v} = \frac{\sum_{i=1}^{r} \sum_{j=1}^{n_i} m_{ij}(x_{ij} - \overline{x}_{i\bullet})^2}{\sum_{i=1}^{r}(n_i - 1)},$$

$$\hat{w} = \frac{\sum_{i=1}^{r} m_i(\overline{x}_{i\bullet} - \overline{x}_{\bullet\bullet})^2 - \hat{v}(r-1)}{m - \frac{1}{m}\sum_{i=1}^{r} m_i^2},$$

ここで，

$$m := \sum_{i=1}^{r} m_i, \qquad \overline{x}_{i\bullet} := \frac{1}{m_i}\sum_{j=1}^{n_i} m_{ij}x_{ij}, \qquad \overline{x}_{\bullet\bullet} := \frac{1}{m}\sum_{i=1}^{r} m_i\overline{x}_{i\bullet}$$

である.

このうち，とりわけ $\hat{\mu}$ の不偏推定値には異論があり，理論的に見てもっと (あるいは最も) 望ましいのは，次の不偏推定値を用いることだとされる[6].

---

[6]詳しくは，文献 [9]，212-214 ページを参照されたい.

$$\hat{\mu} = \frac{\sum\limits_{i=1}^{r} \hat{z}_i \overline{x}_{i\bullet}}{\sum\limits_{i=1}^{r} \hat{z}_i}, \quad \text{ただし,} \quad \hat{z}_i = \frac{m_i}{m_i + \dfrac{\hat{v}}{\hat{w}}}$$

ここまで見てきた Bühlmann の方法の適用例は，母集団分布の型さえ特定しない場合のものであった．だが，Bühlmann の方法は，母集団分布の型だけ特定して事前分布は特定しない場合にも，母集団分布の型も事前分布もともに特定する場合にも適用することができる．

母集団分布の型も事前分布も特定した場合には，特定された分布の型や分布に従って μ, v, w を求めれば Bühlmann の方法が適用できるので，計算方法について特に解説すべき点はない．具体的な計算例は，演習問題を参照されたい．

母集団分布の型だけ特定されている場合には，$\hat{\mu}, \hat{v}, \hat{w}$ を計算するための不偏推定値がわからないと Bühlmann の方法を適用することはできない．ここでは，母集団分布が Poisson 分布の場合に，$\hat{\mu}, \hat{v}, \hat{w}$ を求める方法だけ紹介しておく．次のとおりである．

$i = 1, \cdots, r$ について，未知母平均が Θ_i である Poisson 母集団があるとき，その r 個の母集団からそれぞれ 1 個ずつ得た計 r 個の観測値 x_i を用いて，

$$\hat{\mu} = E[X] \text{ の不偏推定値} = \overline{x},$$
$$\hat{v} = E[V[X|\Theta]] \text{ の不偏推定値}$$
$$= E[X] \text{ の不偏推定値}$$
$$(\because \text{Poisson 分布の性質から}$$
$$E[V[X|\Theta]] = E[\Theta] = E[E[X|\Theta]] = E[X])$$
$$= \overline{x},$$
$$\hat{w} = V[E[X|\Theta]] \text{ の不偏推定値}$$
$$= (V[X] - E[V[X|\Theta]]) \text{ の不偏推定値}$$
$$= \frac{1}{r-1} \left(\sum_{i=1}^{r} x_i^2 - r\overline{x}^2 \right) - \hat{v}$$

とする．ただし，

$$\overline{x} := \frac{1}{r} \sum_{i=1}^{r} x_i$$

である.

演習問題

9.1

ある保険の契約集団に対する有限変動信頼性理論のモデルにおいては，N は Poisson 分布に従い，X は指数分布に従うものとされている．この契約集団の現行純保険料は 1111 円であり，過去 1 年の実績によると，契約者 1 人あたりの保険金は 1234 円であった．また，この契約集団の過去 1 年のクレーム総数は 987 件であった．この実績に基づき，クレーム総額の変動幅が確率 90% で ±5% 以内に収まる場合に全信頼度を与えるという基準で，有限変動信頼性理論によって新純保険料を求めよ．必要であれば，標準正規分布の上側 10% 点 $u(0.1)$ を 1.282，同 5% 点 $u(0.05)$ を 1.645 とせよ．

9.2

母数 Θ が未知の指数母集団 $\mathrm{Ex}(\Theta)$ で，Θ の事前分布をガンマ分布 $\Gamma(\alpha, \beta)$（α, β は既知）とするとき，標本の値を $x_1, \cdots, x_n$ として，Θ の事後分布を求めよ．

9.3

二項母集団 $\mathrm{Be}(\Theta)$ の未知母数 Θ の事前分布がベータ分布 $\mathrm{Beta}(a, b)$ であるとき，標本の事前予測分布と，大きさ n の標本 $X_1 = x_1, \cdots, X_n = x_n$ が得られたときの標本の事後予測分布を求めよ．

9.4

ある契約者集団に属する各契約者の各年度のクレーム件数は，他の年度のクレーム件数とは独立に，契約者ごとに固有に決まっているパラメータ（代表して Θ とする）の Poisson 分布 $\mathrm{Po}(\Theta)$ に従う．また，契約者集団から契約者を 1 人無作為に選んだときのパラメータ Θ の値は未知であり，その分布はガン

マ分布 $\Gamma(\alpha,\beta)$ に従うとみなすことができる．無作為に選んだ契約者の過去
n 年間のクレーム件数が $x_1,\cdots,x_n$ であったとき，その契約者の翌年度のク
レーム件数 X_{n+1} を，Bühlmann の方法により点推定せよ．

9.5

ある契約者集団に属する各契約者の各年度のクレーム総額は，他の年度の
クレーム総額とは独立に，契約者ごとに固有に決まっているパラメータ (代表
して Θ とする) と全契約者に共通の既知のパラメータ σ^2 とをもつ正規分布
$N(\Theta,\sigma^2)$ に従っているとみなすことができる．また，契約者集団から契約者
を 1 人無作為に選んだときのパラメータ Θ の値は未知であり，その分布は正
規分布 $N(\lambda,\tau^2)$ に従うとみなすことができる．無作為に選んだ契約者の過去
n 年間のクレーム総額が $x_1,\cdots,x_n$ であったとき，その契約者の翌年度のク
レーム総額 X_{n+1} を，Bühlmann の方法により点推定せよ．

9.6

ある保険契約では，クレームは各年度 1 件までしか認められない．その保
険の契約者集団に属する各契約者の各年度のクレームの有無は，他の年度のク
レームの有無とは独立であり，クレームがある確率は，契約者ごとに固有に決
まっている未知の値 (代表して Θ とする) とみなすことができる．また，契約
者集団から契約者を 1 人無作為に選んだときの Θ の値は未知であり，その分
布はベータ分布 $\mathrm{Beta}(a,b)$ に従うとみなすことができる．無作為に選んだ契
約者の過去 n 年間のうちクレームがあったのが m 年間であったとき，その契
約者の翌年度のクレーム件数を，Bühlmann の方法により点推定せよ．

9.7

例題 9.4 (184 ページ) を，ベイズ推定の代わりに Bühlmann の方法を用い
て解け．

第 10 章

極値理論

　統計学の応用として，極値理論というものがある．これは，めったに起こらない巨大損害のリスクに対処するための理論である．極値理論の適用例としてよく引かれるのは，オランダで 1953 年に大洪水が起きた後，改めて堤防の高さを設定する際，1000 年に 1 度の大洪水の高さを想定したという例である．

　1000 年というのは，1 人の人間にとっては途方もなく長い年月である．そうした長い年月に 1 度しか起きないことに (たとえば) 国家は備えておくべきなのであろうか．それは「1000 年に 1 度」というのがどの範囲のことかによる．たとえばそれが，原子力発電所 (以下,「原発」という) の各所在地に 1000 年に 1 度の割合で起きる天災であり，そしてそういう原発がその国家内の十分に分散された位置に合計で (たとえば) 25 か所ある場合には，やはりどうしても備えておくべきことに思える．というのも，原発全体でみると，平均で 1000 年に 25 回の天災，つまり，単純にいえば 40 年に 1 度の割合で天災が起きるので，人の一生のうちに数か所の原発が 1000 年に 1 度の天災に見舞われてもおかしくないほど，こうした巨大天災は頻繁に生じることだからである．しかし，そうして必要性が認められたとしても，1000 年に 1 度の規模を推測しようというのは，やはり途方もないことに思える．

　こうした，いわば無理難題に立ち向かおうというのが**極値理論** (extreme value theory) である．以下では，本当に 1000 年に 1 度のことが的確に推測できるかはひとまず措いておいて，ともかく (天災に限らず) めったに起こらない (たとえば 1000 回の観測のうちで 1 回しか起こらない) ような巨大な実

現値がどのような分布に従うかをいかに統計的に推測するかについての基本的
理論を紹介していくことにする.

　紹介するのは,代表的な基本モデルである**ブロック最大値モデル**と**閾値超過
モデル**である.どちらのモデルも,基本的な課題および発想は単純である.

　ブロック最大値モデルでは,端的に,めったに起きない観測値だけを集め
て,その分布を推測する.少し具体的にいえば,観測値を n 個ずつの m 個の
ブロックに分け (つまり,この場合,観測値は全部で mn 個用意する),各ブ
ロックの最大値のみ (全部で m 個ある) を実際に用い,めったに起きない実現
値の分布を推測する.このとき,こうしたブロック最大値の従う分布が一定の
型に収まることが期待できれば,具体的な統計的推測方法を与えることができ
る.そして,実のところ,ブロック最大値の従う分布は,一般化極値分布とよ
ばれる分布で近似できるという理論的根拠があるので,その事実を利用する.

　閾値超過モデルでは,母集団分布の右裾部分の形を統計的に推測する.ただ
し,その母集団分布が何らかのよく知られた型の分布に (全体として) 一致す
ると期待することはできないものとする.その場合,右裾部分の形を推測する
ために,何らかの閾値 u を定めた上で,観測値のうち u を超える値のみを実
際に用い,u を超える部分の分布 (超過分布という) を推測する方法が考えら
れる.その際,こうした超過分布が一定の型に収まることが期待できれば,具
体的な統計的推測方法を与えることができる.そして,実のところ,超過分布
は,一般化パレート分布とよばれる分布で近似できるという理論的根拠がある
ので,その事実を利用する.

　本章では,それぞれのモデルをもう少し形式的に述べ直した上で,それらの
モデルに一般化極値分布と一般化パレート分布が利用できる根拠を述べ,ま
た,学習の観点から,それらの分布自体に慣れ親しむことに重きをおいて,解
説を行うこととする.なお,どちらのモデルも,対象となる分布がそれぞれ一
般化極値分布と一般化パレート分布に従うということさえわかれば,その先の
具体的統計的推測の方法は,一般的な統計的推測と重なる話となるので,本書
では詳しくは扱わない.ただし,何も例がないとわかりにくいと思われるの
で,本章では,どちらのモデルについても最尤法の例だけを挙げておく.

10.1　ブロック最大値モデル

ブロック最大値モデルの基本的な課題は，次のとおりである.

> 母集団から大きさ n (たとえば $n = 1000$) の標本 $X_1, \cdots, X_n$ をとっ
> たうちの最大値 $X_{(n)}$ (「(大きさ n の標本の) 最大順序統計量」という)
> が従う分布を，同じ母集団からとった (たとえば 10 万個の) 観測値から
> 推定する.

ここで調べたい母集団の分布は，未知の分布である. 特に，その分布が (全
体として) 何らかのよく知られた型の分布に一致すると期待してはならない.
したがって，上の課題を解決するために，全体のデータを使うことは実際的で
はない. より具体的にいえば，このモデルで実際に使うのは，n 個の観測値の
うちから 1 個しか得られない (その n 個中の) 最大値のみである. つまり，観
測が (たとえば) mn 個あったとすれば，それを n 個ずつの m 個のブロック
に分け，各ブロックの最大値のみ (全部で m 個ある) を実際に用いる.

こうしたモデルにおいて問題となるのは，データの少なさである. ここでは，
きわめて少ないデータをもとにどのようにして推測を行うのかが理論的課題
である. 一般に，統計学においては，母集団がどういう分布に従うかがまった
くわかっていない場合には，非常に多くのデータを集めないといけない. しか
し，もしどういう分布に従うかがある程度わかっていて，そのパラメータを推
測すればよいだけであれば，格段に少ないデータで，かなりのことができる.
では，種々の分布の最大順序統計量が共通して従う分布などあるだろうか.

これが「ある」といってよい理論的根拠がある. 実は，幸いなことに，われ
われが実用上で関心をもつようなたいていの連続分布の最大順序統計量は，n
が大きくなると一般化極値分布という分布に近似できる，という事実があるの
である.

定義 10.1 (一般化極値分布)　$\sigma > 0$ のとき，分布関数が

$$H_{\xi,\mu,\sigma}(x) := \exp\left\{-\left(1+\xi\frac{x-\mu}{\sigma}\right)^{-\frac{1}{\xi}}\right\}, \qquad 1+\xi\frac{x-\mu}{\sigma} > 0$$

$$(10.1)$$

である分布のことを**一般化極値分布**ないし **GEV 分布** (Generalized Extreme Value distribution) $H_{\xi,\mu,\sigma}$ という. ただし,

$$H_{0,\mu,\sigma}(x) := \lim_{\xi \to 0} H_{\xi,\mu,\sigma}(x) = \exp\left(-e^{-\frac{x-\mu}{\sigma}}\right) \quad (-\infty < x < \infty)$$

$$(10.2)$$

とする.

このようにパラメータが三つだけであるからさほど複雑な分布関数でないはずであるが, この形がすぐには頭に入らない人もいるであろう. しかし, 少し特徴をつかんで慣れ親しめば, 分布関数を覚えるのはさほど難しくないと思われる. その点については少しあとで触れよう.

いずれにせよ, 分布関数の形がわかっているので, たとえば次のように最尤法を使えば, 比較的少ないデータでも, 分布の推定が可能となる.

母集団分布が未知の母集団からの, 大きさ n の標本の最大順序統計量 $X_{(n)}$ は, n が大きければ一般化極値分布 $H_{\xi,\mu,\sigma}$ に近似できると想定される. このとき, 観測値を n 個ずつのブロック m 個に分割し, 各ブロックの最大値を $M_{n1}, \cdots, M_{nm}$ とし, これらをもとに最尤法によりパラメータ ξ, μ, σ を決定する. その際, 対数尤度関数 $l(\xi, \mu, \sigma)$ は,

$$l(\xi,\mu,\sigma) = -m\log\sigma - \left(1+\frac{1}{\xi}\right)\sum_{i=1}^{m}\log\left(1+\xi\frac{M_{ni}-\mu}{\sigma}\right)$$
$$- \sum_{i=1}^{m}\left(1+\xi\frac{M_{ni}-\mu}{\sigma}\right)^{\frac{1}{\xi}}$$

となる.

分布関数を微分すれば密度関数が求まるので, この手法における対数尤度関数が上記のとおりとなることは容易に確かめられるであろう. ただし, これが

正当化されるのは，一般化極値分布においては，分布関数 (や密度関数や対数
尤度関数) が $\xi = 0$ において連続，つまり，

$$\lim_{\xi \to 0} H_{\xi,\mu,\sigma}(x) = H_{0,\mu,\sigma}(x)$$

等が成り立つためであることに注意されたい．なお，対数尤度関数が上記のよ
うな形をしているため，最尤推定量そのものを簡単な形で書くことはできない．

　ここで挙げたのは最尤法の例だけであるが，以上で述べたのが，ブロック最
大値モデルの基本的な考え方であり，この考え方をもとに種々の統計的推測が
可能となることがわかるであろう．本節の以下の部分では，統計的推測の個別
の手法の話には進まず，一般化極値分布とはどういうものかを詳しく見ていく
ことにする．極値理論の基礎を学ぶには，この分布に慣れ親しむことが最も大
切と考えられるからである．

　さて，一般化極値分布のパラメータのうち，μ は**位置パラメータ**，σ は**尺度
パラメータ**にすぎない．つまり，一般化極値分布を平行移動したり定数倍した
りしても一般化極値分布である．

定義 10.2 (**標準一般化極値分布**)　一般化極値分布のパラメータ μ, σ を
それぞれを $0, 1$ とした分布を**標準一般化極値分布**といい，その分布関数
($H_\xi(x)$ と書く) は，$\xi \neq 0$ のときは，

$$H_\xi(x) = \exp\left\{-(1+\xi x)^{-\frac{1}{\xi}}\right\} \qquad (1+\xi x > 0) \qquad (10.3)$$

となり，$\xi = 0$ のときは，

$$H_0(x) = \exp\left(-e^{-x}\right) \qquad (-\infty < x < \infty) \qquad (10.4)$$

となる．

　分布の形状の特徴について論じるときは，この標準形で考えればよい．

　もちろん，分布関数を覚えるときもこの標準形を出発点にすればよい．分布
関数が $\exp(g(x))$ の形をしていることに着目すれば，そこに現れる $g(x)$ は，
値域が $(-\infty, 0]$ である単調非減少関数であるはずであり，$g(x) = -e^{-x}$ はそ

うした性質をもつ最も単純な関数の一つであるから，$H_0(x) = \exp\left(-e^{-x}\right)$ という形は頭に入りやすいであろう．さらに，

$$-e^{-x} = \lim_{\xi \to 0}(1 + \xi x)^{-\frac{1}{\xi}}$$

であることから，$\xi \neq 0$ のときの $H_\xi(x) = \exp\left\{-(1 + \xi x)^{-\frac{1}{\xi}}\right\}$ という形も連想しやすいであろう．

いずれにせよ，一般化極値分布の形状の特徴を示すパラメータは ξ（ギリシャ文字のクシー）一つであり，**形状パラメータ**とよばれる．この ξ は，右裾の厚さを表すパラメータであり，大きいほど右裾が厚い．また，これが正か 0 か負かによって分布の特徴は大きく異なる．正のときは**フレシェ型**，0 のときは**グンベル型**，負のときは**ワイブル型**とよばれる．このうち，ワイブル型はとりうる値に上限があるので，巨大リスクの分布を考える際には，フレシェ型とグンベル型が重要である．

なお，少しややこしいが，（狭い意味で）**極値分布**とよばれる三つの分布，**フレシェ分布**，**グンベル分布**，**ワイブル分布**がある．ただし，ワイブル分布は同名で別の基本的な分布があるので，以下では**ワイブル極値分布**とよぶ[1]．それぞれの分布は，$H_{1/\alpha,1,1/\alpha}, H_{0,0,1}(= H_0), H_{-1/\alpha,-1,1/\alpha}$ のこと（ただし，$\alpha > 0$）であり，それぞれの分布関数は，

$$\exp\left(-x^{-\alpha}\right), \qquad x > 0 \,(\text{パラメータ } \alpha \text{ のフレシェ分布}) \tag{10.5}$$

$$\exp\left(-e^{-x}\right), \qquad -\infty < x < \infty \,(\text{グンベル分布}) \tag{10.6}$$

$$\exp\left(-(-x)^{\alpha}\right), \qquad x < 0 \,(\text{パラメータ } \alpha \text{ のワイブル極値分布}) \tag{10.7}$$

---

[1] ワイブル分布は，Y がワイブル極値分布に従うときに $X := -\theta Y$，$\theta > 0$ が従う分布であり，

$$F_X(x) = 1 - \exp\left(-\left(\frac{x}{\theta}\right)^{\alpha}\right) \qquad (x > 0)$$

という形の分布関数をもつ．すなわち，ワイブル極値分布を原点を中心に反転し，尺度パラメータをつけただけの分布である．こうした関係があることから（あまりよい名前とは思えないが）ワイブル極値分布のことを「逆ワイブル分布」とよぶ場合もある．また，どちらも名前を区別せずに「ワイブル分布」とだけよぶ文献も少なくない．

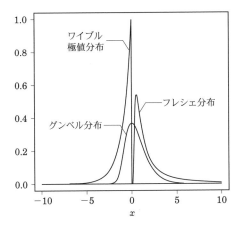

図 10.1 各極値分布の密度関数 (フレシェ分布, ワイブル極値分布ともパラメータは $\alpha = 1$ のもの) のグラフ

である. 一般化極値分布の各型の形状に関する特徴を述べるとき, 標準形の特徴を見ることと, いま示した三つの各分布の特徴を見ることは実質的に同じことなので, あまり区別しないで用いることもある.

　以下, 各型 (特に, フレシェ型とグンベル型) の特徴を見ることを通して, 一般化極値分布とはどういうものであるかを示していくことにしよう.

例題 10.1　$\xi > 0$ (フレシェ型) のとき, 標準一般化極値分布 $H_{\xi,0,1}$ に従う確率変数 X の期待値 $E[X]$ を求めよ. また, 原点まわりの k 次のモーメント $E[X^k]$ が存在する (有限値をとる) ための ξ の条件を求めよ.

解　フレシェ型の標準一般化極値分布の密度関数 $h_\xi(x)$ は,

$$h_\xi(x) = (1 + \xi x)^{-\frac{1+\xi}{\xi}} \exp\left\{-(1 + \xi x)^{-\frac{1}{\xi}}\right\} \qquad \left(x > -\frac{1}{\xi}\right)$$

であるから,

$$E[X] = \int_{-\frac{1}{\xi}}^{\infty} x(1 + \xi x)^{-\frac{1+\xi}{\xi}} \exp\left\{-(1 + \xi x)^{-\frac{1}{\xi}}\right\} dx$$

$$
\begin{aligned}
&= \int_0^\infty \frac{y^{-\xi} - 1}{\xi} y^{\xi+1} e^{-y} y^{-\xi-1} dy \qquad (y := (1+\xi x)^{-\frac{1}{\xi}}) \\
&= \int_0^\infty \frac{y^{-\xi} - 1}{\xi} e^{-y} dy \\
&= \begin{cases} \dfrac{1}{\xi}(\Gamma(1-\xi) - 1) & (0 < \xi < 1) \\ \infty & (\xi \geqq 1) \end{cases}
\end{aligned}
$$

となる.

同様の計算により,

$$
E[X^k] = \int_0^\infty \left(\frac{y^{-\xi} - 1}{\xi} \right)^k e^{-y} dy
$$

となるので, $\left(\dfrac{y^{-\xi} - 1}{\xi} \right)^k$ を展開したときの項のうち y の指数が最小 (指数の絶対値が最大) である $y^{-k\xi}$ に注目すれば,

$$
\int_0^\infty y^{-k\xi} e^{-y} dy
$$

が収束することが, $E[X^k]$ が存在するための条件である. したがって, その条件は, $-k\xi > -1$, すなわち,

$$
0 < \xi < \frac{1}{k}
$$

である. □

以上の解答は非常に素直なものであるが, 計算のコツをいうなら, フレシェ型の標準一般化極値分布 $H_{\xi,0,1}$ に関する計算を直接行う代わりに, パラメータが $\dfrac{1}{\xi}$ のフレシェ分布 $H_{\xi,1,\xi}$ に関する計算に帰着させたほうが簡単である. 実際, $Y \sim H_{\xi,1,\xi}$ とすると, $X := \dfrac{Y-1}{\xi} \sim H_{\xi,0,1}$ であり, $E[Y^k]$ は,

$$
E[Y^k] = \int_0^\infty y^k \frac{1}{\xi} y^{-\frac{1}{\xi}-1} \exp\left(-y^{-\frac{1}{\xi}} \right) dy
$$

$$= \int_0^\infty t^{-k\xi} e^{-t} dt \qquad (t := y^{-\frac{1}{\xi}})$$

$$= \begin{cases} \Gamma(1 - k\xi) & \left(0 < \xi < \dfrac{1}{k}\right) \\ \infty & \left(\xi \geqq \dfrac{1}{k}\right) \end{cases}$$

と簡単に計算できるので,

$$E[X] = \frac{E[Y] - 1}{\xi} = \begin{cases} \dfrac{1}{\xi}(\Gamma(1 - \xi) - 1) & (0 < \xi < 1) \\ \infty & (\xi \geqq 1) \end{cases}$$

であることや,

$$E[X^k] \text{ が存在する} \iff E[Y^k] \text{ が存在する} \iff 0 < \xi < \frac{1}{k}$$

が簡単にわかる.

例題 10.2 $\xi = 0$ (グンベル型) のとき, 標準一般化極値分布の積率母関数 ($M_X(t)$ とする) を求めよ.

解 グンベル型の標準一般化極値分布の密度関数 $h_0(x)$ は,

$$h_0(x) = e^{-x} \exp\left(-e^{-x}\right) \qquad (-\infty < x < \infty)$$

であるから,

$$M_X(t) = E[e^{tX}] = \int_{-\infty}^\infty e^{tx} e^{-x} \exp\left(-e^{-x}\right) dx$$

$$= \int_0^\infty y^{-t} e^{-y} dy \qquad (y := e^{-x})$$

$$= \Gamma(1 - t) \qquad (t < 1)$$

となる. □

以上の結果からわかるとおり, フレシェ型は高次のモーメントが (ものに

よっては平均さえ) 存在しないほど裾 (実際は右裾) が厚いが, グンベル型は
積率母関数が存在する (したがってどんなに高次のモーメントも存在する) の
で, フレシェ型と比べると裾は薄い. もちろん, ワイブル型は, とりうる値に
上限があるので, 右裾はずっと薄いといえる.

　一般化極値分布のことをよく知っているといえるためには, どのような分布
の最大順序統計量がどの型で近似されるのかを知っておく必要がある. 実は,
どのような分布の最大順序統計量の分布が一般化極値分布で近似できるかに関
する一般的な条件を述べるには, さらにいくつかの概念を導入する必要があっ
てなかなかやっかいである. だが, 実際問題としては, すでに触れたとおり,
実用上関心がもたれるほとんどすべての連続分布の最大順序統計量の分布は一
般化極値分布で近似できる. 現に, 本書に登場する (名前のついている) すべ
ての連続分布について, これは成り立つ. そして, (実用上よく使われる) ある
分布についてそれが成り立つのであれば, その分布の最大順序統計量の分布が
どの型で近似されるのかを (事実上) 判定するのも容易である.

　判定方法を述べる前に, 最大値吸引域という言葉を導入しておく. ある分布
F の最大順序統計量の分布が, 形状パラメータが ξ である一般化極値分布 (代
表して H_ξ と書く) で近似できるとき, F は H_ξ の最大値吸引域 (Maximum
Domain of Attraction) に属するといい, $F \in \mathrm{MDA}(H_\xi)$ と書く. もっと正確
にいえば, 次のとおりである.

定義 10.3 (最大値吸引域)　分布関数が $F(x)$ である分布 F の最大順序
統計量の分布 (その分布関数は $F(x)^n$ となる) について, ある実数列
$\{c_n\}, \{d_n\}\,(c_n > 0; n = 1, 2, \cdots)$ が存在して,

$$\lim_{n \to \infty} F(c_n x + d_n)^n$$

が, フレシェ分布, グンベル分布, ワイブル極値分布の分布関数のいずれ
かに一致するとき, 一致する分布関数の (一般化極値分布としての) 形状
パラメータ ξ に応じて, F は H_ξ の**最大値吸引域**に属するといい, $F \in$
$\mathrm{MDA}(H_\xi)$ と書く. また, $F \in \mathrm{MDA}(H_\xi)$ である分布 F は ξ が正である
か 0 であるか負であるかに応じて, それぞれフレシェ型, グンベル型, ワ

イブル型の最大値吸引域に属するという.

さて，実用上よく使われる連続分布が，(実際にいずれかの型の最大値吸引域に属するものとして) どの型の最大値吸引域に属するかを (事実上) 判定するのは簡単である．裾の厚いほうからいえば，

- ある次数以上のモーメントが存在しない[2] ⟺ フレシェ型
- とりうる値に上限はないが，すべての次数のモーメントが存在する
　　　　⟺ グンベル型
- とりうる値に上限がある ⟺ ワイブル型

ということになる．したがって，それぞれの最大値吸引域に属する分布の例を数例ずつ挙げれば次のとおりである．

- **フレシェ型**：コーシー分布，パレート分布，t 分布，フレシェ分布
- **グンベル型**：指数分布，(ワイブル極値分布でなく) ワイブル分布，ガンマ分布，正規分布，対数正規分布，グンベル分布
- **ワイブル型**：一様分布，ベータ分布，ワイブル極値分布

このうち，対数正規分布は，境界的な事例といえる．というのも，対数正規分布は，積率母関数が存在しない程度には裾が厚いが，高次のモーメントが存在しないほどには裾は厚くなく，(フレシェ型ではなく) グンベル型の最大値吸引域に属するからである．

例題 10.1 で見たように，形状パラメータが ξ のフレシェ型の一般化極値分布は，$0 < k < \dfrac{1}{\xi}$ の場合には k 次のモーメントが存在し，$k \geqq \dfrac{1}{\xi}$ の場合には

---

[2] 左裾のみが厚いために，ある次数以上のモーメントは存在しないがフレシェ型でない，という場合もありうるので，より正確を期すなら，当の分布に従う確率変数を X とするとき，$Y := \max(X, 0)$ のモーメントが，ある次数以上で存在しない，という条件を考えたほうがよい.

存在しなかった．これにほぼ対応し，フレシェ型の最大値吸引域に属する分布 $F \in \mathrm{MDA}(H_\xi)$ は，$0 < k < \dfrac{1}{\xi}$ の場合には k 次のモーメントが存在し，$k > \dfrac{1}{\xi}$ の場合には存在しない（$k = \dfrac{1}{\xi}$ の場合には一概にはいえない）ことが知られている．こうして，フレシェ型の場合の $\alpha := \dfrac{1}{\xi}$ は裾の減衰の速さを端的に示す便利な指標であり，**裾指数**とよばれる．

それぞれの分布の最大順序統計量の分布は，具体的には次のように近似できることが知られている．

フレシェ型の近似　フレシェ型の最大値吸引域に属する連続分布 F の最大順序統計量の分布関数 $F(x)^n$ については，

$$\lim_{n \to \infty} F(c_n x + d_n)^n = \exp\left(-x^{-\alpha}\right) \qquad (x > 0)$$

が成り立つので，

$$F(x)^n \fallingdotseq \exp\left(-\left(\frac{x - d_n}{c_n}\right)^{-\alpha}\right) \qquad (x > 0) \qquad (10.8)$$

という形で近似する．つまり，一般化極値分布 $H_{1/\alpha, c_n + d_n, c_n/\alpha}$ で近似する．ただし，$X \sim F$ として，

$$c_n = F^{-1}\left(\frac{n-1}{n}\right) = \mathrm{VaR}_{\frac{n-1}{n}}[X], \qquad d_n = 0 \qquad (10.9)$$

である．

グンベル型の近似　グンベル型の最大値吸引域に属する連続分布 F の最大順序統計量の分布関数 $F(x)^n$ については，

$$\lim_{n \to \infty} F(c_n x + d_n)^n = \exp\left(-e^{-x}\right) \qquad (-\infty < x < \infty)$$

が成り立つので，

$$F(x)^n \fallingdotseq \exp\left(-e^{-\frac{x - d_n}{c_n}}\right) \qquad (-\infty < x < \infty) \qquad (10.10)$$

という形で近似する. つまり, 一般化極値分布 H_{0,d_n,c_n} で近似する. ただし, $X \sim F$ として,

$$d_n = F^{-1}\left(\frac{n-1}{n}\right) = \mathrm{VaR}_{\frac{n-1}{n}}[X], \qquad (10.11)$$

$$c_n = n\int_{d_n}^{\infty}(1-F(t))dt = n\mathrm{ES}_{\frac{n-1}{n}}[X]$$

$$= \mathrm{TVaR}_{\frac{n-1}{n}}[X] - \mathrm{VaR}_{\frac{n-1}{n}}[X] \qquad (10.12)$$

である[3].

ワイブル型の近似　ワイブル型の最大値吸引域に属する連続分布の最大順序統計量の分布関数 $F(x)^n$ については,

$$\lim_{n\to\infty} F(c_n x + d_n)^n = \exp\left(-(-x)^{\alpha}\right) \qquad (x < 0)$$

が成り立つので,

$$F(x)^n \fallingdotseq \exp\left\{-\left(-\frac{x-d_n}{c_n}\right)^{\alpha}\right\} \qquad (x < 0) \qquad (10.13)$$

という形で近似する. つまり, 一般化極値分布 $H_{-1/\alpha,d_n-c_n,c_n/\alpha}$ で近似する. ただし, $X \sim F$ とし, X のとりうる値の上限を x_F として,

$$c_n = x_F - F^{-1}\left(\frac{n-1}{n}\right) = x_F - \mathrm{VaR}_{\frac{n-1}{n}}[X], \qquad d_n = x_F$$

$$(10.14)$$

である.

　上の各手法において c_n, d_n がどうしてそれらになるかの説明は専門書[4]に譲る.

例題 10.3　分布関数 $F_X(x)$ が

---

[3] c_n には別の選択肢もある. ここに挙げたのは扱いやすい一例である.

[4] たとえば, P. Embrechts, *et al.*, *Modelling Extremal Events for Insurance and Finance*, Springer, 1997.

$$F_X(x) = 1 - \left(\frac{\beta}{x}\right)^\alpha \qquad (x \geqq \beta)$$

であるパレート分布 $(\alpha, \beta > 0)$ について，最大順序統計量 $X_{(n)}$ の近似分布の分布関数を求めよ．

解 このパレート分布は，$k \geqq \alpha$ のときに k 次のモーメントが存在しないので，フレシェ型の最大値吸引域に属する．したがって，

$$c_n = F_X^{-1}\left(\frac{n-1}{n}\right), \qquad d_n = 0$$

となる．よって，

$$F_X(c_n) = 1 - \left(\frac{\beta}{c_n}\right)^\alpha = 1 - \frac{1}{n}$$

であるので，これを c_n について解いて，

$$c_n = \beta n^{\frac{1}{\alpha}}$$

となる．したがって，

$$\begin{aligned}
F_X(c_n x + d_n)^n = F_X\left(\beta n^{\frac{1}{\alpha}} x\right)^n &= \left\{1 - \left(\frac{\beta}{\beta n^{\frac{1}{\alpha}} x}\right)^\alpha\right\}^n \\
&= \left(1 - \frac{x^{-\alpha}}{n}\right)^n \\
&\longrightarrow \exp\left(-x^{-\alpha}\right) \quad (n \to \infty)
\end{aligned}$$

となるので，求める分布関数は

$$F_{X_{(n)}}(x) = F_X(x)^n = \exp\left\{-\left(\frac{x}{\beta n^{\frac{1}{\alpha}}}\right)^{-\alpha}\right\} = \exp\left\{-n\left(\frac{\beta}{x}\right)^\alpha\right\}$$

となる． □

例題 10.4 F が H_ξ の最大値吸引域に属するとき，

$$\lim_{n \to \infty} F(c_n' x + d_n')^n = H_\xi(x)\,(= H_{\xi,0,1}(x))$$

となる c_n', d_n' を見つけよ.

解 $\xi = \dfrac{1}{\alpha} > 0$ (フレシェ型) のときは, 適当な c_n, d_n を用いると,

$$\lim_{n\to\infty} F(c_n x + d_n)^n = \exp\left(-x^{-\alpha}\right) = \exp\left(-x^{-\frac{1}{\xi}}\right) \qquad (x > 0)$$

であった. 両辺の x のところに $1 + \xi x$ を代入すれば,

$$\lim_{n\to\infty} F(\xi c_n x + c_n + d_n)^n = \exp\left(-(1+\xi x)^{-\frac{1}{\xi}}\right)$$
$$= H_\xi(x) \qquad (1 + \xi x > 0)$$

であるので, 上で見た c_n, d_n の値から, $X \sim F$ として,

$$c_n' = \xi c_n = \xi \mathrm{VaR}_{\frac{n-1}{n}}[X],$$
$$d_n' = c_n + d_n = \mathrm{VaR}_{\frac{n-1}{n}}[X]$$

とすればよい.

$\xi = 0$ (グンベル型) のときは, 別の適当な c_n, d_n を用いると,

$$\lim_{n\to\infty} F(c_n x + d_n)^n = \exp\left(-e^{-x}\right) = H_\xi(x) \qquad (-\infty < x < \infty)$$

であったので, $X \sim F$ として,

$$c_n' = c_n = \mathrm{TVaR}_{\frac{n-1}{n}}[X] - \mathrm{VaR}_{\frac{n-1}{n}}[X],$$
$$d_n' = d_n = \mathrm{VaR}_{\frac{n-1}{n}}[X]$$

とすればよい.

$\xi = -\dfrac{1}{\alpha} < 0$ (ワイブル型) のときは, さらに別の適当な c_n, d_n を用いると,

$$\lim_{n\to\infty} F(c_n x + d_n)^n = \exp\left(-(-x)^\alpha\right) \qquad (x < 0)$$

であったので, フレシェ型の場合と同様に考えて, $X \sim F$ として,

$$c_n' = -\xi c_n = -\xi\left(x_F - \mathrm{VaR}_{\frac{n-1}{n}}[X]\right),$$
$$d_n' = d_n - c_n = \mathrm{VaR}_{\frac{n-1}{n}}[X]$$

とすればよい. □

　ところで，われわれがよく目にするすべての連続分布の最大順序統計量の分布は，一般化極値分布という (パラメータがたった三つの) 一つの型の分布で近似することができるということであったが，これは何とも不思議ではなかろうか.

　どうしてこのようなことが起きるのかは，簡単には説明できない．簡単に説明できないのは，一つには，きちんと話をしようとすると結局，フレシェ型，グンベル型，ワイブル型の3パターンに分けて説明をしなければならないからである．それでも，その「事実」の不思議さをやわらげるためにまずは非常に抽象的に述べておけば，われわれがよく目にする連続分布は，所詮は非常に単純な形状をもつものであるという点が指摘できる．たとえば，それらの裾の形状は滑らかであり，一貫して減衰していく．そのような，いわば素直な裾の形状がいくつかの基本的なパターンに分けられるとしても，さほど驚くには当たらないとは思えないであろうか.

　さらに不思議さをやわらげるために，フレシェ型について少し述べてみよう．フレシェ型の最大値吸引域に属する分布は，高次のモーメントが存在しないのであった．したがって，その密度関数を $f(x)$ とすれば，ある定数 α (裾指数) が存在して，任意の (いくらでも大きな) c について，

$$\int_c^\infty x^r f(x)dx \begin{cases} = \infty & (r > \alpha) \\ < \infty & (0 \leqq r < \alpha) \end{cases}$$

となる．これは，直感的にいえば，$x^\alpha f(x)$ という関数が，裾の部分においては，$\frac{1}{x}$ に「比例」しているということであり，したがって，$f(x)$ は $\left(\frac{1}{x}\right)^{\alpha+1}$ に「比例」するということである (この点を正確に述べるには，「比例」の代わりに「正則変動」という概念が必要である)．したがって，(単純な形状をもち) 高次のモーメントが存在しない連続分布の裾の形は，パレート分布の裾の形で近似されるのである．そして，例題 10.3 (219 ページ) で見たように，パレート分布の最大順序統計量の分布はフレシェ型で近似できるので，パレート分布

と同等の裾をもつ分布の最大順序統計量の分布もフレシェ型で近似できるのである.

ワイブル型については，その分布関数において変数 x の代わりに $-\dfrac{1}{x}$ を代入するとフレシェ型の分布関数となるので，その事実を使うと，ワイブル型の話はフレシェ型の話に帰着するが，その詳細は省略しよう．グンベル型の最大値吸引域に属する分布の裾は，非常に大まかにいえば，指数分布の裾と同等であるといえるが，より正確には，フォン・ミーゼス関数とよばれる分布関数をもつ分布が，フレシェ型におけるパレート分布と同様の役割を果たすことになる．ただし，議論の詳細はフレシェ型の場合よりも複雑である.

さて，これまでのところで，かなり大雑把な話ながら，単純な形状をもつ連続分布の最大順序統計量の分布がいくつかのパターンに集約されることが (いちおう) 納得できたとして，しかし，そのパターンが一般化極値分布に限られる，というのはもう少し説明がほしいところであろう．これは，数学的には，フィッシャー-ティペットの定理というものによって保証される.

定理 10.4 (フィッシャー-ティペットの定理)　分布関数が $F(x)$ である分布の最大順序統計量の分布 (その分布関数は $F(x)^n$ となる) について，ある実数列 $\{c_n\}, \{d_n\}$ $(c_n > 0\,;\, n = 1, 2, \cdots)$ が存在して，

$$\lim_{n \to \infty} F(c_n x + d_n)^n$$

が何らかの分布 H (ただし，1 点のみに全確率が集中する分布 (デルタ分布) を除く) の分布関数に一致するならば，H は一般化極値分布に限られる.

この定理の証明は簡単ではないが，その流れは以下のとおりである.

比較的簡単な考察 (発想が簡単という意味で，厳密に示すときに根拠となる諸定理に高度なものがないという意味ではない．以下同様) により，この定理に出てくる分布 H について，その分布関数を $H(x)$ とすれば，任意の $n = 2, 3, \cdots$ について，それぞれ適当な定数 $c_n > 0$ と d_n をとってくれば，

$$H(c_n x + d_n)^n = H(x)$$

となることがわかる. こういう性質をもつ分布を**最大値安定分布**という. 定理の証明の中心は, 最大値安定分布は一般化極値分布に限られることを示すことである.

最大値安定分布では, n の代わりに任意の 0 以上の実数 t について, 適当な $c(t), d(t)$ をとってくれば,

$$H(c(t)x + d(t))^t = H(x)$$

が成り立つことが, これまた比較的簡単な考察によりわかる. こうして一つの関数方程式が得られるわけだが, これを解けば (簡単とはいえないが, うまく工夫すれば, よく知られた関数方程式に帰着できる), 分布関数 $H(x)$ は, 一般化極値分布の分布関数に限られることが帰結して, 定理の証明は終わる.

10.2 閾値超過モデル

極値理論の目的からすると, 分布の裾の形状が重要である. したがって, 適当に定めたある大きな値を超えた部分がどういう分布に従うかを調べるというのは一つの自然な手法であろう. この手法をとるときに使われるのが, 閾値超過モデルである.

実は, 閾値超過モデルは, 歴史的に見ればブロック最大値モデルにとってかわるものである. しかし, というよりも, それゆえに, その基本理論を支えるのはブロック最大値モデルにおいて鍵となった極値分布およびその関連概念である. したがって, 閾値超過モデルの理解にはブロック最大値モデルの理解が欠かせないという点は, あらかじめ心に留めておくとよい.

ブロック最大値モデルの場合には, 最大順序統計量の分布を推定しようとしたが, 閾値超過モデルの場合に推定するしようとするのは, 超過分布である.

定義 10.5 (**超過分布と平均超過関数**) 確率変数 X の分布関数を $F(x)$ とするとき, X のとりうる値の範囲に属する定数 u について, 分布関数が

$$F_u(x) := P(X - u \leqq x | X > u) = \frac{F(x+u) - F(u)}{1 - F(u)} \qquad (x \geqq 0)$$

$$(10.15)$$

と定義される分布のことを，u を**閾値**とする X の**超過分布**という．また，$E[X]$ が有限であるとき，閾値を変数とし，超過分布の平均を値としてとる関数

$$e(u) := E[X - u | X > u] = \frac{E[\max(X - u, 0)]}{1 - F(u)} \qquad (10.16)$$

を X の**平均超過関数**という．

特に $u \geqq 0$ のときは，

$$e(u) = \frac{1}{1 - F(u)} \int_u^\infty (1 - F(x)) dx \qquad (10.17)$$

と計算される．また，定義どおり計算していけばわかるとおり，

$$e(\mathrm{VaR}_\alpha[X]) = \frac{1}{1 - \alpha} \mathrm{ES}_\alpha[X] = \mathrm{TVaR}_\alpha[X] - \mathrm{VaR}_\alpha[X] \qquad (10.18)$$

である．

　閾値超過モデルの場合には，指定した閾値を超えた観測値がすべて使えるので，ブロック最大値モデルを利用するよりも多くのデータが使える場合が多いという長所がある．しかし，それにしても，めったに起こらない巨大な実現値の分布を調べるための閾値であるから，その値を超えるデータがあまり多くないことに違いはない．したがって，ここで問題となるのも，データの少なさである．

　では，最大順序統計量の場合の一般化極値分布のように，多くの超過分布が共通して従う近似分布などあるだろうか．実は，一般化極値分布の最大値吸引域に属する分布の超過分布はすべて，閾値が大きくなると一般化パレート分布という分布に近似できる．この事実から，ブロック最大値モデルの場合と同様，たとえば最尤法を使えば，比較的少ないデータでも，分布の推定が可能となる．

> **定義 10.6** (一般化パレート分布) $\beta > 0$ のとき，分布関数が
>
> $$G_{\xi,\beta}(x) := 1 - \left(1 + \frac{\xi x}{\beta}\right)^{-\frac{1}{\xi}} \qquad \left(1 + \frac{\xi x}{\beta} \geqq 0, \quad x \geqq 0\right)$$
>
> $$(10.19)$$
>
> である分布のことを**一般化パレート分布**ないし **GPD**(Generalized Pareto Distribution) $G_{\xi,\beta}$ という．ただし，
>
> $$G_{0,\beta}(x) := \lim_{\xi \to 0} G_{\xi,\beta}(x) = 1 - e^{-\frac{x}{\beta}} \qquad (x \geqq 0) \qquad (10.20)$$
>
> である．

ξ, β はそれぞれ**形状パラメータ**と**尺度パラメータ**である．超過分布の意味からして，とりうる値は必ず 0 以上の範囲であるから，位置パラメータをもたないのは当然であろう．

この分布は，見てのとおり，$\xi > 0$ のときはパレート分布を左に平行移動しただけのものであり，$\xi = 0$ のときは指数分布である．また，$\xi < 0$ のときは，

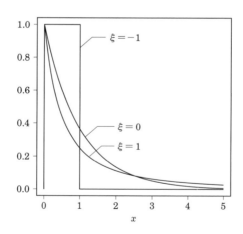

図 **10.2**　一般化パレート分布の密度関数 ($\beta = 1$) のグラフ

とりうる値の範囲が $0 \leqq x < -\dfrac{\beta}{\xi}$ の分布である．このように，ξ の符号により，分布の形は大いに異なる．ただし，

$$\int_{1+\frac{\xi x}{\beta} \geqq 0,\, x \geqq 0} (1 - G_{\xi,\beta}(x))dx = \int_{1+\frac{\xi x}{\beta} \geqq 0,\, x \geqq 0} \left(1 + \frac{\xi x}{\beta}\right)^{-\frac{1}{\xi}} dx$$

を計算してみればわかるように，$\xi < 1$ であれば，ξ の符号によらず，

$$G_{\xi,\beta}\text{の平均} = \frac{\beta}{1-\xi} \tag{10.21}$$

である点は共通している．$\xi \geqq 1$ の場合は，平均は無限大に発散する．

また，ξ によらず，とりうる値の範囲に対する密度関数は

$$g_{\xi,\beta}(x) := \frac{d}{dx} G_{\xi,\beta}(x) = \frac{1}{\beta} \left(1 + \frac{\xi x}{\beta}\right)^{-\frac{1}{\xi}-1} \tag{10.22}$$

と書ける．ただし，もちろん，

$$g_{0,\beta}(x) := \frac{d}{dx} G_{0,\beta}(x) = \lim_{\xi \to 0} g_{\xi,\beta}(x) = \frac{1}{\beta} e^{-x/\beta} \tag{10.23}$$

である．

u が一般化パレート分布 $G_{\xi,\beta}$ のとりうる値の範囲に属するとき，$G_{\xi,\beta}$ に対する閾値 u の超過分布の分布関数は，

$$\frac{F(x+u) - F(u)}{1 - F(u)} = \frac{\left(1 + \dfrac{\xi u}{\beta}\right)^{-\frac{1}{\xi}} - \left(1 + \dfrac{\xi(x+u)}{\beta}\right)^{-\frac{1}{\xi}}}{\left(1 + \dfrac{\xi u}{\beta}\right)^{-\frac{1}{\xi}}}$$

$$= 1 - \left(1 + \frac{\xi x}{\beta + \xi u}\right)^{-\frac{1}{\xi}} = G_{\xi,\beta+\xi u}(x)$$

となる．すなわち，次の命題が成り立つ．

命題 **10.7** (一般化パレート分布の超過分布)　u が一般化パレート分布 $G_{\xi,\beta}$ のとりうる値の範囲に属するとき，$G_{\xi,\beta}$ に対する閾値 u の超過分布

は, 一般化パレート分布 $G_{\xi,\beta+\xi u}$ である.

　これは大変便利な性質であるが, 一般化パレート分布が右裾の形状に関する一種の極限分布であることからすれば, 自然な性質である. また, そのことから, 形状パラメータが変わらない点も当然である.

　一般化パレート分布の超過分布がつねに一般化パレート分布であることから, ある分布について, ある閾値の超過分布が一般化パレート分布に近似できることがわかれば, その分布について, その閾値以上の値を閾値とする超過分布も一般化パレート分布に近似できるといえる. この事実に加えて特に重要なのは, 次の事実である.

命題 10.8 (**超過分布の近似**)　一般化極値分布の最大値吸引域に属する連続分布に対する閾値 u の超過分布の分布関数 $F_u(x)$ については, n が大きいときには

$$F_{d'_n}(x) \fallingdotseq G_{\xi,c'_n}(x) \qquad \left(1 + \frac{\xi x}{c'_n} \geqq 0, \quad x \geqq 0\right)$$

が成り立つ. ただし, ξ は対応する一般化極値分布の形状パラメータであり, c'_n, d'_n はともに, 最大順序統計量を標準一般化極値分布 H_ξ に近似するために例題 10.4 (220 ページ) で (それぞれの型に応じて) 使用したものと同一である.

　以上から, 形状パラメータ ξ の一般化極値分布の最大値吸引域に属する連続分布は, 適当に大きな閾値 u をとれば, その超過分布は形状パラメータが ξ の一般化パレート分布に近似できるといえる.

　この近似を保証するために鍵となるのは,

$$\lim_{n\to\infty} F(c'_n x + d'_n)^n = H_\xi(x)$$

となるとき, 適当な範囲の x について,

$$F_{d'_n}(x) \fallingdotseq G_{\xi, c'_n}(x)$$

が成り立つという点である. なぜこのようなことが成り立つのかを簡単に説明しておこう.

まず,

$$\lim_{n \to \infty} F(c'_n x + d'_n)^n = H_\xi(x)$$

が意味するのは, n が大きいときに,

$$F(c'_n x + d'_n)^n \fallingdotseq H_\xi(x)$$

となるということである. 例題 10.4 (220 ページ) の解からわかるとおり,

$$c'_n > 0, \qquad d'_n = \mathrm{VaR}_{\frac{n-1}{n}}$$

であるから, $x \geqq 0$ について,

$$1 - F(c'_n x + d'_n) \leqq 1 - F(d'_n) = \frac{1}{n}$$

であり, n は大きいとしていることから, $h := 1 - F(c'_n x + d'_n)$ は小さいとみなしてよい. このことに注意して先の近似式の両辺の対数をとるならば, 一般に h が小さいときに $-\log(1-h) \fallingdotseq h$ であることから, $x \geqq 0$ について,

$$n(1 - F(c'_n x + d'_n)) \fallingdotseq -\log H_\xi(x) = \begin{cases} (1 + \xi x)^{-\frac{1}{\xi}} & (\xi \neq 0) \\ e^{-x} & (\xi = 0) \end{cases}$$

という近似式が得られる. したがって, $x \geqq 0$ について,

$$\begin{aligned} F_{d'_n}(x) &= F_{d'_n}(c'_n y) \qquad (y := \frac{x}{c'_n}) \\ &= \frac{F(c'_n y + d'_n) - F(d'_n)}{1 - F(d'_n)} \\ &= 1 - n(1 - F(c'_n y + d'_n)) \qquad \left(F(d'_n) = \frac{n-1}{n} \right) \\ &\fallingdotseq \begin{cases} 1 - (1 + \xi y)^{-\frac{1}{\xi}} & (\xi \neq 0) \\ 1 - e^{-y} & (\xi = 0) \end{cases} \end{aligned}$$

$$
= \begin{cases}
1 - \left(1 + \dfrac{\xi x}{c_n'}\right)^{-\frac{1}{\xi}} & (\xi \neq 0) \\
1 - e^{-x/c_n'} & (\xi = 0)
\end{cases}
$$

$$
= G_{\xi, c_n'}(x)
$$

となるという次第である.

　本書では閾値超過モデルを使った統計的手法の詳細までは立ち入ることはできない. その代わりに, このモデルの理解の土台が得られるように, 一般化パレート分布の取り扱いに慣れるべく, いくつかの基本的な計算例を演習問題とする.

演習問題

10.1
　指数分布 $\mathrm{Ex}(\beta)$ について, 最大順序統計量 $X_{(n)}$ の近似分布の分布関数を求めよ.

10.2
　一般化パレート分布 $G_{\xi,\beta}$ の平均超過関数 $e(u)$ を求めよ.

10.3
　X が一般化パレート分布 $G_{\xi,\beta}$ に従うとき, $\mathrm{VaR}_\alpha[X]$ を求めよ.

10.4
　X が一般化パレート分布 $G_{\xi,\beta}$ に従うとき, $q_\alpha := \mathrm{VaR}_\alpha[X]$ として, $\mathrm{TVaR}_\alpha[X], \mathrm{ES}_\alpha[X]$ をそれぞれ q_α を用いて書き表せ.

10.5
　X が従う連続分布 (分布関数を $F(x)$ とする) は, ある定数 u について, u を閾値とする超過分布が一般化パレート分布 $G_{\xi,\beta}$ で近似できるとする. このとき, $\alpha > F(u)$ について, $q_\alpha := \mathrm{VaR}_\alpha[X]$ として, $\mathrm{TVaR}_\alpha[X], \mathrm{ES}_\alpha[X]$ を

それぞれ q_α を用いて書き表せ.

第 11 章
コピュラ

　さまざまなリスクを同時に扱う際には，個々のリスクの確率的ふるまいを的確に捉えるだけでなく，リスクどうしの従属性を捉えることがきわめて重要である．個々のリスクの確率的ふるまいはそれぞれの分布関数によって十全に表現することができる．これに対し，リスクどうしの従属性を十全に表現する道具立てがコピュラである．

　コピュラは多数のリスクを同時に捉えることのできる道具立てであるが，多次元の場合について一般的に扱うと一々の表現が煩雑になってかえって本質が見えにくくなりかねないので，本書では二つのリスクの間のコピュラのみを扱う．そして，先取りしていえば，二つの連続型確率変数 X, Y に対するコピュラは，二つの確率変数 $F_X(X), F_Y(Y)$ が従う同時分布関数のことにほかならない．本章では，この同時分布関数のさまざまな特性について詳しく紹介する．

　コピュラはある種の同時分布関数であるが，その種類は無数にある．そして一般的にいえば，少数のごく単純なものを除くと，その関数を表す式 (初等関数では表せない場合も多い) を眺めたところで，(従属性に関するすべての情報が詰まっているだけに，逆に) 1 個の特性値から得られるような何か単純な特性が見てとれるわけではない．したがって，コピュラ自体は従属性を表す指標そのものではない．そこで，もっと単純に従属性を表す指標である順位相関係数や裾従属係数も本章では紹介する．実のところ，コピュラ自体の典型的な利用方法は，関心のあるリスクどうしの従属性の特性を知るために，コピュラを使ったシミュレーションを行うことである．その際，(何らかの理屈で決め

た) 特定の種類のコピュラに (何らかの統計的推測などによって決めた) 特定
のパラメータを当てはめた具体的なコピュラを用いてシミュレーションを行う
のがふつうである．コピュラのシミュレーションについては，11.3 節で詳し
く解説する．

　ところで，実用上のたいていの場合には，コピュラによって従属性を捉えよ
うとする複数のリスクの一つひとつは，連続型の確率変数としてモデル化され
ている．そこで，本章で扱うリスクは，特に断らない限りすべて連続型とす
る．実のところ，離散型の場合まで含めて定式化しようとすると (不必要に)
煩雑になってしまう．もしも，あえて離散型のリスクに対してコピュラを扱わ
なければならない場合があったとしたら，そのときは，以下で述べる便利な性
質のうちのいくつかは成り立たないので注意されたい．

　また，連続型のリスクのうちでも，コピュラで捉えようとするものはふつ
う，とりうる値の上限と下限の間で密度関数がつねに正であるものである．そ
して，そのようなリスクに限定するといろいろな性質を記述したり証明したり
する際の煩雑さがだいぶ減る．そこで，以下では，とりうる値の上限と下限の
間で密度関数がつねに正であるような連続型分布を**典型的な連続型分布**とよ
び，いろいろな命題の証明等においては，適宜，対象とするリスクが典型的な
連続型分布に従う場合 (文脈が許せば，単に「典型的な場合」という) のみを

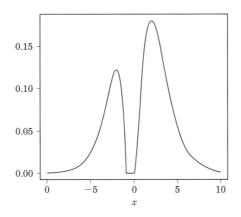

図 11.1　「典型的」でない連続型分布のイメージ図

扱う. ただし, 以下で見るコピュラに関する便利な性質は, 典型的な連続型分布に限定しなくても連続型分布であればほとんどすべて成立する.

11.1 $F_X(X)$ の性質

上で先取りして述べたように, 二つの連続型確率変数 X, Y に対するコピュラは, 二つの確率変数 $F_X(X), F_Y(Y)$ が従う同時分布関数である. そのため, コピュラを深く理解するには, 分布関数の変数に当の確率変数を代入して作られる確率変数についてよく理解しておくとよい. その理解のために必要な概念等を最初にいくつか導入しておこう.

定義 11.1 (F_X の定義域) 連続型の場合の分布関数 F_X の定義域は, X のとりうる値の範囲[1] であるものとする.

このような取り扱いは必ずしも一般的ではないが, 本章では大変便宜である. こうしておくと, X が典型的な連続型確率分布に従うとき, その分布関数 F_X は単調増加連続関数となり, 逆関数の取り扱いが簡単になり, 直感的な理解もしやすくなる.

定義 11.2 (逆分布関数) X が連続型の確率変数であるとき, $0 \leqq u \leqq 1$ について[2]

$$F_X^{-1}(u) := \min\{x \mid F_X(x) \geqq u\} \qquad (11.1)$$

で定義される関数 $F_X^{-1} : [0, 1] \to [-\infty, \infty]$ を X の**逆分布関数**という.

---

[1] X を確率変数とするとき, 任意の (いくらでも小さい) 正数 ε について

$$P(|X - x| < \varepsilon) > 0$$

となる x の集合を, X の**とりうる値の範囲**という. とりうる値の範囲に上限や下限がない場合には, 便宜上, それぞれ $\infty, -\infty$ がとりうる値の範囲に含まれるものとする.

典型的な場合には，逆分布関数は実際に分布関数 F_X の逆関数である[3]．こうした関数を表すのに，逆関数を意味する「-1」という上付き添え字をつけてしまうのは誤解を招くおそれもあるため，特別な記号を用意する流儀もある．しかし，広く用いられている統一された表記法はないため，直感的な理解を助けることを重んじて本書では上記のような表記法を採用する．特に，($F_X^{-1}(F_X(x)) = x$ は成り立つとは限らないにもかかわらず) X が連続型なら

$$F_X^{-1}(F_X(X)) = X \quad \text{(a.s.)}$$

が成り立つので，この表記法は (本章の文脈では) かなり自然なものである．ここで a.s. は almost surely の略であり，2 章では何度も用いていたものである．ただし，本章では a.s. といちいち書くのも煩雑であるので，以下では，二つの確率変数 X, Y の間に $P(X = Y) = 1$ という関係があるとき，単純に $X = Y$ と表記することにする．同様に，二つの 2 次元確率変数ベクトル $(X, Y), (X', Y')$ の間に

$$P((X, Y) = (X', Y')) = 1$$

という関係があるとき，単純に $(X, Y) = (X', Y')$ と表記する．また，X, Y が同一の分布に従うとき，$X \sim Y$ と書き，$(X, Y), (X', Y')$ が同一の同時分

---

[2] 本章では，分布関数の定義域を定義 11.1 のとおりとしているのでこの範囲でよいが，よく見られる定義では逆分布関数の定義域を $0 < u < 1$ としている．また，そうすれば，連続型以外についても定義可能である．

[3] 一般の連続型の確率変数の場合には，F_X^{-1} は単調増加関数であるが，F_X は (単調非減少であるが) 単調増加関数であるとは限らないので，

$$F_X(F_X^{-1}(u)) = u$$

はつねに成り立つが，

$$F_X^{-1}(F_X(x)) = x$$

は成り立つとは限らない (つまり「右逆関数」だが「左逆関数」とは限らない)．

一般の連続型の場合にも逆分布関数が分布関数の逆関数となるようにするためには，実は，分布関数 F_X の定義域を，任意の正数 ε について $P(x < X < x+\varepsilon) > 0$ となる x の集合とすればよく，以下のいろいろな命題の証明で典型的な場合以外を省略した部分も，ほとんどこの措置だけで補うことができる．

布に従うとき，$(X,Y) \sim (X',Y')$ と書く.

命題 11.3 U を標準一様分布 $\mathrm{U}(0,1)$ に従う確率変数とすると，(連続型に限らず) 任意の確率変数 X について，

$$X \sim F_X^{-1}(U) \tag{11.2}$$

である.

証明 分布関数を考えれば，

$$F_{F_X^{-1}(U)}(x) = P\left(F_X^{-1}(U) \leqq x\right)$$
$$= P\left(F_X(F_X^{-1}(U)) \leqq F_X(x)\right) \quad (\because F_X \text{は単調非減少})$$
$$= P\left(U \leqq F_X(x)\right) = F_X(x) \quad (\because F_X^{-1} \text{は } F_X \text{ の右逆関数})$$

となって両者が等しいことが示せる. □

実用上は分布のシミュレーションが大事であるが，この命題から，逆分布関数がわかっている場合に用いられる**逆関数法**が導かれる．得たい分布の逆分布関数が F_X^{-1} だとすれば，逆関数法では，計算機が発生させる標準一様分布の疑似乱数 U (これは標準装備されているとする) をもとに，$X := F_X^{-1}(U)$ とする．そうすれば，X は所期の分布に従う疑似乱数となる．コピュラのシミュレーションは 11.3 節で解説する.

従属性が最も強いことを表すのに「共単調」という概念がある．直感的にいえば，X のとりうる値の範囲において単調増加な関数 g によって $Y = g(X)$ が成り立つときの X と Y の間の関係のことである．連続型の確率変数に限れば，実際にこれを共単調性の必要十分条件と考えてよい．一般にも，これは共単調であるための十分条件である (すぐあとで確かめる).

連続型の場合以外にも通用する共単調性の定義 (ないし必要十分条件) は，たとえば，次のとおりである.

> **定義 11.4**　二つの確率変数 X, Y について，標準一様分布 $U(0,1)$ に従う任意の U に対して，
>
> $$(X, Y) \sim (F_X^{-1}(U), F_Y^{-1}(U))$$
>
> が成り立つとき，X は Y と**共単調**であるという（「X は Y と…」という代わりに，文脈に応じて「X と Y は…」「X, Y は…」「(X, Y) は…」等々ともいう）．

単調増加関数 g によって $Y = g(X)$ が成り立つならば X が Y と共単調であることは，次の式変形で確かめられる．

$(F_X^{-1}(U), F_Y^{-1}(U))$ の同時分布関数 $F_{F_X^{-1}(U), F_Y^{-1}(U)}(x, y)$

$$= P\left(F_X^{-1}(U) \leqq x, F_Y^{-1}(U) \leqq y\right)$$

$$= P\left(U \leqq F_X(x), U \leqq F_Y(y)\right)$$

（∵ 分布関数は単調非減少．逆分布関数は分布関数の右逆関数．）

$$= P\left(U \leqq \min(F_X(x), F_Y(y))\right) = \min(F_X(x), F_Y(y))$$

$$= \min(P(X \leqq x), P(Y \leqq y)) = \min(P(X \leqq x), P(g(X) \leqq y))$$

$$= \min(P(X \leqq x), P(X \leqq g^{-1}(y)))$$

$$= P\left(X \leqq x, X \leqq g^{-1}(y)\right)$$

$$= P\left(X \leqq x, Y \leqq y\right)$$

$$= (X, Y) \text{ の同時分布関数 } F_{X,Y}(x, y)$$

ここまでで $F_X(X)$ の諸性質を捉えるための準備は整ったので，ここからは具体的な性質を見ていこう．

命題 11.5 X が連続型の確率変数であるとき，$F_X(X)$ について以下が成り立つ．

   (1) $F_X(X)$ と X は共単調である．

   (2) $F_X^{-1}(F_X(X)) = X$ である．

   (3) $F_X(X)$ は標準一様分布 U$(0,1)$ に従う．

証明 (1), (2) の証明は，典型的な場合のみ扱う．

(1)　典型的な場合には，関数 F_X は，X のとりうる値の範囲において単調増加関数であり，したがって，$F_X(X)$ は X と共単調である．

(2)　典型的な場合には，F_X^{-1} は F_X の逆関数であり，$F_X^{-1}(F_X(X)) = X$ が成り立つ．

(3)　$0 \leqq u \leqq 1$ について，

$$P\left(F_X(X) \leqq u\right) = P\left(F_X^{-1}(F_X(X)) \leqq F_X^{-1}(u)\right)$$
$$= P\left(X \leqq F_X^{-1}(u)\right) \quad (\because (2))$$
$$= F_X(F_X^{-1}(u)) = u$$

であり，これは $F_X(X)$ の分布関数が標準一様分布 U$(0,1)$ の分布関数となっているということにほかならない．　　　　　　　　□

命題 11.6 連続型の確率変数 X が Y と共単調であるとき，$F_X(X) = F_Y(Y)$ である．

証明 $F_X(X), F_Y(Y)$ がともに標準一様分布 U$(0,1)$ に従い，その逆分布関数は区間 $[0,1]$ 上の恒等関数であることに注意すると，標準一様分布に従う U について，

$$(F_X(X), F_Y(Y)) \sim (F_{F_X(X)}^{-1}(U), F_{F_Y(Y)}^{-1}(U)) = (U, U)$$

である. (U, U) は同一の確率変数を (形式上) 二つ並べて作った確率変数ベクトルであるから, $(F_X(X), F_Y(Y))$ がそれと同じ同時分布に従うということは, $F_X(X) = F_Y(Y)$ だということである. □

この命題から, 連続型の確率変数 X が Y と共単調であるときはいつでも $Y = F_Y^{-1}(F_X(X))$ が成り立つことがわかる. そして, その場合, 関数 F_Y^{-1}, F_X はともに単調増加であるから, それらを合成した関数 $g := F_Y^{-1} \circ F_X$ も単調増加である. したがって, (すでに見た十分条件性と合わせると) 次の命題が成り立つ.

命題 11.7 連続型の確率変数 X, Y について, $Y = g(X)$ が成り立つ単調増加関数 g が存在することは, X が Y と共単調であるための必要十分条件である.

このことから, 連続型の確率変数どうしの関係に限った場合, 共単調は同値関係であることも帰結する. すなわち, 任意の連続型確率変数 X, Y, Z について以下が成り立つ.

- X はそれ自身と共単調である. (∵ 恒等関数は単調増加関数である.)
- X が Y と共単調ならば Y は X と共単調である. (∵ 単調増加関数には逆関数が存在する. あるいは, 共単調の定義における対称性から自明.)
- X が Y と共単調であり, Y が Z と共単調ならば, X は Z と共単調である. (∵ 単調増加関数どうしの合成関数は単調増加関数である.)

11.2 コピュラの例

周辺分布がともに標準一様分布である 2 次元同時分布関数 $C(u, v)$ のことを (2 次元) **コピュラ**という. 多くの文献では, (天下りに与えられる) ある一

定の性質を満たす 2 変数関数として (2 次元) コピュラを定義する[4]．しかし，そのように定義すると，コピュラが「周辺分布がともに標準一様分布である 2 次元同時分布関数」であるという事実は証明が必要なことがらになってしまう．そして，その事実からなら (すぐあとで見るように) 簡単に見てとれる

$$F_{X,Y}(x,y) = C(F_X(x), F_Y(y))$$

という事実も，多くの文献では**スクラーの定理**という立派な「定理」(の一部) として表現される．しかし，本書では，(連続型のリスクしか扱わないことも手伝って) コピュラの導入は実に簡単であることに注意されたい．

コピュラは，実用上は，リスクどうしの従属性を表すのに用いる．

定義 11.8 ((2 次元) コピュラ)　リスクを表す二つの連続型の確率変数 X, Y について，$F_X(X)$ と $F_Y(Y)$ が従う同時分布関数 $C(u,v)$ (ただし，定義域は $0 \leq u, v \leq 1$ とする) のことを，X, Y に対する**コピュラ**[5] という．

この定義から，その具体的な関数 $C(u,v)$ は，

$$C(u,v) = P\left(F_X(X) \leq u, F_Y(Y) \leq v\right)$$
$$= P\left(X \leq F_X^{-1}(u), Y \leq F_Y^{-1}(v)\right)$$
$$= F_{X,Y}(F_X^{-1}(u), F_Y^{-1}(v)) \tag{11.3}$$

と表現することができる．それゆえ，同時分布関数が与えられれば (二つの周

---

[4] たとえば以下のように定義する．関数 $C: [0,1] \times [0,1] \to [0,1]$ が次の性質をすべて満たすとき C を (2 次元) コピュラという．

- 任意の $0 \leq u, v \leq 1$ について $C(u,0) = C(0,v) = 0$.
- 任意の $0 \leq u, v \leq 1$ について $C(u,1) = u, C(1,v) = v$.
- 任意の $0 \leq u_1 \leq u_2 \leq 1 ; 0 \leq v_1 \leq v_2 \leq 1$ について

$$C(u_2, v_2) - C(u_1, v_2) - C(u_2, v_1) + C(u_1, v_1) \geq 0.$$

[5] 「X, Y に対するコピュラ」という代わりに，文脈に応じて「X と $Y \cdots$」「$(X,Y)\cdots$」「$\cdots$のコピュラ」等々ともいう．

辺分布の逆分布関数も一意的に決まるので) コピュラも一意的に決定される[6].

逆に，X, Y に対するコピュラ $C(u, v)$ と，周辺分布 $F_X(x), F_Y(y)$ が与えられているならば，X と Y の同時分布関数 $F_{X,Y}(x, y)$ は，

$$F_{X,Y}(x, y) = P(X \leqq x, Y \leqq y)$$
$$= P(F_X(X) \leqq F_X(x), F_Y(Y) \leqq F_Y(y))$$
$$= C(F_X(x), F_Y(y)) \tag{11.4}$$

と表現することができる[7]．したがって，同時分布関数の情報は，二つの周辺分布関数とコピュラとに分解されて漏れなく盛り込まれているといえる．また，コピュラは周辺分布関数の情報を一切含んでいないのだから，リスクどうしの従属性に関する情報だけを抽出したものだといえる．

以下，コピュラの具体例をいろいろと見ていこう．まずは，従属性が極端な場合 (正の向きの従属性が最大の場合，負の向きの従属性が最大の場合，従属性がない場合) のコピュラを挙げておく．

定義 11.9 (共単調コピュラ)　正の向きの従属性が最大の場合のコピュラ，すなわち，互いに共単調である X と Y に対するコピュラを**共単調コピュラ**といい，$C^+(u, v)$ と書く．

共単調性から $F_X(X) = F_Y(Y)$ であることに注意し，また，$F_X(X) \sim U(0, 1)$ であることに注意すれば，

$$C^+(u, v) = P(F_X(X) \leqq u, F_Y(Y) \leqq v)$$
$$= P(F_X(X) \leqq \min(u, v))$$
$$= \min(u, v) \tag{11.5}$$

---

[6] 連続型以外のリスクに対してあえてコピュラを考えると，その場合には一意的には決定されない．

[7] これは連続型以外のリスクに対しても成り立つ．

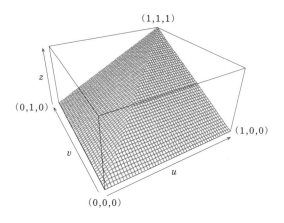

図 **11.2** 共単調コピュラ

であることがわかる.

定義 11.10 (反単調と反単調コピュラ) X と $-Y$ とが共単調であるとき, X と Y とは互いに**反単調**であるという. すなわち, 反単調は, 負の向きの従属性が最大であることを表すものである. 互いに反単調である X と Y に対するコピュラを**反単調コピュラ**といい, $C^-(u,v)$ と書く.

ここで,

$$F_Y(y) = P(Y \leqq y) = P(-Y \geqq -y)$$

$$= P(-Y > -y)$$

$$(\because Y \text{ は連続型と想定しているので } P(-Y = -y) = 0)$$

$$= 1 - F_{-Y}(-y)$$

であることと,

$$F_X(X) = F_{-Y}(-Y) \sim \mathrm{U}(0,1)$$

であることに注意すれば,

$$C^-(u,v) = P\left(F_X(X) \leqq u, F_Y(Y) \leqq v\right)$$

$$= P\left(F_X(X) \leqq u, F_{-Y}(-Y) \geqq 1 - v\right)$$

$$= P\left(1 - v \leqq F_X(X) \leqq u\right)$$

$$= \max(u + v - 1, 0) \tag{11.6}$$

であることがわかる.

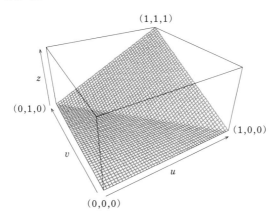

図 **11.3**　反単調コピュラ

定義 11.11 (積コピュラ)　互いに独立である X と Y に対するコピュラ
を**積コピュラ**といい，$C^\perp(u,v)$ と書く.

X と Y の独立性から $F_X(X)$ と $F_Y(Y)$ も互いに独立であり，また，$F_X(X) \sim F_Y(Y) \sim \mathrm{U}(0,1)$ であることに注意すれば，

$$C^\perp(u,v) = P\left(F_X(X) \leqq u, F_Y(Y) \leqq v\right)$$

$$= P\left(F_X(X) \leqq u\right) P\left(F_Y(Y) \leqq v\right)$$

$$= uv \tag{11.7}$$

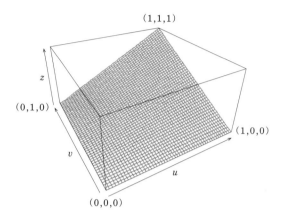

図 11.4 積コピュラ

であることがわかる．こうして積の形で関数が書けるので「積コピュラ」とよ
ばれる．

例題 11.1 X は標準一様分布 $\mathrm{U}(0,1)$ に従い，ある $0 < p < 1$ について，

$$Y := \begin{cases} \dfrac{p - X}{p} =: g(X) & (0 \leqq X \leqq p) \\[2mm] \dfrac{X - p}{1 - p} =: h(X) & (p < X \leqq 1) \end{cases}$$

であるとき，X と Y に対するコピュラ $C(u,v)$ を求めよ．

解 X, Y の周辺分布はともに (すでに) 標準一様分布 $\mathrm{U}(0,1)$ であるから，
コピュラ $C(u,v)$ は X, Y の同時分布関数そのものである．したがって，

$$\begin{aligned} C(u,v) &= F_{X,Y}(u,v) = P(X \leqq u, Y \leqq v) \\ &= P\left(X \leqq u,\, g^{-1}(v) \leqq X \leqq h^{-1}(v)\right) \\ &= P\left(X \leqq u,\, p - pv \leqq X \leqq (1-p)v + p\right) \\ &= P\left(p - pv \leqq X \leqq \min(u, (1-p)v + p)\right) \\ &= \max\left(\min\left(u, (1-p)v + p\right) - p + pv,\, 0\right) \end{aligned}$$

$$= \max\left(\min\left(u - p + pv, v\right), 0\right)$$

である.   □

例題 11.2 X と Y に対するコピュラを $C(u,v)$ とする. X と Z が共単調であり, Y と W が共単調であるとき, Z と W に対するコピュラを $C(u,v)$ を用いて表せ.

解 共単調性より

$$F_Z(Z) = F_X(X), \qquad F_W(W) = F_Y(Y)$$

であるので,

$$\text{求めるコピュラ} = F_Z(Z) \text{ と } F_W(W) \text{ の同時分布関数}$$
$$= F_X(X) \text{ と } F_Y(Y) \text{ の同時分布関数}$$
$$= C(u,v)$$

である.   □

　この結果から, コピュラを求めるときは, もとの二つの確率変数の代わりに, それぞれに共単調であって扱いやすい二つの確率変数があれば, それをもとに求めればよい.

> **定義 11.12** (正規コピュラ) 相関係数が ρ である 2 次元正規分布 $\mathrm{N}(\mu_1, \mu_2; \sigma_1^2, \sigma_2^2; \rho)$ に従う X と Y に対するコピュラを, パラメータが ρ の**正規コピュラ**ないし**ガウス型コピュラ**といい, $C^{\Phi_\rho}(u,v)$ と書く.

X, Y はそれぞれ $\dfrac{X - \mu_1}{\sigma_1}, \dfrac{Y - \mu_2}{\sigma_2}$ と共単調であるから, $C^{\Phi_\rho}(u,v)$ は 2 次元標準正規分布 $\mathrm{N}(0,0;1,1;\rho)$ のコピュラである. したがって, 2 次元標準正規分布 $\mathrm{N}(0,0;1,1;\rho)$ の同時分布関数を $\Phi_\rho(x,y)$ と書けば,

$$C^{\Phi_\rho}(u,v) = \Phi_\rho(\Phi^{-1}(u), \Phi^{-1}(v)) \tag{11.8}$$

である[8]。

多次元正規分布は，楕円型分布の一種である．正規コピュラはもちろんだが，ほかの楕円型分布に対するコピュラも一般に**楕円コピュラ**とよばれ，実用上重要である．そこで，ここで簡単に 2 次元楕円型分布についてまとめておく．

$\sigma_1, \sigma_2 > 0$ とし，$-1 < \rho < 1$ とするとき，xy 平面上で，

$$\frac{1}{1-\rho^2} \begin{pmatrix} \dfrac{x-\mu_1}{\sigma_1} & \dfrac{y-\mu_2}{\sigma_2} \end{pmatrix} \begin{pmatrix} 1 & -\rho \\ -\rho & 1 \end{pmatrix} \begin{pmatrix} \dfrac{x-\mu_1}{\sigma_1} \\ \dfrac{y-\mu_2}{\sigma_2} \end{pmatrix}$$

$$= \frac{1}{1-\rho^2} \left(\frac{(x-\mu_1)^2}{\sigma_1^2} - \frac{2\rho(x-\mu_1)(y-\mu_2)}{\sigma_1\sigma_2} + \frac{(y-\mu_2)^2}{\sigma_2^2} \right)$$

が定数となる点の集合は，楕円である．これに関連づけて，楕円型分布が次のように定義される．

定義 11.13 (**楕円型分布**) $-1 < \rho < 1$ とするとき，同時密度関数 $f_{X,Y}(x,y)$ がある関数 g によって，

$$f_{X,Y}(x,y)$$
$$= g\left(\frac{1}{1-\rho^2} \left(\frac{(x-\mu_1)^2}{\sigma_1^2} - \frac{2\rho(x-\mu_1)(y-\mu_2)}{\sigma_1\sigma_2} + \frac{(y-\mu_2)^2}{\sigma_2^2} \right) \right)$$

という形に書けるような X と Y の同時分布を (**2 次元**) **楕円型分布**という．

ここでは同時分布の従属性を考えており，周辺分布の位置パラメータや尺度パラメータは従属性には関係ない．そこで，それらを 0 と 1 に標準化したものを中心に扱う．

---

[8]正規コピュラのグラフを描いても，その特徴は見えてこない (一見したところ積コピュラと大した違いがない) ので省略する．特徴を見るためには，次節で見る散布図が有効である．

> **定義 11.14 (標準楕円分布)** $-1 < \rho < 1$ とするとき，同時密度関数 $f_{X,Y}(x,y)$ がある関数 g によって，
>
> $$f_{X,Y}(x,y) = g\left(\frac{1}{1-\rho^2}\left(x^2 - 2\rho xy + y^2\right)\right)$$
>
> という形に書けるような X と Y の同時分布を，パラメータが ρ の**標準楕円型分布**という.

　後に一連の諸命題の中で述べるように，定義に登場する ρ は楕円型分布の相関係数を表すパラメータである.

　関数 g が

$$g(t) \propto \exp\left(-\frac{1}{2}t\right)$$

であるときの標準楕円型分布は，相関係数 ρ の 2 次元標準正規分布 $\mathrm{N}(0,0;1,1;\rho)$ である.

　m が正の整数であり，

$$g(t) \propto \left(1 + \frac{t}{m}\right)^{-\frac{m+2}{2}}$$

であるときは，相関係数 ρ，自由度 m の 2 次元 (標準) t 分布 $t(\rho,m)$ である.

> **定義 11.15 (t コピュラ)** 相関係数 ρ，自由度 m の 2 次元 (標準) t 分布 $t(\rho,m)$ に従う X と Y に対するコピュラを，パラメータが ρ, m の **t コピュラ**という.

　2 次元 (標準) t 分布 $t(\rho,m)$ の同時分布関数を $T_{\rho,m}(x,y)$ とし，自由度 m の (1 次元) t 分布の分布関数を $T_m(x)$ とすれば，対応する t コピュラは，

$$C(u, v) = T_{\rho,m}(T_m^{-1}(u), T_m^{-1}(v))$$

と書ける.

定義 11.16 (球型分布)　標準楕円型分布のうち ρ が 0 のもの, すなわち, 同時密度関数が $g(x^2 + y^2)$ の形で書けるものを特に**球型分布**という.

　球型分布は, 楕円型分布の種々の特徴を捉えるときに大変重宝なので特別に注目するものである. 幾何学に詳しい人向けに要点を述べれば, 球型分布は, 非常に高い対称性から種々の計算が簡単であるので, 楕円型分布に関して何かを求める際には, 確率変数ベクトルを適当にアフィン変換 (標準楕円型分布の場合は線形変換でよい) して球型分布に従うようにしてから計算等を行い, その後逆変換するなり, アフィン変換で何が保存されるかを考慮しながら計算結果を適当に換算するなりして所期のものを求める, という手法が大変有効である.

　本書では証明は割愛するが, 幾何学的考察を行えば (あるいはほかの方法でも) 比較的簡単に以下の諸命題が得られる.

命題 11.17　同時密度関数が

$$f_{X,Y}(x,y) = g\left(\frac{1}{1-\rho^2}\left(\frac{(x-\mu_1)^2}{\sigma_1^2} - \frac{2\rho(x-\mu_1)(y-\mu_2)}{\sigma_1\sigma_2} + \frac{(y-\mu_2)^2}{\sigma_2^2}\right)\right)$$

である楕円型分布の相関係数は (存在するならば) ρ である (周辺分布に分散が存在しない場合には相関係数は存在しない).

命題 11.18　(X,Y) が相関係数 ρ の標準楕円型分布に従うとき,

$$P(X > 0, Y > 0) = \frac{1}{4} + \frac{\sin^{-1}\rho}{2\pi} \tag{11.9}$$

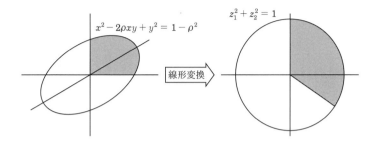

図 **11.5**　楕円型と球型との間の変換のイメージ図

である.

命題 11.19　(X, Y) と (X', Y') がともに相関係数 ρ の楕円型分布 (同一でなくてもよい) に従うとき, 任意の実数 a, b について, $(aX + bX', aY + bY')$ も相関係数 ρ の楕円型分布に従う. 特に, (X, Y) と (X', Y') がともに標準楕円型分布のときは, $(aX + bX', aY + bY')$ も標準楕円型分布に従う.

また, X が相関係数 ρ の楕円型分布 D に従うとき, $w > 0$ について, wX の従う分布を D_w と書くとすれば, D_w を w について混合した分布は, X と独立で正の値のみをとるある確率変数 W を用いて, $\dfrac{W}{E[W]} X$ が従う分布として表現することができる. 逆に, 次の命題における WX が従う分布は, 楕円型分布 D_w を混合したものを定数倍したものであるといえるため, 次の命題が成り立つ.

命題 11.20　X が相関係数 ρ の楕円型分布に従い, W が $P(W > 0) = 1$ であり X と独立な確率変数であるとき, WX は相関係数 ρ の楕円型分

布に従う.

たとえば, X が相関係数 ρ の 2 次元標準正規分布であり, W が X と独立で, ある正の整数 m について $\frac{m}{W^2}$ が自由度 m のカイ 2 乗分布に従うとき, WX は相関係数 ρ, 自由度 m の 2 次元 t 分布 $t(\rho, m)$ に従う.

これまでのところでも十分に示唆されるように, 楕円型分布は, 相関係数というわかりやすいパラメータをもっていると同時に, いろいろと取り扱いやすい性質をもっている. そのため, 複数のリスクの同時分布を表現するのに便利であり, その結果, 楕円型分布に対応する楕円コピュラもまた重宝されるのである.

楕円コピュラは便利だが, 一般にそれを陽な形で簡単に (たとえば初等関数のみで) 表現することはできない. それに対し, (この意味で) もっと簡単な形で表現することができるコピュラもいろいろと考えられている. その最も代表的なものは, アルキメデス型コピュラとよばれる一群のコピュラである.

定義 11.21 (アルキメデス型コピュラ) 関数 $\phi : [0, 1] \to [0, \infty]$ が連続な単調減少凸関数で $\phi(1) = 0$ を満たすとき,

$$C(u, v) := \phi^{[-1]}(\phi(u) + \phi(v)) \tag{11.10}$$

により定義される 2 変数関数を, **生成作用素を ϕ とする (2 次元) アルキメデス型コピュラ**という. ただし, $\phi^{[-1]}$ は,

$$\phi^{[-1]}(t) = \begin{cases} \phi^{-1}(t) & (0 \le t \le \phi(0)) \\ 0 & (\phi(0) < t \le \infty) \end{cases} \tag{11.11}$$

で定義される**擬似逆関数**である. 特に, $\phi(0) = \infty$ の場合は, 生成作用素は**完全**であるといい, $\phi^{[-1]}$ は通常の逆関数 ϕ^{-1} に置き換えることができる.

たとえば, $\phi(t) := 1 - t$ とすれば, 生成作用素は完全でないが,

$$C(u,v) = \max(u + v - 1, 0)$$

となるので，反単調コピュラである．$\phi(t) := -\log t$ とすれば，生成作用素は完全であり，

$$C(u,v) = uv$$

となるので，積コピュラである．

代表的なアルキメデス型コピュラとして，以下では，グンベル，クレイトン，フランクの三つを挙げておく．

定義 11.22 (グンベル・コピュラ) $\theta \geqq 1$ とするとき，生成作用素を

$$\phi(t) = (-\log t)^{\theta} \tag{11.12}$$

とするアルキメデス型コピュラのことを，パラメータ θ の**グンベル・コピュラ**といい，

$$C(u,v) = \exp\left(-\left((-\log u)^{\theta} + (-\log v)^{\theta}\right)^{\frac{1}{\theta}}\right) \tag{11.13}$$

と表される．

グンベル・コピュラは，$\theta = 1$ のときは (すぐ上で見たように) 積コピュラに一致し，$\theta \to \infty$ としたときの極限は，共単調コピュラに一致する．

実は，2 次元版の極値分布として，(1 次元の) グンベル分布に対応するものがあり，その分布関数は，$\theta \geqq 1$ をパラメータとして，

$$\exp\left(-(e^{-\theta x} + e^{-\theta y})^{\frac{1}{\theta}}\right) \tag{11.14}$$

という形で与えられる．この分布に対応するコピュラがグンベル・コピュラであり，裾の部分の振る舞いを捉えるのに好適と考えられる．

例題 11.3 分布関数

$$F_{X,Y}(x,y) = \exp\left(-(e^{-\theta x} + e^{-\theta y})^{\frac{1}{\theta}}\right)$$

に対応するコピュラがパラメータ θ のグンベル・コピュラであることを示せ.

解

$$F_X(x) = F_{X,Y}(x, \infty) = \exp\left(-e^{-x}\right),$$

$$F_Y(y) = F_{X,Y}(\infty, y) = \exp\left(-e^{-y}\right)$$

であるから,

$$e^{-F_X^{-1}(t)} = e^{-F_Y^{-1}(t)} = -\log t$$

である. よって,

$$\text{求めるコピュラ } C(u,v) = F_{X,Y}\left(F_X^{-1}(u), F_Y^{-1}(v)\right)$$

$$= \exp\left(-\left((-\log u)^\theta + (-\log v)^\theta\right)^{\frac{1}{\theta}}\right)$$

であるが, これはパラメータ θ のグンベル・コピュラにほかならない. □

(極限まで含めると) 共単調コピュラ, 反単調コピュラ, 積コピュラという三つの極端なコピュラを表現できるかなり簡単な形をしたコピュラとして, $\theta \geqq -1, \neq 0$ をパラメータとする

$$C(u,v) = \left(\max\left(u^{-\theta} + v^{-\theta} - 1, 0\right)\right)^{-\frac{1}{\theta}}$$

という形のものが考えられる.

定義 11.23 (クレイトン・コピュラ)　$\theta \geqq -1, \neq 0$ とするとき,

$$C(u,v) := \left(\max\left(u^{-\theta} + v^{-\theta} - 1, 0\right)\right)^{-\frac{1}{\theta}} \tag{11.15}$$

で定義されるコピュラを, パラメータ θ の**クレイトン・コピュラ**という. これは,

$$\phi(t) = \frac{1}{\theta}\left(t^{-\theta} - 1\right) \tag{11.16}$$

とするアルキメデス型コピュラである. $\theta > 0$ のときは, 生成作用素は完

全であり，また，

$$C(u,v) = \left(u^{-\theta} + v^{-\theta} - 1\right)^{-\frac{1}{\theta}} \tag{11.17}$$

と書ける．

このコピュラは，たしかに $\theta \to \infty$ で共単調コピュラ，$\theta = -1$ で（すでに上で見たように）反単調コピュラ，$\theta \to 0$ で積コピュラを表す．

楕円コピュラは，点対称な分布に対するコピュラであった．同様の性質をもつアルキメデス型コピュラを考えようとするのは自然であろう．実は，放射対称とよばれる性質をもつ唯一のアルキメデス型コピュラとして知られるのがフランク・コピュラである．

定義 11.24 (放射対称)　確率変数ベクトル (U, V) がコピュラ C を同時分布関数としてもつなら $(1-U, 1-V)$ の同時分布関数もまた C であるという性質をもつとき，そのコピュラ C は**放射対称**であるという．

定義 11.25 (フランク・コピュラ)　$\theta \neq 0$ とするとき，生成作用素を

$$\phi(t) = -\log \frac{e^{-\theta t} - 1}{e^{-\theta} - 1} \tag{11.18}$$

とするアルキメデス型コピュラのことを，パラメータ θ の**フランク・コピュラ**といい，

$$C(u,v) = -\frac{1}{\theta} \log \left(1 + \frac{(e^{-\theta u} - 1)(e^{-\theta v} - 1)}{e^{-\theta} - 1}\right) \tag{11.19}$$

と表される．

これが放射対称であることの確認はすぐあとの問題とした．このコピュラは（クレイトン・コピュラほど簡単な形ではないものの），共単調コピュラ，反単調コピュラ，積コピュラという三つの極端なコピュラを（極限としてではあるが）表現できる点でも重宝である．実際，θ を $\infty, -\infty, 0$ としたときの極限が，

それぞれ共単調コピュラ，反単調コピュラ，積コピュラである．

例題 11.4 フランク・コピュラが放射対称であることを示せ．

解 確率変数ベクトル (U, V) がパラメータ θ のフランク・コピュラ $C(u,v)$ を同時分布関数としてもつとする．すると，同時分布関数の形から (U, V) は連続型であり，よって，

$$F_{1-U,1-V}(u,v)$$
$$= P(1 - U \leqq u, 1 - V \leqq v)$$
$$= P(U \geqq 1 - u, V \geqq 1 - v) = P(U > 1 - u, V > 1 - v)$$
$$= 1 - P(U \leqq 1 - u)$$
$$\quad - P(V \leqq 1 - v) + P(U \leqq 1 - u, V \leqq 1 - v)$$
$$= 1 - (1 - u) - (1 - v) + F_{U,V}(u,v)$$
$$= u + v - 1 + C(1 - u, 1 - v)$$

である．したがって，放射対称であることを示すには，フランク・コピュラが任意の $0 \leqq u, v \leqq 1$ について

$$C(u,v) = u + v - 1 + C(1 - u, 1 - v)$$

を満たすことを示せばよい．

フランク・コピュラの形から，

$$u + v - 1 + C(1 - u, 1 - v)$$
$$= -\frac{1}{\theta} \log \left(e^{-\theta(u+v-1)} \right)$$
$$\quad - \frac{1}{\theta} \log \left(1 + \frac{(e^{-\theta(1-u)} - 1)(e^{-\theta(1-v)} - 1)}{e^{-\theta} - 1} \right)$$
$$= -\frac{1}{\theta}$$
$$\quad \times \log \left(e^{-\theta(u+v-1)} \left(1 + \frac{(e^{-\theta(1-u)} - 1)(e^{-\theta(1-v)} - 1)}{e^{-\theta} - 1} \right) \right)$$

$$= -\frac{1}{\theta}\log\left(\frac{e^{-\theta(u+v-1)}(e^{-\theta}-1)+e^{-\theta(u+v-1)}(e^{-\theta(1-u)}-1)(e^{-\theta(1-v)}-1)}{e^{-\theta}-1}\right)$$

$$= -\frac{1}{\theta}\log\left(\frac{e^{-\theta(u+v)}+e^{-\theta}-e^{-\theta u}-e^{-\theta v}}{e^{-\theta}-1}\right)$$

$$= -\frac{1}{\theta}\log\left(1+\frac{(e^{-\theta u}-1)(e^{-\theta v}-1)}{e^{-\theta}-1}\right)$$

$$= C(u,v)$$

となり，題意は示される． □

　放射対称においては，ある種の「反転」とでもよぶべきものを行ったコピュラを考えた．そしてその手の「反転」は，アルキメデス型コピュラから派生するコピュラを規定するのに役立つ．そうした派生のことを考える前に，関連する「生存コピュラ」というものを導入しておく．

> **定義 11.26** ((2 次元) 生存コピュラ)　リスクを表す二つの連続型の確率変数 X,Y について，$1-F_X(X)$ と $1-F_Y(Y)$ が従う同時分布関数 $\hat{C}(u,v)$ (ただし，定義域は $0 \leqq u,v \leqq 1$ とする) のことを，X,Y に対する**生存コピュラ**という．

　ここでは，名前の由来[9] がわかりやすいようにこのように定義したが，次のように定義しても同じものとなる．「リスクを表す二つの連続型の確率変数 X,Y について，$-X,-Y$ に対するコピュラのことを，X,Y に対する**生存コピュラ**という．」　この代替定義のほうが，生存コピュラもコピュラの一種であることは見てとりやすいであろう．
　さて，放射対称においては，確率変数ベクトル (U,V) がコピュラ C を同時分布関数としてもつときに，$(1-U,1-V)$ の同時分布関数もまた C であった．このとき，$(1-U,1-V)$ の同時分布関数は U,V に対する生存コピュラ

---

[9] $F(x)$ が分布関数のとき，$S(x):=1-F(x)$ のことを「生存関数」とよぶ場合があり，「生存」という言葉はその点に由来する．

にほかならないから，一般に，コピュラ C は，対応する生存コピュラ $\hat{C}$ が C と同一のとき，そしてそのときに限り放射対称である．

　フランク・コピュラは放射対称であったから，対応する生存コピュラを考えても別のコピュラとはならない．しかし，たとえばグンベル・コピュラやクレイトン・コピュラに対応する生存コピュラは，別のコピュラであり，実のところ，アルキメデス型コピュラでもない．このようにアルキメデス型コピュラに対応する生存コピュラを考えることにより，新たな種類のコピュラを考え出すことができる場合がある．

　同様に，コピュラ C を同時分布関数としてもつ確率変数ベクトル (U,V) に対して，$((1-U,1-V)$ でなく$)(U,1-V)$ や $(1-U,V)$ の同時分布関数を考えることによっても新たな種類のコピュラを考え出すことができる場合がある．特に，確率変数ベクトル (U,V) がアルキメデス型コピュラ C を同時分布関数としてもつとき，$(U,1-V)$ の同時分布関数を「90° 回転コピュラ」（たとえば C がグンベル・コピュラなら「90° 回転グンベル・コピュラ」），$(1-U,1-V)$ の同時分布関数 (すなわち生存コピュラ) を「180° 回転コピュラ」（同「180° 回転グンベル・コピュラ」），$(1-U,V)$ の同時分布関数を「270° 回転コピュラ」（同「270° 回転グンベル・コピュラ」）とよぶ場合がある．

　逆に，与えられたコピュラに対してこうした反転を行うとアルキメデス型コピュラとなることもある．たとえば，リスクを表す二つの連続型の確率変数 X,Y について，そのコピュラはアルキメデス型コピュラではないが，生存コピュラはアルキメデス型コピュラである，ということがある．

　いずれにせよ，生存コピュラは，周辺分布がいずれも標準一様分布であるような同時分布関数であって，その限り (同時生存関数などではなく) 正真正銘のコピュラであることに注意されたい．生存コピュラは，11.4 節で裾従属係数を扱うときに再登場する．

11.3　コピュラのシミュレーション

　実用上は，コピュラの疑似乱数を発生させることができることが大事である．そしてまた，その発生方法の原理を知ることを通して，コピュラ自体に対

する理解も深まるであろう.

　もちろん,実際に何らかの具体的な実務上の目的のためにコピュラの疑似乱数を発生させようという場合には,そのために都合のよいツールがあらかじめいろいろ揃っているのがふつうであろう.だが,当然ながら,あまりお膳立てができすぎていると,コピュラの意味もわからずに使用できてしまい,理解は深まらない.たとえば,以下で例として用いる R では,copula というパッケージを用いれば,本章で紹介する名前のついたコピュラはどれも何の苦労もなくシミュレーションができてしまう.たとえば $\theta = 4$ の (2 次元) グンベル・コピュラを 1000 個シミュレーションした散布図を書きたければ,

```
> library(copula)
> plot(rCopula(1000,gumbelCopula(4,2)))
```

とだけすればよい.

　かといって逆に,一様乱数も含めた疑似乱数発生の基本的な手法から説き起こしても,コピュラの理解とは直接関係がないので,そこまでする必要はないであろう.バランスが大事である.

　そのバランスのとり方には (もちろん) 唯一の正解などないが,ここでは,次のことができるツールは揃っているものとする.

- 一様 (疑似) 乱数の発生 (互いに独立なものを好きな数だけ)
- 初等関数の計算
- 基本的な分布 (正規分布,カイ 2 乗分布,t 分布など) の分布関数および逆分布関数の計算
- 2 次元データをもとにした折れ線グラフや散布図の作成

　また,現在では,種々の専用のソフトやすぐれたプログラム言語がたくさんあって却って選択に困るが,本書執筆時点で汎用度が高いソフトウェアとして以下では Microsoft Excel (以下「エクセル」という) と無料の統計ソフト R (以下「R」という) をとり上げ,いくつかの実行例を示すことにする.

● ——正規コピュラのシミュレーション

まず，典型例として正規コピュラのシミュレーションを，素朴な方法で実行してみよう．以下の記述は，最初は何を述べているかわかりにくいかもしれないが，もしそうであれば，はじめて読む際は流れだけをつかもうとし，ソフトウェアによる実行例まで確かめてから，もう一度読み直してもらえればと思う．

さて，相関係数 ρ の正規コピュラを発生させるためには，相関係数 ρ の 2 次元標準正規分布に従う疑似乱数ベクトル (X, Y) をもとに $(\Phi(X), \Phi(Y))$ を求めればよい．そして，相関係数 ρ の 2 次元標準正規分布に従う疑似乱数ベクトル (X, Y) を発生させるためには，確率変数 X, Z が互いに独立に標準正規分布に従うとき，確率ベクトル $(X, \rho X + \sqrt{1 - \rho^2} Z)$ が相関係数 ρ の 2 次元標準正規分布に従うこと[10) を (たとえば) 用いればよい．

したがって，次のようなアルゴリズム (これでコピュラの疑似乱数ベクトルが一つできる) を繰り返せばよい．

(1) 二つの一様疑似乱数 U, V を発生させる．
(2) $X := \Phi^{-1}(U)$, $Z := \Phi^{-1}(V)$ として標準正規分布に従う二つの疑似乱数 X, Z を作る．
(3) $(X, \rho X + \sqrt{1 - \rho^2} Z)$ が相関係数 ρ の正規分布に従うので，確率ベクトル $(\Phi(X), \Phi(\rho X + \sqrt{1 - \rho^2} Z))$ を作れば，それが相関係数 ρ の正規コピュラの疑似乱数である．

もちろん，このアルゴリズムにおいて，$\Phi(X) = \Phi(\Phi^{-1}(U)) = U$ であるから，その部分の計算は省略できるので，その部分を (ついでにいくつかの説明文言も一緒に) 省けば，アルゴリズムは次のとおりである．

(1) 二つの一様疑似乱数 U, V を発生させる．
(2) 確率ベクトル $(U, \Phi(\rho \Phi^{-1}(U) + \sqrt{1 - \rho^2} \Phi^{-1}(V))$ を作れば，それが所期の疑似乱数である．

---

10)この事実を知らなかったとしたら，必要な計算等を行って一度自分で確認しておいたほうがよい．

一例として $\rho = 0.9$ として正規コピュラの擬似乱数ベクトルを 1000 個エクセルで作るには, たとえば,

- セル A1 に「0.9」と入力する.
- セル B1 に「=RAND()」と入力する (一様擬似乱数 U の発生).
- セル C1 に「=NORMSDIST(A\$1*NORMSINV(B1)+SQRT(1-A\$1^2)*NORMSINV (RAND()))」と入力する ($\Phi(\rho\Phi^{-1}(U) + \sqrt{1 - \rho^2}\Phi^{-1}(V))$ の算出).
- セル B1:C1 をセル B2:C1000 にコピペ (コピー・アンド・ペースト) する.

とすればよい. その結果をエクセルに装備されている散布図グラフで表示すれば, (たとえば) 図 11.6 のとおりである.

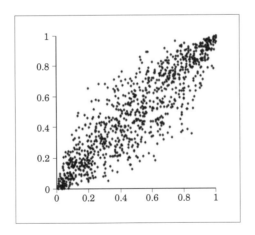

図 **11.6** シミュレーションによって生成した正規コピュラの擬似乱数 (ベクトル) 1000 個の散布図 (エクセル)

同じことを R で行うなら, 次のとおりに入力していけばよい (もちろん, 各行の #以降は注釈なので入力しなくてもよい).

```
> rho<-0.9
> U<-runif(1000)    # 一様擬似乱数 U を 1000 個発生させる.
> V<-runif(1000)    # 一様擬似乱数 V を 1000 個発生させる.
```

> Y<-pnorm(rho*qnorm(U)+sqrt(1-rho^2)*qnorm(V))   # 各 U, V に
対して $Y := \Phi(\rho\Phi^{-1}(U) + \sqrt{1-\rho^2}\Phi^{-1}(V))$ を算出.
> plot(U,Y)   # (U, Y) の散布図を作成する.

すると, 図 11.7 のような図が自動的に得られる.

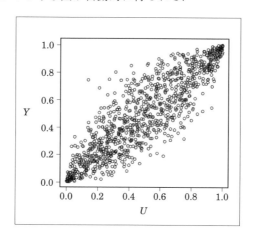

図 **11.7**　正規コピュラの擬似乱数 1000 個の散布図 (R)

R には正規疑似乱数を発生させるコマンド (rnorm) も標準的に用意されているので, それを使って (ついでにデータ数は n として),

> n<-1000
> rho<-0.9
> U<-runif(n)
> Y<-pnorm(rho*qnorm(U)+sqrt(1-rho^2)*rnorm(n))
> plot(U,Y)

としても (もちろん) よい.

◉──t コピュラのシミュレーション

相関係数 ρ, 自由度 m の t コピュラを発生させるためには, 相関係数 ρ, 自由度

m の 2 次元 t 分布に従う疑似乱数ベクトル (X, Y) をもとに $(T_m(X), T_m(Y))$ を求めればよい. そして, 相関係数 ρ, 自由度 m の 2 次元 t 分布に従う疑似乱数ベクトル (X, Y) を発生させるためには, 確率変数 Z_1, Z_2, S が互いに独立で, Z_1, Z_2 が標準正規分布に従い, S が自由度 m のカイ 2 乗分布に従うとき, 確率ベクトル

$$\left(\frac{Z_1}{\sqrt{\dfrac{S}{m}}}, \frac{\rho Z_1 + \sqrt{1 - \rho^2} Z_2}{\sqrt{\dfrac{S}{m}}} \right)$$

が相関係数 ρ, 自由度 m の 2 次元 t 分布に従うこと[11]) を (たとえば) 用いればよい.

　したがって, 次のようなアルゴリズム (これでコピュラの疑似乱数ベクトルが一つできる) とすればよい.

(1) 三つの一様疑似乱数 U, V, W を発生させる.

(2) $Z_1 := \Phi^{-1}(U)$, $Z_2 := \Phi^{-1}(V)$, $S := (\chi_m^2)^{-1}(W)$ として標準正規分布に従う二つの疑似乱数 Z_1, Z_2 とカイ 2 乗分布に従う疑似乱数 S を作る. ただし, ここで $(\chi_m^2)^{-1} : [0,1] \to [0, \infty]$ は自由度 m のカイ 2 乗分布の逆分布関数である.

(3) 確率ベクトル

$$(X, Y) := \left(\frac{Z_1}{\sqrt{\dfrac{S}{m}}}, \frac{\rho Z_1 + \sqrt{1 - \rho^2} Z_2}{\sqrt{\dfrac{S}{m}}} \right)$$

が相関係数 ρ, 自由度 m の 2 次元 t 分布に従うので, 確率ベクトル $(T_m(X), T_m(Y))$ を作れば, それが相関係数 ρ, 自由度 m の t コピュラの疑似乱数である.

---

[11]この事実を知らなかったとしたら, 必要な計算等を行って一度自分で確認しておいたほうがよい.

一例として $\rho = 0.9$ として自由度 5 の t コピュラの疑似乱数ベクトルを 1000 個エクセルで作るには，たとえば，

- セル A1 に「0.9」，セル A2 に「5」と入力する．
- セル B1,C1,D1 に「=RAND()」と入力する (一様疑似乱数 U, V, W の発生).
- セル E1 に「=NORMSINV(B1)/SQRT(CHIINV(D1,A$2)/A$2)」，セル F1 に「=(A$1*NORMSINV(B1)+SQRT(1-A$1^2)*NORMSINV(C1))/SQRT(CHIINV(D1, A$2)/A$2)」と入力する (相関係数 0.9，自由度 5 の 2 次元 t 分布に従う疑似乱数ベクトル (X, Y) の算出)[12].
- セル G1 に「=IF(E1>=0,1-TDIST(E1,A$2,1),TDIST(-E1,A$2,1))」，セル H1 に「=IF(F1>=0,1-TDIST(F1,A$2,1),TDIST(-F1,A$2,1))」と入力する $((T_m(X), T_m(Y))$ の算出)[13].
- セル B1:H1 をセル B2:H1000 にコピペする (G1:H1000 に疑似乱数ベクトルが 1000 個出力される).

とすればよい．

同じことを R で行うなら，次のとおりに入力していけばよい．

```
> n<-1000
> rho<-0.9       # 相関係数
> m<-5      # 自由度
> U<-runif(n)      # 一様疑似乱数 U を n = 1000 個発生させる.
> V<-runif(n)      # 一様疑似乱数 V を n = 1000 個発生させる.
> W<-runif(n)      # 一様疑似乱数 W を n = 1000 個発生させる.
> X<-qnorm(U)/sqrt(qchisq(W,m)/m)
```

[12] 関数 CHIINV(確率, 自由度) はカイ 2 乗分布の (逆関数でなく) 上側確率点を与えるものであるが，U が一様乱数であるとき，CHIINV(U, 自由度) は自由度 m のカイ 2 乗乱数となるので，ここでは CHIINV は逆関数とまったく同じ役割を果たしている点に注意せよ.

[13] 関数 TDIST(x,m,1) は，自由度 m の t 分布に従う確率変数 X に対する分布関数 $T_m(x) = P(X \leqq x)$ でなく，上側確率 $P(X \geqq x)$ を与えるものであるため，ここの例では IF 関数を使って分布関数を作っている.

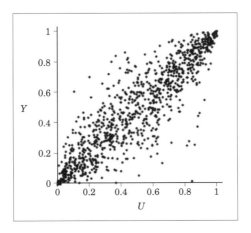

図 **11.8**　t コピュラの擬似乱数 1000 個の散布図 (エクセル)

$$\# \ \text{各} \ U, W \ \text{に対して} \ X := \frac{\Phi^{-1}(U)}{\sqrt{\dfrac{\chi_m^{2\ -1}(W)}{m}}} \ \text{を算出.}$$

```
> Y<-(rho*qnorm(U)+sqrt(1-rho^2)*qnorm(V))/sqrt(qchisq(W,m)/m)
```

$$\# \ \text{各} \ U, V, W \ \text{に対して} \ Y := \frac{(\rho\Phi^{-1}(U) + \sqrt{1-\rho^2}\Phi^{-1}(V))}{\sqrt{\dfrac{\chi_m^{2\ -1}(W)}{m}}} \ \text{を算出.}$$

```
> plot(pt(X,m),pt(Y,m))      # (T_m(X), T_m(Y)) の散布図を作成する.
```

R には正規乱数やカイ 2 乗乱数を (擬似的に) 発生させるコマンドも標準的に用意されているので,それらを使って,たとえば

```
> n<-1000
> rho<-0.9
> m<-5
> Z<-rnorm(n)
> S<-rchisq(n,m)
> X<-Z/sqrt(S/m)
```

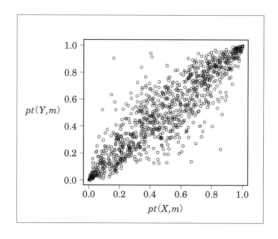

図 **11.9** t コピュラの擬似乱数 1000 個の散布図 (R)

```
> Y<-(rho*Z+sqrt(1-rho^2)*rnorm(n))/sqrt(S/m)
> plot(pt(X,m),pt(Y,m))
```

としても (もちろん) よい.

●──アルキメデス型コピュラのシミュレーション

アルキメデス型コピュラは, 分布関数が陽に与えられているので, 2 次元版の逆関数法を使えば, 原理的にはシミュレーションが可能である.

実際, パラメータ θ が正の場合のクレイトン・コピュラは, 分布関数が簡単な形をしているので, それでうまくいく.

確率ベクトル (U,V) に対する分布関数がクレイトン・コピュラ

$$C(u,v) = \left(u^{-\theta} + v^{-\theta} - 1\right)^{-\frac{1}{\theta}} \qquad (\theta > 0)$$

であるとき, 条件付分布関数 $F_{U,V}(v \mid U=u) := P(V \leqq v \mid U=u)$ は,

$$
\begin{aligned}
F_{U,V}(v \mid U=u) &= \frac{\partial}{\partial u} F_{U,V}(u,v) \qquad (\because f_U(u)=1,\ 0<u<1) \\
&= \frac{\partial}{\partial u} C(u,v)
\end{aligned}
$$

$$= \left(u^{-\theta} + v^{-\theta} - 1\right)^{-\frac{\theta+1}{\theta}} u^{-(\theta+1)}$$

$$(0 < u,\, v < 1)$$

である. よって, これを 1 変数関数 $g(v)$ と見たときの逆関数 $g^{-1} : (0,1) \to (0,1)$ を求めれば,

$$g^{-1}(w) = \left\{ \left(w^{\frac{1}{\theta+1}-1} - 1 \right) u^{-\theta} + 1 \right\}^{-\frac{1}{\theta}} \qquad (0 < u < 1)$$

となる.

この結果から, 次のようなアルゴリズム (これでコピュラの疑似乱数ベクトルが一つできる) とすればよい.

(1) 二つの一様疑似乱数 U, W を発生させる.

(2) $V := \left\{ \left(W^{\frac{1}{\theta+1}-1} - 1 \right) U^{-\theta} + 1 \right\}^{-\frac{1}{\theta}}$ とすれば, 確率ベクトル (U, V) がパラメータ θ のクレイトン・コピュラの疑似乱数である.

$\theta = 5$ の場合, R のソースの例は次のとおりである.

```
> n<-1000
> theta<-5
> U<-runif(n)
> W<-runif(n)
> V<-((W^(1/(theta+1)-1)-1)*U^(-theta)+1)^(-1/theta)
> plot(U,V,pch=20)
```

フランク・コピュラのシミュレーションも同様の方法で実行できる.
確率ベクトル (U, V) に対する分布関数がフランク・コピュラ

$$C(u, v) = -\frac{1}{\theta} \log \left(1 + \frac{(e^{-\theta u} - 1)(e^{-\theta v} - 1)}{e^{-\theta} - 1} \right)$$

であるとき, 条件付分布関数 $F_{U,V}(v \,|\, U = u)$ は,

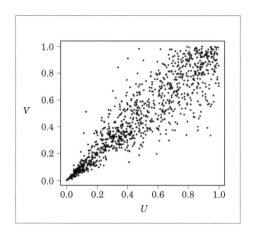

図 **11.10** クレイトン・コピュラの擬似乱数 1000 個の散布図 (R)

$$F_{U,V}(v \mid U = u) = \frac{\partial}{\partial u} C(u, v)$$

$$= \frac{e^{-\theta u} \left(e^{-\theta v} - 1 \right)}{e^{-\theta} - 1 + \left(e^{-\theta u} - 1 \right) \left(e^{-\theta v} - 1 \right)}$$

$$(0 < u, \, v < 1)$$

である. よって, これを 1 変数関数 $g(v)$ と見たときの逆関数 $g^{-1} : (0, 1) \to (0, 1)$ を求めれば,

$$g^{-1}(w) = -\frac{1}{\theta} \log \frac{(1 - w)e^{-\theta u} + we^{-\theta}}{(1 - w)e^{-\theta u} + w} \qquad (0 < u < 1)$$

となる.

この結果から, 次のようなアルゴリズム (これでコピュラの疑似乱数ベクトルが一つできる) とすればよい.

(1) 二つの一様疑似乱数 U, W を発生させる.

(2) $V := -\dfrac{1}{\theta} \log \dfrac{(1 - W)e^{-\theta U} + We^{-\theta}}{(1 - W)e^{-\theta U} + W}$ とすれば, 確率ベクトル (U, V) がパラメータ θ のフランク・コピュラの疑似乱数である.

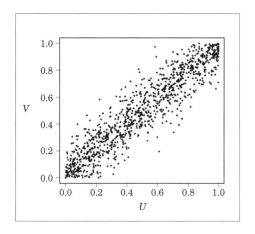

図 **11.11** フランク・コピュラの擬似乱数 1000 個の散布図 (R)

$\theta = 15$ の場合の R のソースの例は次のとおりである.

```
> n<-1000
> theta<-15
> U<-runif(n)
> W<-runif(n)
> V<- -1/theta*log(((1-W)*exp(-theta*U)+W*exp(-theta))/((1-W)
  *exp(-theta*U)+W))
> plot(U,V,pch=20)
```

　このように，$\theta > 0$ の場合のクレイトン・コピュラやフランク・コピュラの
シミュレーションは逆関数法によって簡単にできる．しかし，一般には，シ
ミュレーションに必要な逆関数が簡単な形で求まらないため，乱数を一つ出力
するために一々何らかの方程式を数値的に解く必要があり，実装が面倒である．
しかも，(本書では 2 次元しか扱っていないが) 一般に 3 次元以上のコピュラ
の場合には，逆関数法では途中で連立方程式を解く必要が出てくるために計算
負荷が大きく，実用的でない面がある．

　そのため，アルキメデス型コピュラに対しては，実用上はある種のラプラス変換を使った方法が考案されているが，本書ではその解説は割愛する[14]．ただし，読者の便宜のため，そうした手法をもとにして得られた，(2 次元) グンベル・コピュラのシミュレーションを行うアルゴリズムだけは，以下に天下りに記しておく．

(1)　四つの一様疑似乱数 U, V, I_1, I_2 を発生させる．
(2)　確率変数

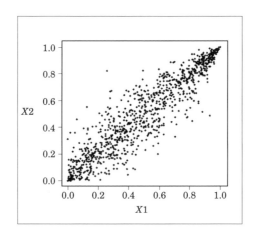

図 11.12　グンベル・コピュラの擬似乱数 1000 個の散布図 (R)

---

[14]その手法の概要については，文献 [12] (特に 256 ページ) に解説がある．また，グンベル・コピュラとクレイトン・コピュラについては，戸坂凡展，吉羽要直「コピュラの金融実務での具体的な活用方法の解説」『金融研究』第 24 巻別冊第 2 号，日本銀行金融研究所，2005 年 12 月，115〜162 ページに，フランク・コピュラについては，新谷幸平，山田哲也，吉羽要直「金融危機時における資産価格変動の相互依存関係：コピュラに基づく評価」『金融研究』第 29 巻第 3 号，日本銀行金融研究所，2010 年 7 月，89〜122 ページの「補論 1」に詳しい解説が載っている．

$$S := \left(-\frac{\sin\left(\dfrac{(\theta-1)\pi V}{\theta}\right)}{\log U} \right)^{\theta-1} \frac{\sin\left(\dfrac{\pi V}{\theta}\right)}{\sin(\pi V)^\theta}$$

は，安定指数 $\dfrac{1}{\theta}$，歪みパラメータ 1 の正値安定分布とよばれる分布に従う．

(3) $i = 1, 2$ について

$$X_i := \exp\left(-\left(-\frac{\log I_i}{S} \right)^{\frac{1}{\theta}} \right)$$

とすれば，確率ベクトル (X_1, X_2) がパラメータ θ のグンベル・コピュラの疑似乱数である．

$\theta = 4$ の場合の R のソースの例は次のとおりである．

```
> n<-1000
> theta<-4
> U<-runif(n)
> V<-runif(n)
> I1<-runif(n)
> I2<-runif(n)
> S<-(-sin((theta-1)*pi*V/theta)/log(U))^(theta-1)*sin(pi*V/theta)
  /sin(pi*V)^theta
> X1<-exp(-(-log(I1)/S)^(1/theta))
> X2<-exp(-(-log(I2)/S)^(1/theta))
> plot(X1,X2,pch=20)
```

11.4 従属性を表す諸指標

コピュラは，リスクどうしの従属性を表すための道具立てであった．その表現力は「十全」であり，いわばどのような従属性も表現できる．しかし，実用

上は，たとえ一面しか捉えていなくとも，簡単な指標で従属性を表現できるものがあると便利である．そうした指標のうちで代表的なものを本節で紹介し，コピュラという道具立てを通して，それらの特徴を見ていき，あるいは逆に，そうした指標を通してこれまで紹介した各コピュラの特徴を示していくこととする．

従属性を表現する指標としては，いわゆる相関係数がある．ほかの指標と区別するためにもう少し正確に名前をいえば，「ピアソンの積率相関係数」である．簡単におさらいをしておこう．

定義 11.27 (ピアソンの積率相関係数)　ともに分散が存在する確率変数 X, Y に対して，

$$\rho[X, Y] := \frac{\mathrm{Cov}[X, Y]}{\sqrt{V[X]}\sqrt{V[Y]}} \tag{11.20}$$

のことを，X と Y の相関係数 (ピアソンの積率相関係数) という[15]．また，二つの標本 $(x_1, \cdots, x_n)$ と $(y_1, \cdots, y_n)$ に対して，

$$r_{xy} := \frac{\overline{xy} - \overline{x}\,\overline{y}}{\sqrt{\overline{x^2} - \overline{x}^2}\sqrt{\overline{y^2} - \overline{y}^2}} \tag{11.21}$$

のことを，両標本の相関係数 (ピアソンの積率相関係数) という．

ここでは，任意の関数 g について，それが 1 変数関数であれば，

$$\overline{g(x)} := \frac{1}{n}\sum_{i=1}^{n} g(x_i)$$

とし，2 変数関数であれば，

$$\overline{g(x,y)} := \frac{1}{n}\sum_{i=1}^{n} g(x_i, y_i)$$

とする記法を用いている．

---

[15] 「X と Y の相関係数」という代わりに，文脈に応じて「X, Y の…」「(X, Y) の…」等々ともいう．

　この相関係数はよく使われる指標である．しかし，コピュラによって捉えられるものこそが従属性なのだとすれば，相関係数は従属性を正確に表す指標ではない．なぜなら，同じコピュラをもつ二つの確率変数ベクトル (X, Y) と (Z, W) の相関係数が異なる場合がある（というより，一般に異なる）からである．たとえば，ある実数 $r > 1$ について $X \sim \mathrm{U}(0,1)$ で $Y = Z = X$，$W = X^r$ であるとき，X と Y，Z と W はともに共単調であるから，どちらのコピュラも共単調コピュラであるが，X と Y の相関係数は 1 であるのに対し，Z と W の相関係数は，

$$
\begin{aligned}
\rho[Z, W] &= \frac{\mathrm{Cov}[Z, W]}{\sqrt{V[Z]}\sqrt{V[W]}} \\
&= \frac{E[X^{r+1}] - E[X]E[X^r]}{\sqrt{E[X^2] - E[X]^2}\sqrt{E[X^{2r}] - E[X^r]^2}} \\
&= \frac{\dfrac{1}{r+2} - \dfrac{1}{2}\dfrac{1}{r+1}}{\sqrt{\dfrac{1}{3} - \dfrac{1}{4}}\sqrt{\dfrac{1}{2r+1} - \dfrac{1}{(r+1)^2}}} \\
&= \sqrt{1 - \left(\frac{r-1}{r+2}\right)^2} < 1
\end{aligned}
$$

であって 1 とはならない．しかも，

$$
\lim_{r \to \infty} \sqrt{1 - \left(\frac{r-1}{r+2}\right)^2} = 0
$$

であるから，r が大きくなれば「無相関」ということになってしまう．

　このように相関係数では従属性を表すのにそぐわない面があるので，従属性をより的確に表す指標がこれまでに種々考案されてきた．その代表的なものにスピアマンの順位相関係数とケンドールの順位相関係数があるので，それらを以下で紹介する．また，リスクの評価においては，全体の従属性ではなく，裾の部分のみの従属性に注目する場合も多く，その際に用いる代表的な指標として裾従属係数とよばれるものがあるので，それもそのあとで紹介する．

　順位相関係数を考えるにあたって，まずは標本の順位相関係数を見てみよ

う. 標本に対する順位相関係数とは, 標本 $(x_1, \cdots, x_n), (y_1, \cdots, y_n)$ の各点 x_i や $y_j (1 \leqq i, j \leqq n)$ の観察値そのものは無視して, 標本の中での大きさ の順位 $\mathrm{rank}(x_i)$ や $\mathrm{rank}(y_j)$ だけを考えて標本どうしの相関係数を計算する ものである[16]. たとえば, 先取りしていえば, 二つの標本 $(x_1, \cdots, x_n)$ と $(y_1, \cdots, y_n)$ のスピアマンの順位相関係数は, $(\mathrm{rank}(x_1), \cdots, \mathrm{rank}(x_n))$ と $(\mathrm{rank}(y_1), \cdots, \mathrm{rank}(y_n))$ の間の相関係数に一致する. また, 順位相関係数は 「相関係数」という呼び名にふさわしいように, 正の従属性が最も強い場合 (つ まり順位がすべて一致する場合) 1 をとり, 負の従属性が最も強い場合 (つま り順位が完全に反対の場合) -1 をとるように設定されている.

定義 11.28 (標本に対するスピアマンの距離とスピアマンの順位相関係数)
二つの標本 $(x_1, \cdots, x_n)$ と $(y_1, \cdots, y_n)$ について, 両者の従属性を表す と考えられる (ただし, 大きいほど負の従属性が大きい) 指標

$$d_S := \sum_{i=1}^{n} (\mathrm{rank}(x_i) - \mathrm{rank}(y_i))^2 = n\overline{(\mathrm{rank}(x) - \mathrm{rank}(y))^2} \quad (11.22)$$

をスピアマンの距離といい, スピアマンの距離 d_S を, 正の従属性が最大 のときの値が 1, 負の従属性が最大のときの値が -1 となるように正規化 して,

$$r_S := 1 - \frac{6 d_S}{n^3 - n}$$

と表したものをスピアマンの順位相関係数ないしスピアマンの $\overset{\scriptscriptstyle\square}{\rho}$ という.

---

[16]標本の順位相関係数を考える場合, 一般的にいえば, 標本の中での「順位」は「大きさ」 の順位でなくてかまわない. しかし, 本書では連続型のモデルだけ考えるので, 大きさの順 位のみ念頭に置く. 大きさの順位は, 一貫してさえいれば, 昇順でも降順でもかまわない. 以下では, 同順位のものが生じる (つまり, $x_i = x_j$ や $y_i = y_j$ となる) 可能性は (建前上 は) 考えない. もちろん, 実際には (連続型に限定したとしても) 観測精度に限界があるの で, 同順位となる事例が生じる可能性があり, そしてそのような場合には, 実践上の順位相 関係数は, やや煩雑な定義 (本書では省略する) を用いなければならない. しかし, 以下で は, そのような可能性については考慮しない.

　たしかに，この式で定義される r_S は，正の従属性が最大である (つまり二つの標本の順位が完全に一致する) 場合にスピアマンの距離 d_S が 0 となってそのときに値が 1 となるようになっているのは明らかである．他方，負の従属性が最大である (つまり順位が完全に反対になっている) 場合の距離は，

$$d_S = \sum_{i=1}^n (n+1-2i)^2 = \sum_{i=1}^n \{(n+1)^2 - 4(n+1)i + 4i^2\}$$
$$= n(n+1)^2 - 2n(n+1)^2 + \frac{2n(n+1)(2n+1)}{3}$$
$$= \frac{n(n+1)(n-1)}{3} = \frac{n^3-n}{3}$$

である．よって，これに対応する r_S の値はたしかに -1 となる．

　また，すでに先取りして述べたように，r_S は $(\mathrm{rank}(x_1), \cdots, \mathrm{rank}(x_n))$ と $(\mathrm{rank}(y_1), \cdots, \mathrm{rank}(y_n))$ の間の相関係数に一致する．実際どちらも，従属性によらずに n だけによって決まる係数 a, b によって

$$a\,\overline{\mathrm{rank}(x)\mathrm{rank}(y)} + b$$

の形に書け，またどちらも，正の従属性が最大のときに 1 をとり，負の従属性が最大のときに -1 をとるので，両者は同一である．ちなみに，具体的に計算をすれば，

$$a = \frac{12}{n^2-1}, \qquad b = -\frac{3n+3}{n-1}$$

すなわち，

$$r_S = \frac{12}{n^2-1}\,\overline{\mathrm{rank}(x)\mathrm{rank}(y)} - \frac{3n+3}{n-1}$$
$$= \frac{12\,\overline{\mathrm{rank}(x)\mathrm{rank}(y)} - 3(n+1)^2}{n^2-1}$$

となる．

例 11.1

i	1	2	3	4	5	6	7
x_i	59	44	69	8	41	48	7
y_i	40	72	62	5	34	38	6

というデータが与えられたとき，この二つの標本のスピアマンの順位相関係数を手計算で求めるならば，以下のとおりである．

i	1	2	3	4	5	6	7
$\text{rank}(x_i)$	2	4	1	6	5	3	7
$\text{rank}(y_i)$	3	1	2	7	5	4	6

$$
\begin{aligned}
r_S &= 1 - \frac{6d_S}{n^3 - n} = 1 - \frac{d_S}{56} \\
&= 1 - \frac{1}{56}\left\{(2-3)^2 + (4-1)^2 + (1-2)^2 + (6-7)^2\right. \\
&\qquad \left. +(5-5)^2 + (3-4)^2 + (7-6)^2\right\} \\
&= 1 - \frac{14}{56} = \frac{3}{4} = 0.75
\end{aligned}
$$

　もちろん，実用上は，手や電卓で計算する必要はなく，たとえば，Rの場合ならいろいろな「相関」係数を求めることのできる cor 関数が用意されており，この例の場合のスピアマンの順位相関係数であれば，

```
> cor(c(59,44,69,8,41,48,7),c(40,72,62,5,34,38,6),method=
"spearman")
[1] 0.75
```

と計算してくれる．

　ケンドールの順位相関係数の場合には，ケンドールの距離というものを考える．

> **定義 11.29** (協和的と不協和的)　観測値の組 (x_i, y_i) と $(x_j, y_j)(i \neq j)$ の間に,
>
> $$(x_i - x_j)(y_i - y_j) > 0$$
>
> という関係があるとき, その二つの組は **協和的** であるといい,
>
> $$(x_i - x_j)(y_i - y_j) < 0$$
>
> という関係があるとき, **不協和的** であるという.

> **定義 11.30** (標本に対するケンドールの距離とケンドールの順位相関係数)　二つの標本 $(x_1, \cdots, x_n)$ と $(y_1, \cdots, y_n)$ について,
>
> (x_i, y_i) と (x_j, y_j) $(1 \leqq i < j \leqq n)$ が不協和となる対 $<i, j>$ の個数
>
> のことを **ケンドールの距離** d_K といい, この d_K を正の従属性が最大のときの値が 1, 負の従属性が最大のときの値が -1 となるように正規化して
>
> $$r_\tau := 1 - \frac{4d_K}{n^2 - n} \tag{11.23}$$
>
> と表したものを **ケンドールの順位相関係数** ないしケンドールの $\overset{\text{タウ}}{\tau}$ という.

たしかに, この式で定義される r_τ は, 正の従属性が最大である (つまり二つの標本の順位が完全に一致する) 場合にケンドールの距離 d_K が 0 となってそのときに値が 1 となるようになっているのは明らかである. 他方, 負の従属性が最大である (つまり順位が完全に反対になっている) 場合の距離は, n 個からとれる対すべての個数すなわち

$$\frac{n(n-1)}{2}$$

である. よって, これに対応する r_τ の値はたしかに -1 となる.

例 11.2 例 11.1 のデータが与えられたとき，その二つの標本のケンドールの順位相関係数を手計算で求めてみよう．実は，ケンドールの距離は，x のどの順位のものが y のどの順位のものと組になっているかを下のように図 11.13 で表したときの交点の個数で表される．線を引くときに，3 本以上の線が一つの点で交わらないように適当にずらして引くとよいが，もし k 本の線が一つの点で交わった場合には，そこには $\dfrac{k(k-1)}{2}$ 個の交点があるものとみなせばよい．

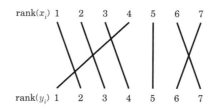

図 **11.13** 交点の個数

この例の場合の交点の個数，すなわちケンドールの距離 d_K は 4 である．したがって，ケンドールの順位相関係数は，

$$r_\tau = 1 - \frac{4d_K}{n^2 - n} = 1 - \frac{2d_K}{21} = 1 - \frac{2 \cdot 4}{21} = \frac{13}{21} \fallingdotseq 0.619$$

である．

R なら，

```
> cor(c(59,44,69,8,41,48,7),c(40,72,62,5,34,38,6),method=
  "kendall")
[1] 0.6190476
```

と計算してくれる．

このような便利な関数が用意されていない環境で，ケンドールの順位相関係数を計算機で計算させるには，符号関数

$$\operatorname{sign}(x) := \begin{cases} 1 & (x > 0) \\ 0 & (x = 0) \\ -1 & (x < 0) \end{cases}$$

を使う方法がある. たとえば, エクセルでも R でも, 符号関数はそのまま "SIGN()" や "sign()" である. 符号関数を使えば,

$$r_\tau = \frac{1}{n(n-1)} \sum_{i \neq j} \operatorname{sign}((x_i - x_j)(y_i - y_j))$$

$$= \frac{1}{n(n-1)} \sum_{i,j} \operatorname{sign}((x_i - x_j)(y_i - y_j))$$

と計算される[17].

順位相関係数は, 確率変数ベクトル (確率変数の組) に対しても定義される. 標本の中での (昇順の) 順位は, 確率分布でいえばパーセンタイルに対応し, 確率変数 X が, それ自身が従う確率分布におけるパーセンタイルとしていくつになるかを表す確率変数は $F_X(X)$ である. そして実のところ, 標本の組に対する順位相関係数における $\operatorname{rank}(x_i)$ や $\operatorname{rank}(y_i)$ の代わりに, $F_X(X)$ や $F_Y(Y)$ を用いて適当に正規化すれば, 確率変数の組に対する順位相関係数が得られる.

定義 11.31 (確率変数の組に対するスピアマンの順位相関係数) 確率変数 X, Y の間の従属性を表すと考えられる

$$E[(F_X(X) - F_Y(Y))^2]$$

を正規化したものを, 確率変数 X, Y に対する**スピアマンの順位相関係数**ないし**スピアマンの ρ** といい, $\rho_S[X, Y]$ と書く.

---

[17] 本書では, $x_i = x_j$ となる $i \neq j$ が存在する場合は扱っていないことに改めて注意されたい (そのような場合も含めて扱うとすれば, 式がもっと複雑になる). 手で計算しているときは注意を覚えていても, 計算機に計算をさせると忘れてしまいがちと思われるので, あえてここでだけ注意を繰り返す次第である.

$\rho_S[X, Y]$ は, $F_X(X), F_Y(Y)$ の (ピアソンの積率) 相関係数 $\rho[F_X(X), F_Y(Y)]$ に一致する. このことを「定義」として覚えておけば, 必要なことがらはそこから導けるが, あらかじめいろいろな表現方法を知っておいたほうがよいであろう. 特に, 以下の等式がすべて成り立つ.

$$\rho_S[X, Y] := \rho[F_X(X), F_Y(Y)] \tag{11.24}$$

$$= 12\mathrm{Cov}[F_X(X), F_Y(Y)] \tag{11.25}$$

$$(\because \text{一様分布の分散} = \frac{1}{12})$$

$$= 12E[F_X(X)F_Y(Y)] - 3 \tag{11.26}$$

$$(\because \text{一様分布の平均} = \frac{1}{2})$$

$$= 12E[1_{X' \leqq X} 1_{Y'' \leqq Y}] - 3 \tag{11.27}$$

$$(X', Y'' \text{ は } X \sim X', Y \sim Y'', X' \perp Y''$$

を満たす確率変数)

$$= 12P(X' \leqq X, Y'' \leqq Y) - 3 \tag{11.28}$$

$$= 6P((X - X')(Y - Y'') > 0) - 3 \tag{11.29}$$

$$= 12P(X \leqq X', Y \leqq Y'') - 3 \tag{11.30}$$

$$= 12E[F_{X,Y}(X', Y'')] - 3 \tag{11.31}$$

$$= 12E[C(F_X(X'), F_Y(Y''))] - 3 \tag{11.32}$$

$$(C(u, v) \text{ は } X, Y \text{ に対するコピュラ})$$

$$= 12 \int_0^1 \int_0^1 C(x, y) dx dy - 3 \tag{11.33}$$

定義 11.32 (確率変数の組に対するケンドールの順位相関係数)　確率変数ベクトル (X, Y) と (X', Y') が互いに独立に同一の同時分布に従うときに,

(X, Y) と (X', Y') が不協和となる確率 $P((X - X')(Y - Y') < 0)$

を正規化したものを，確率変数 X, Y に対する**ケンドールの順位相関係数**ないし**ケンドールの τ** といい，$\rho_\tau[X, Y]$ と書く．

ケンドールの順位相関は，具体的には

$$\rho_\tau[X, Y] := 1 - 2P((X - X')(Y - Y') < 0) \tag{11.34}$$

と書ける．このことを「定義」として覚えておけば，必要なことがらはそこから導けるはずであるが，ここでもやはり，あらかじめいろいろな表現方法を与えておこう．以下の等式がすべて成り立つ．

$$\rho_\tau[X, Y] := 1 - 2P((X - X')(Y - Y') < 0) \tag{11.35}$$

$$= P((X - X')(Y - Y') > 0)$$
$$\quad - P((X - X')(Y - Y') < 0) \tag{11.36}$$

（これを定義と考える場合も多い）

$$= E[\text{sign}((X - X')(Y - Y'))] \tag{11.37}$$

$$= 2P((X - X')(Y - Y') > 0) - 1 \tag{11.38}$$

$$= 4P(X' \leqq X, Y' \leqq Y) - 1 \tag{11.39}$$

$$= 4E[1_{X' \leqq X, Y' \leqq Y}] - 1 \tag{11.40}$$

$$= 4E[F_{X,Y}(X, Y)] - 1 \tag{11.41}$$

$$= 4E[C(F_X(X), F_Y(Y))] - 1 \tag{11.42}$$

$$= 4 \int_0^1 \int_0^1 C(u, v) dC(u, v) - 1 \tag{11.43}$$

（$C(u, v)$ は X, Y に対するコピュラ）

$$= 4 \int_0^1 \int_0^1 C(u, v) c(u, v) du dv - 1 \tag{11.44}$$

（$c(u, v)$ はコピュラ $C(u, v)$ に対応する同時密度関数）

例題 11.5 X, Y の同時密度関数が

$$f_{X,Y}(x,y) = \begin{cases} 2 & (0 \leqq x, y, x+y \leqq 1) \\ 0 & (\text{その他}) \end{cases}$$

であるとき，X, Y のスピアマンの順位相関係数とケンドールの順位相関係数を求めよ.

解

$$F_{X,Y}(x,y) = \int_0^x \int_0^y 2dxdy = 2xy \qquad (0 \leqq x, y, x+y \leqq 1)$$

$$F_X(x) = \int_0^x \left(\int_0^{1-x} 2dy \right) dx = 2x - x^2 \qquad (0 \leqq x \leqq 1)$$

$$F_Y(y) = 2y - y^2 \qquad (0 \leqq y \leqq 1)$$

であるから，それぞれの順位相関係数の計算は以下のとおりである．その計算の際，3 変量ベータ関数

$$\begin{aligned}
B(s,t,u) &:= \iint_{0 \leqq x, y, x+y \leqq 1} x^{s-1} y^{t-1} (1-x-y)^{u-1} dxdy \\
&= \frac{\Gamma(s)\Gamma(t)\Gamma(u)}{\Gamma(s+t+u)} \qquad (s,t,u > 0) \\
&= \frac{(s-1)!(t-1)!(u-1)!}{(s+t+u-1)!} \qquad (s,t,u \text{ が正の整数の場合})
\end{aligned}$$

を用いている.

(1) 式 (11.26) より

$$\begin{aligned}
\rho_S[X,Y] &= 12E[F_X(X)F_Y(Y)] - 3 \\
&= 12 \iint_{0 \leqq x, y, x+y \leqq 1} (2x - x^2)(2y - y^2) \cdot 2dxdy - 3 \\
&= 12 \iint_{0 \leqq x, y, x+y \leqq 1} (4xy - 2xy^2 - 2x^2y + x^2y^2) \cdot 2dxdy - 3 \\
&= 24 \left(4B(2,2,1) - 2 \cdot 2B(2,3,1) + B(3,3,1) \right) - 3 \\
&= 4 - \frac{8}{5} + \frac{2}{15} - 3 = -\frac{7}{15} \fallingdotseq -0.467.
\end{aligned}$$

(2) 式 (11.41) より

$$\rho_\tau[X, Y] = 4E[F_{X,Y}(X, Y)] - 1 = 4E[2XY] - 1$$

$$= 4 \iint_{0 \leqq x, y, x+y \leqq 1} 2xy \cdot 2dxdy - 1$$

$$= 16B(2, 2, 1) - 1$$

$$= \frac{2}{3} - 1 = -\frac{1}{3} \fallingdotseq -0.333.$$

□

例題 11.6 相関係数 ρ の (2 次元) 正規分布のスピアマンの順位相関係数を求めよ.

解 Z_1, Z_2, Z_3, Z_4 が互いに独立にどれも標準正規分布 N$(0, 1)$ に従うものとして,

$$X := Z_1, \qquad Y := \rho Z_1 + \sqrt{1 - \rho^2} Z_2,$$

$$X' := Z_3, \qquad Y'' := Z_4$$

として, 式 (11.28) より

$$\rho_S[X, Y] = 12P(X' \leqq X, Y'' \leqq Y) - 3$$

$$= 12P(X - X' \geqq 0, Y - Y'' \geqq 0) - 3$$

を求めればよい. ここで, $X - X' = Z_1 - Z_3$ と $Y - Y'' = \rho Z_1 + \sqrt{1 - \rho^2} Z_2 - Z_4$ の相関係数を考えると, 式 (11.20) より

$$\rho[X - X', Y - Y''] = \frac{\mathrm{Cov}[Z_1 - Z_3, \rho Z_1 + \sqrt{1 - \rho^2} Z_2 - Z_4]}{\sqrt{V[Z_1 - Z_3]V[\rho Z_1 + \sqrt{1 - \rho^2} Z_2 - Z_4]}}$$

$$= \frac{\rho}{\sqrt{(1^2 + 1^2)(\rho^2 + (1 - \rho^2) + 1^2)}} = \frac{\rho}{2}$$

であることから, $(X - X', Y - Y'')$ は平均ベクトルが $(0, 0)$ で相関係数が $\dfrac{\rho}{2}$ の 2 次元正規分布に従う. したがって, 命題 11.18 (248 ページ) の結果から,

$$P(X - X' \geqq 0, Y - Y'' \geqq 0) = \frac{1}{4} + \frac{\sin^{-1} \dfrac{\rho}{2}}{2\pi}$$

であるので,

$$\rho_S[X, Y] = 12P(X - X' \geqq 0, Y - Y'' \geqq 0) - 3 = \frac{6}{\pi} \sin^{-1} \frac{\rho}{2}$$

となる. □

例題 11.7 相関係数 ρ の (2 次元) 楕円型分布のケンドールの順位相関係数を求めよ.

解 (X, Y) が相関係数 ρ の標準楕円型分布に従い,$(X, Y) \sim (X', Y')$ であるとして,式 (11.39) より

$$\rho_\tau[X, Y] = 4P(X' \leqq X, Y' \leqq Y) - 1$$
$$= 4P(X - X' \geqq 0, Y - Y' \geqq 0) - 1$$

を求めればよい. このとき,命題 11.19 (249 ページ) より,$(X - X', Y - Y')$ も相関係数 ρ の標準楕円型分布に従うので,命題 11.18 (248 ページ) より

$$P(X - X' \geqq 0, Y - Y' \geqq 0) = \frac{1}{4} + \frac{\sin^{-1} \rho}{2\pi}$$

である. よって,求める値は,

$$\rho_\tau[X, Y] = 4P(X - X' \geqq 0, Y - Y' \geqq 0) - 1 = \frac{2 \sin^{-1} \rho}{\pi}$$

である. □

アルキメデス型コピュラをもつ (X, Y) に対するスピアマンの順位相関係数 $\rho_S[X, Y]$ を解析的に求めることは一般にはできない. 実用上は,必要に応じて,

$$\rho_S[X, Y] = 12 \int_0^1 \int_0^1 C(x, y) dx dy - 3$$

という公式 (式 (11.33) より) から，数値積分によって求めたり，シミュレーション結果を使っておおよその値を求めたりすることになる.

ケンドールの順位相関係数に関しては，有用な公式がある.

命題 11.33 (アルキメデス型コピュラに対するケンドールの順位相関係数)
アルキメデス型コピュラをもつ (X, Y) に対するケンドールの順位相関係数 $\rho_\tau[X, Y]$ については，一般に次の公式が成り立つ:

$$\rho_\tau[X, Y] = 1 + 4 \int_0^1 \frac{\phi(t)}{\phi'(t)} dt. \tag{11.45}$$

生成作用素 $\phi(t)$ は，$0 < t < 1$ で微分可能とは限らないが，(連続な単調減少) 凸関数であるから，$0 < t < 1$ のほとんどいたるところで $\phi'(t) > 0$ であるので，この公式の右辺の積分計算に支障はないことに注意されたい. とはいえ実は，この公式を一般の場合について証明するのはそう簡単ではない. しかし，$\phi(t)$ が $0 < t < 1$ で 2 回微分可能であれば (実際，実用上の例はそのような場合が多い) 比較的簡単に証明できるので，その場合だけ確かめてみよう.

例題 11.8 $\phi(t)$ が $0 < t < 1$ で 2 回微分可能であるとき，この ϕ を生成作用素とするアルキメデス型コピュラに対するケンドールの順位相関係数 ρ_τ は

$$\rho_\tau = 1 + 4 \int_0^1 \frac{\phi(t)}{\phi'(t)} dt$$

であることを示せ.

解 アルキメデス型コピュラ $C(u, v)$ は，

$$C(u, v) = \phi^{-1}(\phi(u) + \phi(v))$$

であるから，式 (11.44) より

$$\rho_\tau = 4 \int_0^1 \int_0^1 C(u, v) dC(u, v) - 1$$

$$= 4 \int_0^1 \int_0^1 \phi^{-1}(\phi(u) + \phi(v)) \frac{\partial^2 \phi^{-1}(\phi(u) + \phi(v))}{\partial u \partial v} du dv - 1$$

$$= -4 \int_0^1 \int_0^1 \phi^{-1}(\phi(u) + \phi(v)) \frac{\phi'(u)\phi'(v)\phi''\left(\phi^{-1}(\phi(u) + \phi(v))\right)}{\phi'\left(\phi^{-1}(\phi(u) + \phi(v))\right)^3} du dv - 1$$

$$= -4 \int_0^1 \int_t^1 \frac{t\phi'(u)\phi'(v)\phi''(t)}{\phi'(t)^3} \left| \frac{\partial v}{\partial t} \right| du dt - 1$$

$$(0 \leqq t := \phi^{-1}(\phi(u) + \phi(v)) \leqq u \leqq 1)$$

$$= -4 \int_0^1 \int_t^1 \frac{t\phi'(u)\phi'(v)\phi''(t)}{\phi'(t)^3} \cdot \frac{\phi'(t)}{\phi'(v)} du dt - 1 \quad (\because v = \phi^{-1}(\phi(t) - u))$$

$$= -4 \int_0^1 \int_t^1 \frac{t\phi'(u)\phi''(t)}{\phi'(t)^2} du dt - 1$$

$$= -4 \int_0^1 (\phi(1) - \phi(t)) \frac{t\phi''(t)}{\phi'(t)^2} dt - 1$$

$$= 4 \int_0^1 \frac{t\phi(t)\phi''(t)}{\phi'(t)^2} dt - 1 \quad (\because \phi(1) = 0)$$

$$= 4 \left[\frac{t^2}{2} - \frac{t\phi(t)}{\phi'(t)} \right]_0^1 + 4 \int_0^1 \frac{\phi(t)}{\phi'(t)} dt - 1$$

$$= 1 + 4 \int_0^1 \frac{\phi(t)}{\phi'(t)} dt - 4 \left[\frac{t\phi(t)}{\phi'(t)} \right]_0^1$$

である.

ところで, $\phi(1) = 0$ であり, 対数関数が連続な単調増加関数であることから, $g(t) := \log \phi(t)$ は, $g(1) = -\infty$ である連続な単調減少関数であり,

$$g'(t) = \frac{d}{dt} \log \phi(t) = \frac{\phi'(t)}{\phi(t)}$$

も連続であるので, $g'(1) = -\infty$ である. また, $\phi(0) > 0$, $\phi'(0) < 0$ であることから, $g'(0) < 0$ である. これらを踏まえると,

$$\left[\frac{t\phi(t)}{\phi'(t)} \right]_0^1 = \frac{1}{g'(1)} - \frac{0}{g'(0)} = 0$$

であるから,

$$\rho_\tau = 1 + 4 \int_0^1 \frac{\phi(t)}{\phi'(t)} dt - 4 \left[\frac{t\phi(t)}{\phi'(t)} \right]_0^1$$

$$= 1 + 4 \int_0^1 \frac{\phi(t)}{\phi'(t)} dt$$

が帰結する. □

　この問題で得た公式を使うと，グンベル・コピュラとクレイトン・コピュラのそれぞれのケンドールの順位相関係数を簡単に求めることができる (演習問題参照). その一方，フランク・コピュラは，この公式を使っても，出てくる積分がきれいな形で計算できないので，解析的な値を求めることはできない.

　リスクどうしの従属性を表す指標は，順位相関係数以外にもいろいろとあるが，以下では，裾部分の従属性に着目した左裾従属係数と右裾従属係数だけを紹介しておく. どちらの裾従属係数も，たしかに「従属性」の指標であり，コピュラのみから決定することができる. また，どちらもいわば，裾部分の従属性の極限値である.

定義 11.34 (裾従属係数)　二つのリスク X, Y に対するコピュラを $C(u, v)$ とし，確率変数ベクトル (U, V) の同時分布関数もまた $C(u, v)$ とするとき，

$$\lambda_\ell := \lim_{t \to +0} P(V \leqq t \,|\, U \leqq t) \tag{11.46}$$

を，X, Y に対する**左裾従属係数** λ_ℓ[17] といい，

$$\lambda_u := \lim_{s \to 1-0} P(V \geqq s \,|\, U \geqq s) \tag{11.47}$$

を，X, Y に対する**右裾従属係数** λ_u[18] という.

　リスクが大きいほうを正としてリスクを表すなら (そのほうが自然な場合が多い)，右裾従属係数のほうが重要であるが，左裾従属係数のほうが式が簡単

---

[17] 添え字の ℓ は左裾 (lower tail) の頭文字である.

[18] 添え字の u は右裾 (upper tail) の頭文字である.

なので，左裾従属係数から見てみよう．次の等式がすべて成り立つ．

$$\lambda_\ell = \lim_{t \to +0} P(V \leqq t \mid U \leqq t) \tag{11.48}$$

$$= \lim_{t \to +0} \frac{C(t,t)}{t} \tag{11.49}$$

$$= \left. \frac{\partial C(u,v)}{\partial u} \right|_{u=v=0} + \left. \frac{\partial C(u,v)}{\partial v} \right|_{u=v=0} \tag{11.50}$$

$$= \lim_{t \to +0} \left(\left. \frac{\partial C(u,v)}{\partial u} \right|_{u=v=t} + \left. \frac{\partial C(u,v)}{\partial v} \right|_{u=v=t} \right) \tag{11.51}$$

$$= \lim_{t \to +0} \left(P(V \leqq t \mid U = t) + P(U \leqq t \mid V = t) \right) \tag{11.52}$$

右裾従属係数は，定義から，$((U,V)$ でなく$)(1-U, 1-V)$ に対する左裾従属係数と一致する．$(1-U, 1-V)$ の同時分布関数 $\hat{C}(u,v)$(生存コピュラ) については，

$$\hat{C}(u,v) = P(1 - U \leqq u, 1 - V \leqq v)$$

$$= 1 - P(U \leqq 1 - u) - P(V \leqq 1 - v) + P(U \leqq u, V \leqq v)$$

$$= u + v - 1 + C(1 - u, 1 - v)$$

が成り立つ．あるいは，同じことだが，

$$\hat{C}(1 - u, 1 - v) = 1 - u - v + C(u,v)$$

である．よって，左裾従属係数に対する等式から，以下の等式がすべて成り立つ．

$$\lambda_u = \lim_{t \to +0} P(1 - V \leqq t \mid 1 - U \leqq t) = \lim_{s \to 1-0} P(V \geqq s \mid U \geqq s) \tag{11.53}$$

$$= \lim_{t \to +0} \frac{\hat{C}(t,t)}{t} = \lim_{s \to 1-0} \frac{\hat{C}(1 - s, 1 - s)}{1 - s} \tag{11.54}$$

$$= \lim_{t \to +0} \frac{2t - 1 + C(1 - t, 1 - t)}{t} = \lim_{s \to 1-0} \frac{1 - 2s + C(s,s)}{1 - s} \tag{11.55}$$

$$= 2 - \lim_{s \to 1-0} \frac{1 - C(s,s)}{1 - s} \tag{11.56}$$

$$= \lim_{t \to +0} (P(1 - V \leqq t \,|\, 1 - U = t) + P(1 - U \leqq t \,|\, 1 - V = t)) \tag{11.57}$$

$$= \lim_{s \to 1-0} (P(V \geqq s \,|\, U = s) + P(U \geqq s \,|\, V = s)) \tag{11.58}$$

演習問題

11.1

X, Y の同時分布関数が

$$F_{X,Y}(x,y) = \frac{(1 - e^{-x})(1 - e^{-y})}{1 - e^{-x-y}} \qquad (x, y > 0)$$

であるとき，X, Y のコピュラを求めよ．

11.2

グンベル・コピュラとクレイトン・コピュラのそれぞれのケンドールの順位相関係数を求めよ．

11.3

次のコピュラを持つ同時分布の (1) ケンドールの順位相関係数，(2) 左裾従属係数，(3) 右裾従属係数をそれぞれ求めよ．

$$C(u,v) = \left[1 + \left\{ \left(\frac{1}{u} - 1 \right)^{\theta} + \left(\frac{1}{v} - 1 \right)^{\theta} \right\}^{\frac{1}{\theta}} \right]^{-1} \qquad (\theta \geqq 1)$$

Appendix

A.1 演習問題解答

● ── 第 2 章の演習問題

2.1 (1)

$$\int_0^\infty f(x)dx = c\int_0^\alpha e^{-\frac{3}{\alpha}(x-\alpha)}dx + c\int_\alpha^\infty \left(\frac{\alpha}{x}\right)^3 dx$$
$$= \frac{c\alpha}{3}(e^3 - 1) + \frac{c\alpha}{2}$$

より,

$$c = \frac{6}{\alpha(2e^3 + 1)}$$

となる.

(2) まず, Y が次のように書けることに注意:

$$Y = \begin{cases} X & (X \geqq \alpha) \\ 2\alpha - X & (X < \alpha) \end{cases}.$$

よって,

$$E[Y] = c\int_\alpha^\infty x\left(\frac{\alpha}{x}\right)^3 dx + c\int_0^\alpha (2\alpha - x)e^{-\frac{3}{\alpha}(x-\alpha)}dx$$

$$= \frac{c\alpha^2}{9}(7 + 5e^3).$$

2.2

$$\begin{cases} Z = X_1 X_2 X_3 \\ W = X_2 \\ U = X_3 \end{cases}$$

とおき，(X_1, X_2, X_3) から (Z, W, U) への変換を考える.

$$\begin{cases} x_1 = \dfrac{z}{wu} \\ x_2 = w \\ x_3 = u \end{cases} \implies \frac{\partial(x_1, x_2, x_3)}{\partial(z, w, u)} = \frac{1}{wu}$$

であるので，(Z, W, U) の同時確率密度関数を $g(z, w, u)$ とすると，

$$g(z, w, u) = f_{X_1}\left(\frac{z}{wu}\right) f_{X_2}(w) f_{X_3}(u) \left|\frac{1}{wu}\right|$$
$$= \begin{cases} \dfrac{27z^2}{wu} & (0 < z < wu, 0 < w, u < 1) \\ 0 & (その他) \end{cases}$$

となる.

$0 < z < 1$ のとき，

$$f_Z(z) = \int_z^1 dw \int_{\frac{z}{w}}^1 du \frac{27z^2}{wu} = \frac{27}{2} z^2 (\log z)^2$$

となる. $z \leqq 0$ または $z \geqq 1$ のときは $f_Z(z) = 0$ となる.

したがって，

$$f_Z(z) = \begin{cases} \dfrac{27}{2} z^2 (\log z)^2 & (0 < z < 1) \\ 0 & (その他) \end{cases}$$

となる.

2.3

(1) $X \sim \mathrm{B}(n;p)$ より，

$$\sum_{\ell=0}^{n} e^{\lambda \ell} f_X(\ell) = \sum_{\ell=0}^{n} \binom{n}{\ell} (pe^\lambda)^\ell q^{n-\ell} = (pe^\lambda + q)^n$$

となるので，

$$f_X^\lambda(k) = \frac{\binom{n}{k}(pe^\lambda)^k q^{n-k}}{(pe^\lambda + q)^n} = \binom{n}{k}\left(\frac{pe^\lambda}{pe^\lambda + q}\right)^k \left(\frac{q}{pe^\lambda + q}\right)^{n-k}$$

$$= \mathrm{B}\left(n; \frac{pe^\lambda}{pe^\lambda + q}\right) \text{ の確率関数.}$$

(2) まず，

$$\sum_{\ell=0}^{\infty} e^{\lambda \ell} f_X(\ell) = \sum_{\ell=0}^{\infty} e^{\lambda \ell} \cdot e^{-\mu} \cdot \frac{\mu^\ell}{\ell!} = e^{\mu(e^\lambda - 1)}$$

に注意すると，

$$f_X^\lambda(k) = \frac{e^{\lambda k}}{e^{\mu(e^\lambda - 1)}} \cdot e^{-\mu} \cdot \frac{\mu^k}{k!}$$

$$= e^{-\mu e^\lambda} \cdot \frac{(\mu e^\lambda)^k}{k!} = \mathrm{Po}(\mu e^\lambda) \text{ の確率関数.}$$

となる.

(3) $X \sim \mathrm{Ge}\,(p)$ であるので，

$$\sum_{\ell=0}^{\infty} e^{\lambda \ell} p q^\ell = \frac{p}{1 - qe^\lambda}$$

となり，

$$f_X^\lambda(k) = (1 - qe^\lambda)(qe^\lambda)^k = \mathrm{Ge}(1 - qe^\lambda) \text{ の確率関数.}$$

2.4

 $X \sim \mathrm{Po}(\lambda)$ より，$M_X(\theta) = e^{\lambda(e^\theta - 1)}$ であるので，キュムラント関数 $g_X(\theta)$ は

$$g_X(\theta) = \lambda(e^{\theta} - 1) = \sum_{k=1}^{\infty} \frac{\lambda}{k!}\theta^k$$

となり, k 次のキュムラントは

$$\chi_k = \begin{cases} 0 & (k = 0) \\ \lambda & (k \geqq 1) \end{cases}$$

となる. これより $\chi_2 = \sigma^2 = \lambda$ となり,

$$X \text{ の歪度} = \frac{\chi_3}{\sigma^3} = \frac{\lambda}{\lambda^{\frac{3}{2}}} = \frac{1}{\sqrt{\lambda}}, \qquad X \text{ の尖度} = \frac{\chi_4}{\sigma^4} = \frac{\lambda}{\lambda^2} = \frac{1}{\lambda}$$

となる.

2.5

S_n の特性関数 $\varphi_{S_n}(t)$ を求めると

$$\begin{aligned} \varphi_{S_n}(t) &= E[e^{iz(X_1 + \cdots + X_n)}] \\ &= E[e^{izX_1}]^n \qquad (\, X_1, \cdots, X_n : \text{独立同分布} \,) \\ &= \left(\frac{p}{1 - qe^{it}}\right)^n \end{aligned}$$

となり, 一方 $\mathrm{NB}(n; p)$ の特性関数 $\varphi(t)$ は

$$\begin{aligned} \varphi(t) &= \sum_{k=0}^{\infty} e^{itk} \binom{-n}{k} p^n (-q)^k \\ &= p^n \sum_{k=0}^{\infty} \binom{-n}{k} (-qe^{it})^k \\ &= \left(\frac{p}{1 - qe^{it}}\right)^n \end{aligned}$$

となるので, $S_n \sim \mathrm{NB}(n; p)$ となる.

2.6

(1) 実際に保険金支払いがなされるのは $X > 3$ のときであり, このとき $Y = X - 3$ として定められる.

このとき, $u > 0$ として次が成り立つ:

$$P(Y \leqq u) = P(X - 3 \leqq u | X > 3)$$

$$= \frac{P(3 < X \leqq 3 + u)}{P(X > 3)} = \frac{\displaystyle\int_3^{3+u} \alpha x^{-(\alpha+1)} dx}{\displaystyle\int_3^{\infty} \alpha x^{-(\alpha+1)} dx}$$

$$= \frac{[-x^{-\alpha}]_3^{3+u}}{[-x^{-\alpha}]_3^{\infty}} = \frac{3^{-\alpha} - (3+u)^{-\alpha}}{3^{-\alpha}}$$

$$= 1 - \left(\frac{3}{3+u}\right)^{\alpha}.$$

これを微分することにより，Y の p.d.f. は次のように求められる：

$$f_Y(u) = \begin{cases} \dfrac{\alpha \cdot 3^{\alpha}}{(3+u)^{\alpha+1}} & (u > 0) \\ 0 & (\text{その他}) \end{cases}.$$

(2) $\log f_Y(u) = \log \alpha + \alpha \log 3 - (\alpha + 1) \log(u + 3)$ $(u > 0)$ であるので，対数尤度関数 $\ell(\alpha)$ は

$$\ell(\alpha) = 10 \log \alpha + 10\alpha \log 3$$

$$- (\alpha + 1)(2 \log 9 + 3 \log 10 + \log 11$$

$$+ \log 12 + \log 5 + \log 6 + \log 8)$$

$$= 10 \log \alpha + 10\alpha \log 3 - 21.66573(\alpha + 1)$$

となり，

$$\frac{\partial \ell}{\partial \alpha} = \frac{10}{\alpha} + 10 \log 3 - 21.66573 = 0 \implies \alpha = 0.93637$$

となる．したがって，α の最尤推定値は $\hat{\alpha} = 0.93637$ となる．

(3) まず Y の期待値を求める：

$$E[Y] = \int_0^{\infty} u \cdot \frac{\alpha \cdot 3^{\alpha}}{(3+u)^{\alpha+1}} du = \alpha \cdot 3^{\alpha} \int_0^{\infty} u \cdot (u+3)^{-(\alpha+1)} du$$

$$= \alpha \cdot 3^{\alpha} \left(\left[\frac{-u(3+u)^{-\alpha}}{\alpha}\right]_0^{\infty} + \frac{1}{\alpha} \int_0^{\infty} (u+3)^{-\alpha} du \right) = \frac{3}{\alpha - 1}.$$

一方，データの標本平均は $\bar{y} = 6$ であるので

$$\frac{3}{\alpha - 1} = 6 \implies \alpha = 1.5$$

となる.

(4) 免責額 3 のとき，保険金支払いのない場合をも含んだすべての契約に対する支払い保険金 Y_1 の期待値は

$$E[Y_1] = \int_3^\infty (u - 3) f(u|\alpha) du = \frac{1}{(\alpha - 1)3^{\alpha - 1}}$$

となるので，$\alpha = 1.5$ を代入して $E[Y_1] = \dfrac{2}{\sqrt{3}} = 1.1547$ となる.

一方，免責額 5，支払い限度額 100 のときの支払い保険金額 Y_2 の期待値は

$$E[Y_2] = \int_5^{105} (u - 5) \cdot f(u|q) du + 100 \int_{105}^\infty f(u|q) du$$

$$= \frac{2\sqrt{5}}{5} - \frac{2}{\sqrt{105}} = 0.6992$$

である. したがって減少率は

$$\frac{E[Y_1] - E[Y_2]}{E[Y_1]} = \frac{1.1547 - 0.6992}{1.1547} = 0.3945$$

となる.

2.7

(1) 年間クレーム総額を X とすると，$X = Z_1 + \cdots + Z_N$. また，$E[X] = E[Z_1]E[N] = \dfrac{1}{\lambda} \cdot \dfrac{q}{p}$ となるので，$P = \dfrac{q}{\lambda p}$. これより

$$P^* = P + P^*(c_1 + c_2 + c_3) \implies P^* = \frac{q}{(1 - c_1 - c_2 - c_3)\lambda p}.$$

(2) 免責額 a のエクセス方式の免責設定の下では

$$\hat{P} = E[(X - a); X > a]$$

$$= \sum_{n=1}^\infty E[(X_1 + \cdots + X_n - a); X_1 + \cdots + X_n \geqq a] \cdot P(N = n)$$

$$= \sum_{n=1}^{\infty} \int_a^{\infty} \frac{\lambda^n}{\Gamma(n)} (u-a) u^{n-1} e^{-\lambda u} du \cdot pq^n$$

$$= p \int_a^{\infty} (u-a) \sum_{n=1}^{\infty} \frac{\lambda^n}{(n-1)!} u^{n-1} e^{-\lambda u} q^n du$$

$$= \lambda pq \int_a^{\infty} (u-a) e^{\lambda qu - \lambda u} du$$

$$= \lambda pq \int_a^{\infty} (u-a) e^{-\lambda pu} du$$

$$= \frac{\lambda pq}{(\lambda p)^2} e^{-\lambda pa} \Gamma(2) = \frac{q}{\lambda p} e^{-\lambda pa}.$$

(3)

$$\hat{P}^* = \hat{P} + \frac{qc_1}{(1 - c_1 - c_2 - c_3)\lambda p} + \hat{P}^*(c_2 + c_3)$$

より

$$\hat{P}^* = \frac{1}{1 - c_2 - c_3} \left\{ \frac{q}{\lambda p} e^{-\lambda pa} + \frac{qc_1}{(1 - c_1 - c_2 - c_3)\lambda p} \right\}.$$

2.8

(1) $\mu = -\dfrac{1}{2}\sigma^2$ であるので, $E[X] = 1$ となるので

$$P^* = 1 + P^*(0.3 + 0.15 + 0.05)$$

より $P^* = 2$ となる.

(2) 免責を設定したときの純保険料を $\hat{P}$ とすると

$$\hat{P} = \int_{e^{-\frac{1}{2}\sigma^2}}^{\infty} x f(x) dx \qquad (f(x) : X \text{ の p.d.f.})$$

$$= \frac{1}{\sqrt{2\pi}\sigma} \int_{e^{-\frac{1}{2}\sigma^2}}^{\infty} \exp\left\{ -\frac{1}{2\sigma^2} (\log x - \mu)^2 \right\} dx$$

$$= \frac{1}{\sqrt{2\pi}} \int_0^{\infty} e^{-\frac{1}{2}(z-\sigma)^2} dz \qquad \left(z = \frac{1}{\sigma}(\log x - \mu) \right)$$

$$= \frac{1}{\sqrt{2\pi}} \int_{-\sigma}^{\infty} e^{-\frac{1}{2}w^2} dw \qquad (w = z - \sigma)$$

$$= \alpha_0.$$

免責設定による保険金支払いが発生する割合は次のようになる：

$$\int_{e^{-\frac{1}{2}\sigma^2}}^{\infty} \frac{1}{\sqrt{2\pi}\sigma x} \exp\left\{-\frac{1}{2\sigma^2}(\log x - \mu)^2\right\}dx$$
$$= \int_0^{\infty} \frac{1}{\sqrt{2\pi}} e^{-\frac{1}{2}z^2} dz = 0.5.$$

免責設定により保険金支払いはもとの半分になったので

$$\hat{P}^* = \alpha_0 + 0.3 + 0.3 \cdot 0.5 + \hat{P}^*(0.15 + 0.050)$$

より $\hat{P}^* = \dfrac{5}{4} \cdot \alpha_0 + \dfrac{9}{16}$ となる.

●──第 3 章の演習問題

3.1

(1) まず,

$$\sum_{k=0}^{\infty} x^k = \frac{1}{1-x}$$

の両辺を x について, 0 から α まで積分すると,

$$\sum_{k=0}^{\infty} \frac{\alpha^{k+1}}{k+1} = -\log(1-\alpha)$$

という公式がえられる.

これを用いると,

$$\sum_{k=0}^{\infty} P(X = k) = c \sum_{k=0}^{\infty} \frac{\alpha^{k+1}}{k+1} = -c\,\log(1-\alpha)$$

となるので, 全確率 $=1$ の条件より, $c = -\dfrac{1}{\log(1-\alpha)}$ となる.

(2) X_i のモーメント母関数を $M(\theta)$ とすると

$$M(\theta) = c \sum_{k=0}^{\infty} \frac{e^{\theta k}}{k+1} \alpha^{k+1} = \frac{c}{e^{\theta}} \sum_{k=0}^{\infty} \frac{(\alpha e^{\theta})^{k+1}}{k+1} = -\frac{c\log(1-\alpha e^{\theta})}{e^{\theta}}$$

となる.

条件付き期待値より,

$$M_S(\theta) = \sum_{n=0}^{\infty} E[e^{\theta(X_1+\cdots+X_N)}|N=n]P(N=n)$$

$$= \sum_{n=0}^{\infty} M(\theta)^n e^{-\lambda}\frac{\lambda^n}{n!}$$

$$= \exp\{\lambda(M(\theta)-1)\}$$

となるので,

$$g_S(\theta) = \lambda(M(\theta)-1) = \lambda\left(-c\frac{\log(1-\alpha e^\theta)}{e^\theta}-1\right)$$

となる.

(3)

$$g_S'(\theta) = \lambda M'(\theta) = \lambda c\frac{\alpha}{1-\alpha e^\theta} + \lambda c\frac{\log(1-\alpha e^\theta)}{e^\theta}$$

となるので,

$$E[S] = g_S'(0) = -\lambda\frac{1}{\log(1-\alpha)}\frac{\alpha}{1-\alpha} - \lambda$$

となる.

また,

$$V[S] = g_S''(0) = \frac{\lambda\alpha(1-2\alpha)}{(1-\alpha)^2}\frac{1}{\log(1-\alpha)} + \lambda$$

となる.

3.2

$$A_i = B_{i_1} \cup \cdots \cup B_{i_p}, \qquad B_{i_k} \cap B_{i_\ell} = \varnothing \qquad (k \neq \ell)$$

とし, $E[X|\mathfrak{F}_2](\omega)$ は各 B_{i_k} の上で一定値 $\dfrac{E[X;B_{i_k}]}{P(B_{i_k})}$ をとることに注意すると, $\omega \in A_i$ のとき,

$$E[E[X|\mathfrak{F}_2]|\mathfrak{F}_1](\omega) = \frac{E[E[X|\mathfrak{F}_2];A_i]}{P(A_i)}$$

$$= \frac{1}{P(A_i)} \sum_{k=1}^{p} E[E[X|\mathfrak{F}_2]; B_{i_k}]$$

$$= \frac{1}{P(A_i)} \sum_{k=1}^{p} \frac{E[X; B_{i_k}]}{P(B_{i_k})} \cdot P(B_{i_k})$$

$$= \frac{E[X; A_i]}{P(A_i)} = E[X|\mathfrak{F}_1](\omega).$$

3.3

まず，次のことに注意する．

- $E[X_{t_1}^2] = f(t_1)$.
- $E[a_1^2 (X_{t_2} - X_{t_1})^2]$

  $= E[E[a_1^2 (X_{t_2} - X_{t_1})^2|\mathfrak{F}_{t_1}]]$

  $= E[a_1^2 E[(X_{t_2} - X_{t_1})^2|\mathfrak{F}_{t_1}]] \qquad (a_1(\omega) \text{ は } \mathfrak{F}_{t_1}\text{-可測})$

  $= E[a_1^2 E[(X_{t_2} - X_{t_1})^2]] \qquad (X_{t_2} - X_{t_1} \text{ と } \mathfrak{F}_{t_1} \text{ とは独立})$

  $= f(t_2 - t_1)E[a_1^2] = f(t_2 - t_1)\,\alpha_1$.
- $E[a_2 (X_{t_3} - X_{t_2})^2] = f(t_3 - t_2)\,\alpha_2$.

また，

$$E[a_1 a_2 (X_{t_2} - X_{t_1})(X_{t_3} - X_{t_2})]$$

$$= E[\, E[a_1 a_2 (X_{t_2} - X_{t_1})(X_{t_3} - X_{t_2})|\mathfrak{F}_{t_2}] \,]$$

$$= E[\, a_1 a_2 (X_{t_2} - X_{t_1})E[(X_{t_3} - X_{t_2})|\mathfrak{F}_{t_2}] \,]$$

$$= E[\, a_1 a_2 (X_{t_2} - X_{t_1})E[(X_{t_3} - X_{t_2})] \,]$$

$$= 0 \qquad (E[X_{t_3}] = E[X_{t_2}] = 0)$$

となる．同様に

$$E[a_0 a_1 X_{t_1}(X_{t_2} - X_{t_1})] = 0,$$

$$E[a_0 a_2 X_{t_1}(X_{t_3} - X_{t_2})] = 0$$

が成り立つので

$$E[Z^2] = a_0^2 f(t_1) + \alpha_1 f(t_2 - t_1) + \alpha_2 f(t_3 - t_2)$$

となる.

3.4

(i) $\varnothing, \Omega \in \mathfrak{F}_\tau$ となることは自明である.

(ii) $A \in \mathfrak{F}_\tau$ とするとき, $A \cap \{\tau \leqq t\} \in \mathfrak{F}_t$ であり, τ がマルコフ時間であることより, $\{\tau \leqq t\} \in \mathfrak{F}_t$ である. これらのことより,

$$\{\tau \leqq t\} \setminus (A \cap \{\tau \leqq t\}) \in \mathfrak{F}_t$$

となり,

$$\{\tau \leqq t\} \setminus (A \cap \{\tau \leqq t\}) = A^c \cap \{\tau \leqq t\}$$

であるから, $A^c \cap \{\tau \leqq t\} \in \mathfrak{F}_t$ となり, $A^c \in \mathfrak{F}_\tau$ となる.

(iii) $A_j \in \mathfrak{F}_\tau (j = 1, 2, \cdots)$ となるとき, $A_j \cap \{\tau \leqq t\} \in \mathfrak{F}_t$ であるから,

$$\bigcup_{j=1}^{\infty} A_j \cap \{\tau \leqq t\} \in \mathfrak{F}_t$$

となり,

$$\left(\bigcup_{j=1}^{\infty} A_j \right) \cap \{\tau \leqq t\} \in \mathfrak{F}_t$$

となる. このことは, $\displaystyle\bigcup_{j=1}^{\infty} A_j \in \mathfrak{F}_\tau$ であることを意味する.

(i), (ii), (iii) より, $\mathfrak{F}_\tau$ は σ-加法族となる.

また, 任意の $\alpha \in \mathbb{R}$ に対して,

$$\{\tau \leqq \alpha\} \cap \{\tau \leqq t\} \in \mathfrak{F}_{\alpha \wedge t} \subset \mathfrak{F}_t$$

であるから, $\{\tau \leqq \alpha\} \in \mathfrak{F}_\tau$ となり, $\tau(\omega)$ が $\mathfrak{F}_\tau$-可測であることが分かる.

3.5

任意の整数 $k \geqq 1$ に対して,

$$P\left(|X - Y| \geqq \frac{1}{k} \right) = 0$$

となる. なぜならば,

$$0 = E[|X - Y|] \geqq E\left[|X - Y|; |X - Y| \geqq \frac{1}{k}\right]$$
$$\geqq \frac{1}{k} P\left(|X - Y| \geqq \frac{1}{k}\right)$$

となるからである.

次に

$$\{\omega; X(\omega) \neq Y(\omega)\} = \bigcup_{k=1}^{\infty}\left\{\omega; |X(\omega) - Y(\omega)| \geqq \frac{1}{k}\right\}$$

であるので,

$$P\left(\{\omega; X(\omega) \neq Y(\omega)\}\right) \leqq \sum_{k=1}^{\infty} P\left(|X - Y| \geqq \frac{1}{k}\right) = 0$$

となり, $P(\{\omega; X(\omega) \neq Y(\omega)\}) = 0$ となる.

3.6

(1) 推移確率行列 T は次のようになる:

$$T = \begin{pmatrix} 1 - \alpha & \alpha & 0 \\ 1 - \alpha & 0 & \alpha \\ 0 & 1 - \alpha & \alpha \end{pmatrix}.$$

(2) 第 2 年度に 等級 0, 等級 1, 等級 2 になる確率は

$$(1, 0, 0)T^2 = (1, 0, 0)\begin{pmatrix} 1 - \alpha & (1 - \alpha)\alpha & \alpha^2 \\ (1 - \alpha)^2 & 2(1 - \alpha)\alpha & \alpha^2 \\ (1 - \alpha)^2 & (1 - \alpha)\alpha & \alpha^2 \end{pmatrix}$$
$$= (1 - \alpha, (1 - \alpha)\alpha, \alpha^2)$$

となり, 平均割引率は $0.1\alpha + 0.1\alpha^2$ となる.

(3) 定常状態の確率分布を (x, y, z) とすると

$$(x,y,z)\begin{pmatrix} 1-\alpha & \alpha & 0 \\ 1-\alpha & 0 & \alpha \\ 0 & 1-\alpha & \alpha \end{pmatrix} = (x,y,z)$$

より $x+y+z=1$ に注意して，(x,y,z) を求めると

$$(x,y,z) = \left(\frac{(1-\alpha)^2}{1-\alpha+\alpha^2}, \frac{\alpha(1-\alpha)}{1-\alpha+\alpha^2} \frac{\alpha^2}{1-\alpha+\alpha^2} \right)$$

となるので，定常状態の平均割引率は $\dfrac{0.1\alpha(1+\alpha)}{1-\alpha+\alpha^2}$ となる.

●──第 4 章の演習問題

4.1

$0 < s < t$ とする.

$$\begin{aligned} E[e^{\lambda X_t}|\mathfrak{F}_s] &= E[e^{\lambda(X_t-X_s)+\lambda X_s}|\mathfrak{F}_s] \\ &= e^{\lambda X_s} E[e^{\lambda(X_t-X_s)}|\mathfrak{F}_s] \\ &= e^{\lambda X_s} E[e^{\lambda(N_t-N_s)}] \\ &= e^{\lambda X_s} \sum_{k=0}^{\infty} e^{\lambda k} e^{-\lambda(t-s)} \frac{(\lambda(t-s))^k}{k!} \\ &\quad (N_t - N_s \sim \mathrm{P}_0(\lambda(t-s))) \\ &= e^{\lambda X_s} e^{\lambda(t-s)(e^\lambda-1)}. \end{aligned}$$

したがって，

$$E[e^{\lambda X_t - \lambda t(e^\lambda-1)}|\mathfrak{F}_s] = e^{\lambda X_s - \lambda s(e^\lambda-1)}$$

となり，$c = \lambda(e^\lambda - 1)$ となる.

4.2

まず，$E[S_t] = \lambda\mu t, V[S_t] = \lambda t(\mu^2 + \sigma^2)$ であることに注意し，チェビシェフの不等式より

$$P(\,|S_t - \lambda\mu t| > t^\alpha\,) = P(\,|S_t - E[S_t]| > t^\alpha)$$

$$\leqq \frac{V[S_t]}{t^{2\alpha}} = \frac{\mu^2 + \sigma^2}{t^{2\alpha-1}} \to 0 \quad (t \to \infty).$$

4.3

(1) S_{t_1} と $S_{t_2} - S_{t_1}$ が独立であることを用いると,

$$E[e^{iy_1 S_{t_1} + iy_2 S_{t_2}}] = E[e^{iy_2(S_{t_2} - S_{t_1}) + i(y_1 + y_2)S_{t_1}}]$$

$$= E[e^{iy_2(S_{t_2} - S_{t_1})}] \cdot E[e^{i(y_1 + y_2)S_{t_1}}]$$

となる.

$$S_{t_2} - S_{t_1} \sim \sum_{i=1}^{N_{t_2} - N_{t_1}} Z_i, \qquad N_{t_2} - N_{t_1} \sim \mathrm{Po}(\lambda(t_2 - t_1))$$

に注意すると,

$$E[e^{iy_2(S_{t_2} - S_{t_1})}] = \sum_{k=0}^{\infty} E\left[e^{iy_2 \sum_{i=1}^{N_{t_2} - N_{t_1}} Z_i} \,\middle|\, N_{t_2} - N_{t_1} = k\right]$$

$$\cdot P(N_{t_2} - N_{t_1} = k)$$

$$= \sum_{k=0}^{\infty} \varphi(y_2)^k \cdot \frac{(\lambda(t_2 - t_1))^k}{k!} e^{-\lambda(t_2 - t_1)}$$

$$= \exp\{\lambda(t_2 - t_1)(\varphi(y_2) - 1)\}$$

となる.

同様に,

$$E[e^{i(y_1 + y_2)S_{t_1}}] = \exp\{\lambda t_1(\varphi(y_1 + y_2) - 1)\}$$

が成り立つ.

これらより,

$$E[e^{iy_1 S_{t_1} + iy_2 S_{t_2}}] = \exp\{\lambda(t_2 - t_1)(\varphi(y_2) - 1) + \lambda t_1(\varphi(y_1 + y_2) - 1)\}$$

となる.

(2)

$$\varphi(y_1, y_2) = \exp\{\lambda(t_2 - t_1)(\varphi(y_2) - 1) + \lambda t_1(\varphi(y_1 + y_2) - 1)\}$$

であるので,

$$\frac{\partial \varphi}{\partial y_1} = \lambda t_1 \varphi'(y_1 + y_2)\varphi(y_1, y_2),$$

$$\frac{\partial \varphi}{\partial y_2} = (\lambda(t_2 - t_1)\varphi'(y_2) + \lambda t_1 \varphi'(y_1 + y_2))\,\varphi(y_1, y_2),$$

$$\frac{\partial^2 \varphi}{\partial y_2 \partial y_1} = \lambda t_1 \varphi''(y_1 + y_2)\varphi(y_1, y_2)$$

$$+ \lambda t_1 \varphi'(y_1 + y_2)\left(\lambda(t_2 - t_1)\varphi'(y_2) + \lambda t_1 \varphi'(y_1 + y_2)\right)\varphi(y_1, y_2),$$

$$\varphi'(0) = i\mu, \qquad \varphi''(0) = -(\mu^2 + \sigma^2)$$

に注意すると

$$E[S_{t_1}] = -i\frac{\partial \varphi}{\partial y_1}(0,0) = \lambda \mu t_1,$$

$$E[S_{t_2}] = -i\frac{\partial \varphi}{\partial y_2}(0,0) = \lambda \mu t_2,$$

$$E[S_{t_1} S_{t_2}] = -\frac{\partial^2 \varphi}{\partial y_2 \partial y_1}(0,0) = \lambda t_1(\mu^2 + \sigma^2) + \lambda^2 t_1 t_2 \mu^2$$

となるので,

$$\mathrm{Cov}[S_{t_1}, S_{t_2}] = E[S_{t_1} S_{t_2}] - E[S_{t_1}]E[S_{t_2}] = \lambda t_1(\mu^2 + \sigma^2)$$

となる.

4.4

(1)

$$P(M_t = k)$$

$$= \sum_{n=k}^{\infty} P(M_t = k | N_t = n)P(N_t = n)$$

$$= \sum_{n=k}^{\infty} \binom{n}{k}\left\{\int_a^{\infty} \frac{1}{\mu}e^{-\frac{1}{\mu}x}dx\right\}^k \left\{\int_0^a \frac{1}{\mu}e^{-\frac{1}{\mu}x}dx\right\}^{n-k} \cdot e^{-\lambda t}\frac{(\lambda t)^n}{n!}$$

$$= \frac{e^{-\lambda t}}{k!}\left\{\lambda t e^{-\frac{1}{\mu}a}\right\}^k \sum_{n=k}^{\infty}\frac{1}{(n-k)!}(1 - e^{-\frac{1}{\mu}a})^{n-k}(\lambda t)^{n-k}$$

$$= \exp\{-\lambda t e^{-\frac{1}{\mu}a}\}\frac{(\lambda t e^{-\frac{1}{\mu}a})^k}{k!}$$

したがって，$M_t \sim \mathrm{Po}(\lambda t e^{-\frac{a}{\mu}})$.

(2) k 番目の保険金支出を伴うクレームの保険金支出額を $\hat{Z}_k$ とすると，$u > a$ のとき

$$P(\hat{Z}_k \leqq u) = \frac{\displaystyle\int_a^u \frac{1}{\mu} e^{-\frac{1}{\mu}x} dx}{\displaystyle\int_a^\infty \frac{1}{\mu} e^{-\frac{1}{\mu}x} dx}$$

であるので，

$$f_{\hat{Z}_k}(u) = \begin{cases} \dfrac{1}{\mu} e^{\frac{1}{\mu}(u-a)} & (a < u) \\ 0 & (その他) \end{cases}$$

となり，

$$E[\hat{Z}_k] = a + \mu, \qquad V[\hat{Z}_k] = \mu^2$$

となる．

また

$$W_t = \sum_{i=1}^{M_t} \hat{Z}_i$$

であるので，3 章の式 (3.5) より

$$E[W_t] = \lambda t e^{-\frac{a}{\mu}}(a + \mu), \qquad V[W_t] = \lambda t e^{-\frac{a}{\mu}}(\mu^2 + (a + \mu)^2)$$

となる．

4.5

$$\begin{aligned} P(S < u) &= \sum_{n=0}^\infty P(S < u|N = n)P(N = n) \\ &= P(N = 0) + \sum_{n=1}^\infty P(S < u|N = n)P(N = n). \end{aligned}$$

ここで，

$$\sum_{n=1}^\infty P(S < u|N = n)P(N = n)$$

$$= \sum_{n=1}^{\infty} P(X_1 + \cdots + X_n < u)pq^n$$

$$= \sum_{n=1}^{\infty} \int_0^u \frac{\lambda^n x^{n-1} e^{-\lambda x}}{\Gamma(n)} dx \cdot pq^n \quad (\text{第 2 章例 3 より})$$

$$= \int_0^u dx\, p\lambda q \sum_{n=1}^{\infty} \frac{(\lambda x q)^{n-1}}{(n-1)!} \cdot e^{-\lambda x}$$

$$= p\lambda q \int_0^u e^{-\lambda p x} dx = q(1 - e^{-\lambda p u})$$

となり，$P(N = 0) = p$ であるので

$$P(S < u) = 1 - qe^{-\lambda p u}$$

となる．また，$P(S = 0) = P(N = 0) = p$ である．

4.6

(1)　$0 < x < 1$ のとき，

$$\sum_{k=1}^{\infty} x^{k-1} = \frac{1}{1-x}$$

の両辺を x について 0 から a まで積分すると

$$\sum_{k=1}^{\infty} \int_0^a x^{k-1} dx = \int_0^a \frac{1}{1-x} dx$$

となり，これより

$$\sum_{k=1}^{\infty} \frac{a^k}{k} = -\log(1-a)$$

となる．

したがって，

$$1 - c_0 - c\log(1-a) = 1$$

より，$c = -\dfrac{c_0}{\log(1-a)}$ となる．

(2)　$u > 0$ として，

$$P(S \leqq u) = \sum_{k=0}^{\infty} P(S \leqq u | N = k)P(N = k)$$

$$= P(N = 0) + \sum_{k=1}^{\infty} \int_0^u \frac{\lambda^k x^{k-1} e^{-\lambda x}}{\Gamma(k)} dx \cdot \frac{c}{k} a^k$$

$$= 1 - c_0 + \int_0^u c \sum_{k=1}^{\infty} \frac{(a\lambda x)^k}{k!} \cdot \frac{1}{x} e^{-\lambda x} dx$$

$$= 1 - c_0 + c \int_0^u \left(e^{a\lambda x} - 1\right) \frac{1}{x} e^{-\lambda x} dx$$

となるので,

$$f_S(u) = c \left(e^{a\lambda u} - 1\right) \frac{1}{u} e^{-\lambda u}$$

$$= -\frac{c_0}{\log(1-a)} \left(e^{a\lambda u} - 1\right) \frac{1}{u} e^{-\lambda u} \qquad (u > 0)$$

となる.

4.7

Operational Time $\tau(t)$ は

$$\tau(t) = \int_0^t \lambda(u) du = \frac{a}{b} t^b$$

となり, その逆関数は

$$\tau^{-1}(u) = \left(\frac{b}{a} u\right)^{\frac{1}{b}}$$

となる.

(1) $W_1 = \tau(T_1) \sim \text{Ex}(1)$ であり, $T_1 = \tau^{-1}(W_1)$ であるので,

$$E[T_1] = E[\tau^{-1}(W_1)] = \left(\frac{b}{a}\right)^{\frac{1}{b}} \int_0^{\infty} u^{\frac{1}{b}} e^{-u} du$$

$$= \left(\frac{b}{a}\right)^{\frac{1}{b}} \Gamma\left(\frac{1}{b} + 1\right)$$

(2) $W_2 = \tau(T_2) - \tau(T_1), W_3 = \tau(T_3) - \tau(T_2), \cdots, W_n = \tau(T_n) - \tau(T_{n-1})$
とおくと, $W_1, \cdots, W_n$: i.i.d. で $\text{Ex}(1)$ に従うので,

$$\tau(T_n) = W_1 + \cdots + W_n$$

はガンマ分布に従い，p.d.f. は

$$f_{\tau(T_n)}(u) = \begin{cases} \dfrac{u^{n-1}}{\Gamma(n)} e^{-u} & (u > 0) \\[2mm] 0 & (u \leqq 0) \end{cases}$$

で与えられる．

したがって，

$$
\begin{aligned}
E[T_n] &= \int_0^\infty \tau^{-1}(u) \frac{u^{n-1}}{\Gamma(n)} e^{-u} du \\
&= \left(\frac{b}{a}\right)^{\frac{1}{b}} \int_0^\infty (u)^{\frac{1}{b}} \frac{u^{n-1}}{\Gamma(n)} e^{-u} du \\
&= \left(\frac{b}{a}\right)^{\frac{1}{b}} \frac{\Gamma\left(n + \dfrac{1}{b}\right)}{\Gamma(n)}.
\end{aligned}
$$

4.8

(1) (4.6) より

$$P(X_2 = 3) = e^{-\tau(2)} \frac{\tau(2)^3}{3!} = e^{-\frac{5}{2}} \frac{\left(\dfrac{5}{2}\right)^3}{3!} = e^{-\frac{5}{2}} \cdot \frac{125}{48}.$$

(2)

$$
f_{T_2}(u) = \begin{cases} \dfrac{(2u)e^{-2u} \cdot 2}{\Gamma(2)} & (0 \leqq u < 1) \\[4mm] \dfrac{\left(\dfrac{1}{2}u + \dfrac{3}{2}\right) e^{-\left(\frac{1}{2}u + \frac{3}{2}\right)} \cdot \dfrac{1}{2}}{\Gamma(2)} & (1 \leqq u < 3) \\[4mm] \dfrac{ue^{-u}}{\Gamma(2)} & (3 \leqq u) \end{cases}
$$

$$
= \begin{cases} 4ue^{-2u} & (0 \leqq u < 1) \\[2mm] \dfrac{1}{4} e^{-\frac{3}{2}}(u+3)e^{-\frac{1}{2}u} & (1 \leqq u < 3) \\[2mm] ue^{-u} & (3 \leqq u) \end{cases}
$$

となるので,

$$E[T_2] = 4 \int_0^1 u^2 e^{-2u} du$$
$$+ \frac{1}{4} e^{-\frac{3}{2}} \int_1^3 u(u+3) e^{-\frac{1}{2}u} du + \int_3^\infty u^2 e^{-u} du$$
$$= 1 + 6e^{-2} - 5e^{-3}$$

となる.

● ──第 5 章の演習問題

5.1

(1) 0 から測って 1 回目のクレームが発生する時間を X, クレーム額を Y とすると, X, Y は独立でそれぞれ $\mathrm{Ex}(\lambda), \mathrm{Ex}(\mu)$ に従う.
求める確率は

$$P(Y > u_0 + cX) = \int_0^\infty dx \int_{cx+u_0}^\infty dy \lambda\mu e^{-\lambda x - \mu y}$$
$$= \lambda e^{-\mu u_0} \int_0^\infty dx e^{-(\lambda+c\mu)x} = \frac{\lambda e^{-\mu u_0}}{\lambda + c\mu}$$

となる.

(2) 0 から 1 回目のクレームまでの時間を X_1, 1 回目のクレームと 2 回目のクレームまでの時間間隔を X_2 とし, 1 回目のクレーム額を Y_1 とする. X_1, X_2, Y_1 は独立で, それぞれ $\mathrm{Ex}(\lambda), \mathrm{Ex}(\lambda), \mathrm{Ex}(\mu)$ に従う.
求める確率は

$$P(0 < X_1 < T, X_1 + X_2 > T, cX_1 + u_0 > Y_1)$$
$$= \int_0^T dx_1 \lambda e^{-\lambda x_1} \int_0^{u_0+cx_1} dy_1 \mu e^{-\mu y_1} \int_{T-x_1}^\infty dx_2 \lambda e^{-\lambda x_2}$$
$$= \int_0^T dx_1 \lambda e^{-\lambda x_1} (1 - e^{-\mu(cx_1+u_0)}) e^{-\lambda(T-x_1)}$$
$$= \lambda e^{-\lambda T} \left(T - \frac{e^{-\mu u_0}}{\mu c} (1 - e^{-\mu cT}) \right).$$

(3) 時点 T での会社資産は $u_0 + cT - Y_1$ となるので,

$$E[u_0 + cT - Y_1 \,; 0 < X_1 < T, X_1 + X_2 > T, u_0 + cX_1 > Y_1]$$

$$= \int_0^T dx_1 \lambda e^{-\lambda x_1}$$

$$\times \int_0^{u_0+cx_1} dy_1 (u_0 + cT - y_1)\mu e^{-\mu y_1} \int_{T-x_1}^\infty dx_2 \lambda e^{-\lambda x_2}$$

$$= \lambda e^{-\lambda T}\left[\left(u_0 + cT - \frac{1}{\mu}\right)T - \frac{1}{\mu c}e^{-\mu u_0}\left(cT - \frac{2}{\mu}(1 - e^{-\mu cT})\right)\right]$$

である．(2) の結果と上の式より

$$E[u_0 + cT - Y_1|0 < X_1 < T, X_1 + X_2 > T, u_0 + cX_1 > Y_1]$$

$$= \frac{\left(u_0 + cT - \dfrac{1}{\mu}\right)T - \dfrac{1}{\mu c}e^{-\mu u_0}\left(cT - \dfrac{2}{\mu}(1 - e^{-\mu cT})\right)}{T - \dfrac{1}{\mu c}(1 - e^{-\mu cT}) \cdot e^{-\mu u_0}}$$

となる．

5.2

(1) $M(R) = \dfrac{2}{2-R}$ であり，

$$M(R) - (1+\theta)\frac{1}{2}\cdot R - 1 = 0$$

であり，$M(1) = 2$ であるので，

$$2 - \frac{1}{2}(1+\theta) - 1 = 0$$

より，$\theta = 1$ となる．

(2) $E[Z_i] = \dfrac{1}{2}a, M(R) = \dfrac{1}{aR}(e^{aR} - 1)$ であるので，$M(1) = \dfrac{1}{a}(e^a - 1)$ となり，

$$\frac{1}{a}(e^a - 1) - (1+\theta)\cdot\frac{1}{2}a - 1 = 0$$

より，

$$\theta = \frac{2e^a - a^2 - 2a - 2}{a^2}$$

となる.

5.3

まず, Z_i のモーメント母関数 $M(r)$ は

$$
\begin{aligned}
M(r) &= \int_0^\infty e^{rx} \cdot \frac{a^m}{\Gamma(m)} x^{m-1} e^{-ax} dx \\
&= \frac{a^m}{\Gamma(m)} \frac{1}{(a-r)^m} \int_0^\infty u^{m-1} e^{-u} du \qquad (\ u = (a-r)x\ ) \\
&= \left(\frac{a}{a-r} \right)^m.
\end{aligned}
$$

破産確率を $\dfrac{1}{N}$ まで許容するので,

$$e^{-u_0 R} = \frac{1}{N}$$

とすると, $R = \dfrac{\log N}{u_0}$ となる. この R の値を方程式

$$M(R) = 1 + (1 + \theta) \cdot \frac{m}{a} \cdot R$$

に入れて θ の値を求めると,

$$\left(\frac{a}{a - \dfrac{\log N}{u_0}} \right)^m = 1 + (1 + \theta) \cdot \frac{m}{a} \cdot \frac{\log N}{u_0}$$

より,

$$\theta = \left\{ \left(\frac{a}{a - \dfrac{\log N}{u_0}} \right)^m - 1 \right\} \cdot \frac{a u_0}{m \log N} - 1$$

となる.

5.4

まず，Z_i のモーメント母関数 $M(\theta)$ を求める：

$$M(\theta) = \sqrt{\frac{\alpha}{2\pi}} \int_0^\infty x^{-\frac{3}{2}} e^{-\frac{\alpha}{2x}\left(\frac{x}{\mu}-1\right)^2 + \theta x} dx$$

において，

$$-\frac{\alpha}{2x}\left(\frac{x}{\mu}-1\right)^2 + \theta x = -\frac{\alpha}{2x}\left(\sqrt{\frac{\alpha-2\theta\mu^2}{\alpha\mu^2}}x - 1\right)^2$$
$$+ \frac{\alpha}{\mu}\left(1 - \sqrt{1 - \frac{2\mu^2}{\alpha}\theta}\right)$$

であるので，

$$M(\theta) = e^{\frac{\alpha}{\mu}\left(1-\sqrt{1-\frac{2\mu^2}{\alpha}\theta}\right)}$$

となる．

$$M'(\theta) = \frac{\mu}{\sqrt{1 - \frac{2\mu^2}{\alpha}\theta}} e^{\frac{\alpha}{\mu}\left(1-\sqrt{1-\frac{2\mu^2}{\alpha}\theta}\right)}$$

となるので，$E[Z_i] = M'(0) = \mu$ となる．

また，破産確率を $e^{-c_0 N}$ まで許容するので $e^{-NR} = e^{-c_0 N}$ より，$R = c_0$ となる．

$$1 + (1+\theta)\mu \cdot c_0 = M(c_0)$$

より，

$$\theta = \frac{e^{\frac{\alpha}{\mu}\left(1-\sqrt{1-\frac{2\mu^2 c_0}{\alpha}}\right)} - 1}{c_0\mu} - 1$$

となる．

5.5

$y > 0$ のとき

$$F_Y(y) = \frac{1}{\mu}\int_0^y (1 - F_{Z_1}(u))du = \frac{1}{\mu}\int_0^y du \int_u^\infty f_{Z_1}(z)dz$$

であるので，

$$f_Y(y) = \begin{cases} \dfrac{1}{\mu}\displaystyle\int_y^\infty f_{Z_1}(z)dz & (y > 0) \\ 0 & (\text{その他}) \end{cases}$$

となる．

そこで，部分積分を用いると

$$\begin{aligned} E[Y] &= \int_0^\infty y f_Y(y)dy \\ &= \frac{1}{\mu}\int_0^\infty dy\, y \int_y^\infty f_{Z_1}(z)dx \\ &= \frac{1}{\mu}\left[\frac{1}{2}y^2 \int_y^\infty f_{Z_1}(z)dz\right]_0^\infty + \frac{1}{2\mu}\int_0^\infty y^2 f_{Z_1}(y)dy \end{aligned}$$

となり，問題の仮定から右辺第 1 項は 0 となる．

したがって，

$$E[Y] = \frac{1}{2\mu}E[Z_1^2]$$

となる．

5.6

時点 2 以内に破産する確率

$$= P(W_1 \geqq u_0 + c) + P(W_1 < u_0 + c, W_1 + W_2 \geqq u_0 + 2c)$$

となる．

まず，

$$P(W_1 \geqq u_0 + c) = p \sum_{k=u_0+c}^\infty q^k = q^{u_0+c}$$

となる．

また，

$$P(W_1 < u_0 + c, W_1 + W_2 \geqq u_0 + 2c)$$

$$= \sum_{k_1=0}^{u_0+c-1} pq^{k_1} \sum_{k_2=u_0+2c-k_1}^{\infty} pq^{k_2}$$

$$= p \sum_{k_1=0}^{u_0+c-1} q^{k_1} \cdot q^{u_0+2c-k_1}$$

$$= pq^{u_0+2c}(u_0 + c)$$

であるので，時点 2 以内に破産する確率は $q^{u_0+c}(1 + pq^c(u_0 + c))$ となる．

●——第 6 章の演習問題

6.1

$z = \mathrm{VaR}_\alpha(X)$ とする．

$$\int_z^\infty \frac{1}{\sqrt{2\pi}\sigma x} e^{-\frac{1}{2\sigma^2}(\log x - \mu)^2} dx = 1 - \alpha$$

において，$w = \dfrac{1}{\sigma}(\log x - \mu)$ とおくと，$\dfrac{1}{\sigma x}dx = dw$ となり

$$\int_{\frac{1}{\sigma}(\log z - \mu)}^\infty \frac{1}{\sqrt{2\pi}} e^{-\frac{1}{2}w^2} dw = 1 - \alpha$$

となるので，N(0,1) の上側 ε 点を $u(\varepsilon)$ とすると，$\dfrac{1}{\sigma}(\log z - \mu) = u(1 - \alpha)$ となり，

$$\mathrm{VaR}_\alpha(X) = z = e^{\mu + \sigma u(1-\alpha)}$$

となる．

6.2

$F_X(x)$ は $x = 2, 3$ で不連続となり，

$$F_X(2) - F_X(2 - 0) = \frac{2}{e^6},$$

$$F(3) - F_X(3 - 0) = 1 - \frac{10}{e^6}$$

となるので, $P(X = 2) = \dfrac{2}{e^6}, P(X = 3) = 1 - \dfrac{10}{e^6}$ となる.

$$E[X] = 2\frac{2}{e^6} + 3\left(1 - \frac{10}{e^6}\right) + \int_0^2 \frac{x}{e^6}dx + \int_2^3 \frac{2x^2}{e^6}dx + \int_3^\infty 2xe^{-2x}dx$$

$$= \frac{18e^6 - 47}{6e^6}$$

6.3

(1) Value at Risk について：

(i) $1 - e^{-\lambda c} \leqq t < 1$ のとき, $x = \mathrm{VaR}_t(X)$ とすると, $t = 1 - e^{-\lambda x}$ となるので, $x = -\dfrac{1}{\lambda}\log(1 - t)$ となる.

(ii) $\dfrac{1}{2}(1 - e^{-\lambda c}) \leqq t < 1 - e^{-\lambda c}$ のとき, $\mathrm{VaR}_t(X) = c$ となる.

(iii) $0 \leqq t < \dfrac{1}{2}(1 - e^{-\lambda c})$ のとき, $t = \dfrac{1}{2}(1 - e^{-\lambda x})$ より, $x = -\dfrac{1}{\lambda}\log(1 - 2t)$ となる.

以上のことをまとめると,

$$\mathrm{VaR}_t(X) = \begin{cases} -\dfrac{1}{\lambda}\log(1 - 2t) & \left(0 \leqq t < \dfrac{1}{2}(1 - e^{-\lambda c})\right) \\ c & \left(\dfrac{1}{2}(1 - e^{-\lambda c}) \leqq t < 1 - e^{-\lambda c}\right) \\ -\dfrac{1}{\lambda}\log(1 - t) & (1 - e^{-\lambda c} \leqq t < 1) \end{cases}$$

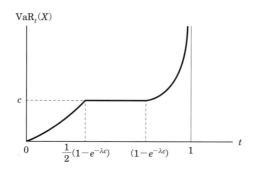

$$\text{VaR}_t(X)$$

図 **A.1**

(2) 期待ショートフォールについて：

(i) $0 \leqq \alpha < \dfrac{1}{2}(1 - e^{-\lambda c})$ のとき,

$$\text{VaR}_\alpha(X) = -\frac{1}{\lambda}\log(1 - 2\alpha), \qquad P(X > \text{VaR}_\alpha(X)) = 1 - \alpha$$

に注意する.

$$\text{ES}_\alpha(X) = E[X; X > \text{VaR}_\alpha(X)] - \text{VaR}_\alpha(X)P(X > \text{VaR}_\alpha(X))$$

$$= \frac{\lambda}{2}\int_{-\frac{1}{\lambda}\log(1-2\alpha)}^{c} xe^{-\lambda x}dx + \frac{c}{2}(1 - e^{-\lambda c})$$

$$+ \lambda\int_{c}^{\infty} xe^{-\lambda x}dx - \left(-\frac{1}{\lambda}\log(1 - 2\alpha)\cdot(1 - \alpha)\right)$$

$$= \frac{1}{2\lambda}e^{-\lambda c} + \frac{c}{2} + \frac{1 - 2\alpha}{2\lambda} + \frac{1}{2\lambda}\log(1 - 2\alpha)$$

(ii) $\dfrac{1}{2}(1 - e^{-\lambda c}) \leqq \alpha < 1 - e^{-\lambda c}$ のとき

$$\text{VaR}_\alpha(X) = c, \qquad P(X > \text{VaR}_\alpha(X)) = e^{-\lambda c}$$

に注意すると,

$$\text{ES}_\alpha(X) = \int_{c}^{\infty} x\lambda e^{-\lambda x}dx - ce^{-\lambda c} = \frac{1}{\lambda}e^{-\lambda c}$$

となる.

(iii) $1 - e^{-\lambda c} < \alpha \leqq 1$ のとき

$$
\begin{aligned}
\mathrm{ES}_\alpha(X) &= \lambda \int_{-\frac{1}{\lambda}\log(1-\alpha)}^\infty x e^{-\lambda x} dx - \left(-\frac{1}{\lambda}\log(1-\alpha)\right)\cdot(1-\alpha)\\
&= \frac{1-\alpha}{\lambda}.
\end{aligned}
$$

以上のことをまとめると,

$$
\mathrm{ES}_\alpha(X) = \begin{cases}
\dfrac{1}{2\lambda}e^{-\lambda c} + \dfrac{c}{2} + \dfrac{1-2\alpha}{2\lambda} + \dfrac{1}{2\lambda}\log(1-2\alpha)\\
\qquad\qquad \left(0 \leqq \alpha < \dfrac{1}{2}(1-e^{-\lambda c})\right)\\
\dfrac{1}{\lambda}e^{-\lambda c} \qquad \left(\dfrac{1}{2}(1-e^{-\lambda c}) \leqq \alpha < 1 - e^{-\lambda c}\right)\\
\dfrac{1-\alpha}{\lambda} \qquad (1 - e^{-\lambda c} \leqq \alpha \leqq 1)
\end{cases}
$$

(3) $\mathrm{TVaR}_\alpha(X)$ について

(i) $1 - e^{-\lambda c} \leqq \alpha < 1$ のとき

$$
\begin{aligned}
\int_\alpha^1 \mathrm{VaR}_t(X)dt &= -\int_\alpha^1 \frac{1}{\lambda}\log(1-t)dt\\
&= \frac{1-\alpha}{\lambda}\left(1 - \log(1-\alpha)\right).
\end{aligned}
$$

(ii) $\dfrac{1}{2}(1-e^{-\lambda c}) \leqq \alpha < 1 - e^{-\lambda c}$ のとき

$$
\begin{aligned}
&\int_\alpha^1 \mathrm{VaR}_t(X)dt\\
&= (1 - e^{-\lambda c} - \alpha)c + \int_{1-e^{-\lambda c}}^1 \left(-\frac{1}{\lambda}\log(1-t)\right)dt\\
&= (1-\alpha)c + \frac{1}{\lambda}e^{-\lambda c}.
\end{aligned}
$$

(iii) $0 \leqq \alpha < \dfrac{1}{2}(1-e^{-\lambda c})$ のとき

$$\int_\alpha^1 \mathrm{VaR}_t(X)dt$$

$$= \int_\alpha^{\frac{1}{2}(1-e^{-\lambda c})} \left(-\frac{1}{\lambda}\log(1-2t)\right) dt$$

$$+ \frac{1}{2}(1-e^{-\lambda c})c + \int_{1-e^{-\lambda c}}^1 \left(-\frac{1}{\lambda}\log(1-t)\right) dt$$

$$= \frac{1}{2\lambda}(1-2\alpha)\left(1-\log(1-2\alpha)\right) + \frac{c}{2} + \frac{1}{2\lambda}e^{-\lambda c}.$$

以上のことより

$$\mathrm{TVaR}_\alpha(X) = \begin{cases} \dfrac{1}{2\lambda}\dfrac{1-2\alpha}{1-\alpha}\left(1-\log(1-2\alpha)\right) + \dfrac{\lambda c + e^{-\lambda c}}{2\lambda(1-\alpha)} \\ \qquad \left(0 \leqq \alpha < \dfrac{1}{2}(1-e^{-\lambda c})\right) \\ c + \dfrac{e^{-\lambda c}}{\lambda(1-\alpha)} \\ \qquad \left(\dfrac{1}{2}(1-e^{-\lambda c}) \leqq \alpha < 1-e^{-\lambda c}\right) \\ \dfrac{1}{\lambda}\left(1-\log(1-\alpha)\right) \\ \qquad (1-e^{-\lambda c} \leqq \alpha < 1) \end{cases}$$

6.4

(X,Y) の結合分布より X の周辺分布は

$$P(X=0) = 1-c, \qquad P(X=w+z) = c$$

となり，Y の周辺確率分布は

$$P(Y=0) = 1-c, \qquad P\left(Y=w+\frac{z}{2}\right) = z,$$

$$P(Y=w+z) = c-z$$

となる．

このとき，$S_X(u), S_Y(u)$ のグラフは図 A.2 (次ページ) のようになる．この図より，

$$\rho_g(X) = \int_0^{w+z} g(S_X(x))dx = g(c)(w+z),$$

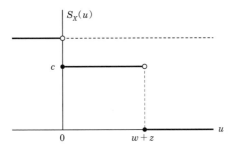

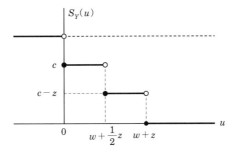

図 **A.2**

$$\rho_g(Y) = \int_0^{w+\frac{1}{2}z} g(c)dx + \int_{w+\frac{1}{2}z}^{w+z} g(c-z)dx$$

$$= g(c) \cdot \left(w + \frac{1}{2}z\right) + g(c-z) \cdot \frac{1}{2}z$$

となる.

また, $X + Y$ の確率分布は

$$P(X + Y = 0) = 1 - c - z,$$

$$P(X + Y = w + \frac{1}{2}z) = z,$$

$$P(X + Y = w + z) = z,$$

$$P(X + Y = 2w + \frac{3}{2}z) = 0,$$

$$P(X + Y = 2w + 2z) = c - z$$

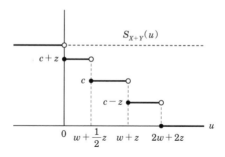

図 **A.3**

となり, $S_{X+Y}(x)$ のグラフは図 A.3 のようになる.
これより,

$$\rho_g(X+Y) = g(c+z)\left(w+\frac{1}{2}z\right) + g(c)\cdot\frac{1}{2}z + g(c-z)\cdot(w+z)$$

となる.

したがって,

$$\rho_g(X+Y) - (\rho_g(X) + \rho_g(Y))$$
$$= \left(w+\frac{1}{2}z\right)(g(c+z) + g(c-z) - 2g(c))$$

となる. 一方, $g(x)$ が (a,b) で凸で,

$$c+z, c-z \in (a,b) \qquad \left(\because z < \frac{1}{2}(b-a)\right)$$

であるので, 仮定より次が言える.

$$g(c) = g\left(\frac{1}{2}(c+z) + \frac{1}{2}(c-z)\right) < \frac{1}{2}(g(c+z) + g(c-z))$$

これより

$$\rho_g(X+Y) > \rho_g(X) + \rho_g(Y)$$

となる.

6.5

(1) $c = \mathrm{VaR}_\alpha(X)$ とおくと,

$$\int_c^\infty \frac{1}{\sqrt{2\pi}\sigma} e^{-\frac{1}{2\sigma^2}(x-\mu)^2} dx = 1 - \alpha$$

となる. $\dfrac{x-\mu}{\sigma} = z$ とおいて置換積分をすると,

$$\int_{\frac{c-\mu}{\sigma}}^\infty \frac{1}{\sqrt{2\pi}} e^{-\frac{1}{2}z^2} dz = 1 - \alpha$$

より,

$$\frac{c-\mu}{\sigma} = u(1-\alpha)$$

であり, よって,

$$\mathrm{VaR}_\alpha(X) = c = \sigma u(1-\alpha) + \mu$$

となる.

(2) $\mathrm{ES}_\alpha(X) = E[X; X > c] - c(1-\alpha)$ であることに注意する.

$$\begin{aligned}
E[X; X > c] &= \int_c^\infty \frac{1}{\sqrt{2\pi}\sigma} x e^{-\frac{1}{2\sigma^2}(x-\mu)^2} dx \\
&= \int_{\frac{c-\mu}{\sigma}}^\infty \frac{1}{\sqrt{2\pi}} (\sigma z + \mu) e^{-\frac{1}{2}z^2} dz \qquad (z = \frac{x-\mu}{\sigma}\ とする) \\
&= \frac{\sigma}{\sqrt{2\pi}} \int_{u(1-\alpha)}^\infty z e^{-\frac{1}{2}z^2} dz + \frac{\mu}{\sqrt{2\pi}} \int_{u(1-\alpha)}^\infty e^{-\frac{1}{2}z^2} dz \\
&= \frac{\sigma}{\sqrt{2\pi}} e^{-\frac{1}{2}u(1-\alpha)^2} + \mu(1-\alpha)
\end{aligned}$$

であるので,

$$\mathrm{ES}_\alpha(X) = \frac{\sigma}{\sqrt{2\pi}} e^{-\frac{1}{2}u(1-\alpha)^2} - \sigma u(1-\alpha) \cdot (1-\alpha)$$

となる.

6.6

$u_0 = \mathrm{VaR}_\alpha(X)$ とおく.

(i) $u_0 > 0$ のとき

$$g(S_X(x)) = \begin{cases} 1 & (x \leqq u_0) \\ 0 & (x > u_0) \end{cases}$$

であるので,

$$\rho_g(X) = \int_0^{u_0} dx - \int_{-\infty}^0 (1 - g(1))dx = u_0 = \mathrm{VaR}_\alpha(X).$$

(ii) $u_0 \leqq 0$ のとき

$x > 0$ のとき $g(S_X(x)) = 0$ であるので,

$$\rho_g(X) = -\int_{-\infty}^0 (1 - g(S_X(x)))dx$$

$$= -\int_{u_0}^0 dx = u_0 = \mathrm{VaR}_\alpha(X)$$

となる.

6.7

$F_X(x)$ をまず求めると,

$$F_X(x) = P(\log X \leqq \log x) = \int_{-\infty}^{\log x} \frac{1}{\sqrt{2\pi}\sigma} e^{-\frac{1}{2\sigma^2}(z-\mu)^2} dz$$

であるので,

$$S_X(x) = \int_{\log x}^\infty \frac{1}{\sqrt{2\pi}\sigma} e^{-\frac{1}{2\sigma^2}(z-\mu)^2} dz$$

$$= \int_{\frac{\log x - \mu}{\sigma}}^\infty \frac{1}{\sqrt{2\pi}} e^{-\frac{1}{2}u^2} du$$

$$= \Phi\left(\frac{\mu - \log x}{\sigma}\right)$$

となる. $g(u) = \Phi(\Phi^{-1}(u) + a)$ のとき,

$$g'(u) = e^{-\frac{1}{2}(2a\Phi^{-1}(u) + a^2)}$$

であるので,

$$g'(S_X(x))f_X(x) = e^{-\frac{1}{2}\left(2a\cdot\frac{\mu-\log x}{\sigma}+a^2\right)} \cdot \frac{1}{\sqrt{2\pi}\sigma}\frac{1}{x}e^{-\frac{1}{2\sigma^2}(\log x-\mu)^2}$$

$$= \frac{1}{\sqrt{2\pi}\sigma}\frac{1}{x}e^{-\frac{1}{2\sigma^2}(\log x-(\mu+\sigma a))^2}$$

となり，ワン変換で $\mathrm{LN}(\mu,\sigma^2)$ から $\mathrm{LN}(\mu+\sigma a,\sigma^2)$ に変換される.

6.8

(1)

$$S_X(x) = \begin{cases} 1 & (x < 0) \\ 0.5 & (0 \le x < 1) \\ 0 & (1 \le x) \end{cases}$$

であるので

$$\rho_g(X) = \int_0^1 g(0.5)dx + \int_1^\infty g(0)dx - \int_{-\infty}^0 (1-g(1))dx$$

$$= \int_0^1 g(0.5)dx = \Phi(\Phi^{-1}(0.5)+a)$$

$$= \Phi(a).$$

(2)

$$\rho_g(X) = E_g[X] = c_1 + (c_2-c_1)g(1-b_1) + (c_3-c_2)g(1-b_2)$$

であり，$\mathrm{N}(0,1)$ の上側 ε 点を $u(\varepsilon)$ で表すと，

$$g(1-b_1) = \Phi(u(b_1)+a),$$

$$g(1-b_2) = \Phi(u(b_2)+a)$$

であるので，

$$\rho_g(X) = c_1 + (c_2-c_1)\Phi(u(b_1)+a) + (c_3-c_2)\Phi(u(b_2)+a)$$

となる.

6.9

効用の一致より

$$E[u(w - X)] = u(w - P_0)$$

が成り立ち，$u(w - X)$ については $w - \mu$ の周りで 2 次までテーラー展開し，$u(w - P_0)$ については $w - \mu$ の周りで 1 次までテイラー展開すると

$$u(w - X) = u(w - \mu) + u'(w - \mu)(\mu - X) + \frac{1}{2}u''(w - \mu)(\mu - X)^2,$$

$$u(w - P_0) = u(w - \mu) + u'(w - \mu)(\mu - P_0)$$

であるので

$$E[u(w - X)] = u(w - \mu) + \frac{1}{2}u''(w - \mu)V[X]$$

となり

$$u'(w - \mu)(\mu - P_0) \cong \frac{1}{2}u''(w - \mu)\sigma^2$$

となるので，$P_0 \cong \mu + \frac{1}{2}r(w - \mu)\sigma^2$ が得られる．

●——第 7 章の演習問題

7.1

(1) 対数正規分布 $\mathrm{LN}(\mu, \sigma^2)$ の密度関数 $f_X(x; \mu, \sigma^2)$ は，

$$f_X(x; \mu, \sigma^2) \propto \frac{1}{\sigma x}e^{-\frac{(\log x - \mu)^2}{2\sigma^2}} \qquad (x > 0)$$

であるから，

$$\log f_X(X; \mu, \sigma^2) = -\log X - \frac{1}{2}\log \sigma^2 - \frac{(\log X - \mu)^2}{2\sigma^2} + 定数$$

である．よって，式 (7.3) より，

$$I_n(\mu, \sigma^2)$$

$$= -nE\left[\begin{pmatrix} \dfrac{\partial^2}{\partial\mu^2}\log f_X(X;\mu,\sigma^2) & \dfrac{\partial^2}{\partial\mu\partial(\sigma^2)}\log f_X(X;\mu,\sigma^2) \\ \dfrac{\partial^2}{\partial(\sigma^2)\partial\mu}\log f_X(X;\mu,\sigma^2) & \dfrac{\partial^2}{\partial(\sigma^2)^2}\log f_X(X;\mu,\sigma^2) \end{pmatrix}\right]$$

$$= nE\left[\begin{pmatrix} \dfrac{1}{\sigma^2} & \dfrac{\log X - \mu}{\sigma^4} \\ \dfrac{\log X - \mu}{\sigma^4} & -\dfrac{1}{2\sigma^4}+\dfrac{(\log X - \mu)^2}{\sigma^6} \end{pmatrix}\right]$$

$$= \begin{pmatrix} \dfrac{n}{\sigma^2} & 0 \\ 0 & \dfrac{n}{2\sigma^4} \end{pmatrix} \quad \left(\because \dfrac{\log X - \mu}{\sigma} \sim \mathrm{N}(0,1)\right)$$

である．その逆行列は，

$$\begin{pmatrix} \dfrac{\sigma^2}{n} & 0 \\ 0 & \dfrac{2\sigma^4}{n} \end{pmatrix}$$

であるから，命題 7.3 より，μ の最尤推定量の漸近分散は $\dfrac{\sigma^2}{n}$，σ^2 の最尤推定量の漸近分散は $\dfrac{2\sigma^4}{n}$，この二つの最尤推定量の漸近共分散は 0 である．

(2) 題意の分布の密度関数 $f_X(x;\alpha,\beta)$ は

$$\frac{\alpha\beta^\alpha}{(x+\beta)^{\alpha+1}} \qquad (x \geqq 0)$$

であるから，

$$\log f_X(X;\alpha,\beta) = \log\alpha + \alpha\log\beta - (\alpha+1)\log(X+\beta)$$

である．よって，あとは (1) と同様にすれば，以下のとおり

$$I_n(\alpha,\beta)$$

$$= -nE\left[\begin{pmatrix} \dfrac{\partial^2}{\partial\alpha^2}\log f_X(X;\alpha,\beta) & \dfrac{\partial^2}{\partial\alpha\partial\beta}\log f_X(X;\alpha,\beta) \\ \dfrac{\partial^2}{\partial\beta\partial\alpha}\log f_X(X;\alpha,\beta) & \dfrac{\partial^2}{\partial\beta^2}\log f_X(X;\alpha,\beta) \end{pmatrix}\right]$$

$$= nE\left[\left(\begin{array}{cc} \dfrac{1}{\alpha^2} & -\dfrac{1}{\beta}+\dfrac{1}{X+\beta} \\ -\dfrac{1}{\beta}+\dfrac{1}{X+\beta} & \dfrac{\alpha}{\beta^2}-\dfrac{\alpha+1}{(X+\beta)^2} \end{array}\right)\right]$$

$$= \left(\begin{array}{cc} \dfrac{n}{\alpha^2} & -\dfrac{n}{\beta(\alpha+1)} \\ -\dfrac{n}{\beta(\alpha+1)} & \dfrac{n\alpha}{\beta^2(\alpha+2)} \end{array}\right)$$

$$\left(\because E[(X+\beta)^k]=\dfrac{\alpha\beta^k}{\alpha-k}, \quad k<\alpha\right)$$

である. その逆行列は,

$$\left(\begin{array}{cc} \dfrac{\alpha^2(\alpha+1)^2}{n} & \dfrac{\beta\alpha(\alpha+1)(\alpha+2)}{n} \\ \dfrac{\beta\alpha(\alpha+1)(\alpha+2)}{n} & \dfrac{\beta^2(\alpha+1)^2(\alpha+2)}{n\alpha} \end{array}\right)$$

であるから, α の最尤推定量の漸近分散は $\dfrac{\alpha^2(\alpha+1)^2}{n}$, β の最尤推定量の漸近分散は $\dfrac{\beta^2(\alpha+1)^2(\alpha+2)}{n\alpha}$, この二つの最尤推定量の漸近共分散は $\dfrac{\beta\alpha(\alpha+1)(\alpha+2)}{n}$ である.

7.2

(1) 問 7.1 (1) の答えによると, σ^2 の最尤推定量 $\widehat{\sigma^2}$ の漸近分散は $\dfrac{2\sigma^4}{n}$ であったから, $g(x):=\sqrt{x}$ とすると, 式 (7.4) より

$$求める値 = \left(\dfrac{\partial}{\partial(\sigma^2)}g(\sigma^2)\right)^2 \times \widehat{\sigma^2}の漸近分散$$

$$= \left(\dfrac{1}{2\sigma}\right)^2 \times \dfrac{2\sigma^4}{n}$$

$$= \dfrac{\sigma^2}{2n}$$

と計算される.

もちろん, 直接計算して,

$$I_n(\sigma) = -nE\left[\dfrac{\partial^2}{\partial\sigma^2}\log f_X(X;\mu,\sigma^2)\right]$$

$$= nE\left[-\frac{1}{\sigma^2} + \frac{3(\log X - \mu)^2}{\sigma^4}\right]$$

$$= \frac{2n}{\sigma^2}$$

から，

$$\text{求める値} = \frac{1}{I_n(\sigma)} = \frac{\sigma^2}{2n}$$

としても同じ値を得る．

(2) 母集団分布の平均は $\exp\left(\mu + \frac{\sigma^2}{2}\right) =: g(\mu, \sigma^2)$ であり，7.1 (1) の答えによると，母数 μ, σ^2 の最尤推定量の漸近分散共分散行列 $I_n(\mu, \sigma^2)^{-1}$ は，

$$I_n(\mu, \sigma^2)^{-1} = \begin{pmatrix} \dfrac{\sigma^2}{n} & 0 \\ 0 & \dfrac{2\sigma^4}{n} \end{pmatrix}$$

であった．

したがって，命題 7.4 より

$$
\begin{aligned}
\text{求める値} &= \begin{pmatrix} \dfrac{\partial g}{\partial \mu} & \dfrac{\partial g}{\partial(\sigma^2)} \end{pmatrix} I_n(\mu, \sigma^2)^{-1} \begin{pmatrix} \dfrac{\partial g}{\partial \mu} \\ \dfrac{\partial g}{\partial(\sigma^2)} \end{pmatrix} \\
&= \begin{pmatrix} \exp\left(\mu + \dfrac{\sigma^2}{2}\right) & \dfrac{\exp\left(\mu + \dfrac{\sigma^2}{2}\right)}{2} \end{pmatrix} \\
&\quad \cdot \begin{pmatrix} \dfrac{\sigma^2}{n} & 0 \\ 0 & \dfrac{2\sigma^4}{n} \end{pmatrix} \begin{pmatrix} \dfrac{\exp\left(\mu + \dfrac{\sigma^2}{2}\right)}{} \\ \dfrac{\exp\left(\mu + \dfrac{\sigma^2}{2}\right)}{2} \end{pmatrix} \\
&= \frac{1}{n}\left(\sigma^2 + \frac{\sigma^4}{2}\right)\exp(2\mu + \sigma^2)
\end{aligned}
$$

である．

●——第 8 章の演習問題

8.1

$i = 1, 2;\ j = 1, 2$ について，$\mu_{ij} =: \alpha_i + \beta_j$ として，α_i, β_j の満たすべき方程式を最尤法に基づいて求め，その方程式を解けばよい.

例題 8.1 の解と同様に計算すれば，まず最尤法より，

$$
\begin{cases}
\dfrac{\partial}{\partial \alpha_i} \displaystyle\sum_{j=1}^{2} E_{ij} \left(\dfrac{C_{ij}}{E_{ij}} \cdot 2\mu_{ij} - \mu_{ij}^2 \right) = 0 & (i = 1, 2) \\[3mm]
\dfrac{\partial}{\partial \beta_j} \displaystyle\sum_{i=1}^{2} E_{ij} \left(\dfrac{C_{ij}}{E_{ij}} \cdot 2\mu_{ij} - \mu_{ij}^2 \right) = 0 & (j = 1, 2)
\end{cases}
$$

であり，加法型 $(\mu_{ij} = \alpha_i + \beta_j)$ であることから，

$$
\begin{cases}
\displaystyle\sum_{j=1}^{2} E_{ij} \left(\dfrac{C_{ij}}{E_{ij}} - (\alpha_i + \beta_j) \right) = 0 & (i = 1, 2) \\[3mm]
\displaystyle\sum_{i=1}^{2} E_{ij} \left(\dfrac{C_{ij}}{E_{ij}} - (\alpha_i + \beta_j) \right) = 0 & (j = 1, 2)
\end{cases}
$$

という連立方程式が得られる. ここで，

$$
\begin{aligned}
C := E_{11} \left(\frac{C_{11}}{E_{11}} - (\alpha_1 + \beta_1) \right) &= -E_{12} \left(\frac{C_{12}}{E_{12}} - (\alpha_1 + \beta_2) \right) \\
&= -E_{21} \left(\frac{C_{21}}{E_{21}} - (\alpha_2 + \beta_1) \right) = E_{22} \left(\frac{C_{22}}{E_{22}} - (\alpha_2 + \beta_2) \right)
\end{aligned}
$$

とおくと，

$$
\alpha_1 + \beta_1 = \frac{C_{11} - C}{E_{11}}, \qquad \alpha_1 + \beta_2 = \frac{C_{12} + C}{E_{12}},
$$
$$
\alpha_2 + \beta_1 = \frac{C_{21} + C}{E_{21}}, \qquad \alpha_2 + \beta_2 = \frac{C_{22} - C}{E_{22}}
$$

と表せる. そこで，$\alpha_1 + \beta_1 + \alpha_2 + \beta_2$ を 2 通りの仕方で表して得られる等式

$$
\frac{C_{11} - C}{E_{11}} + \frac{C_{22} - C}{E_{22}} = \frac{C_{12} + C}{E_{12}} + \frac{C_{21} + C}{E_{21}}
$$

を C について解くと，

$$C = \frac{\dfrac{C_{11}}{E_{11}} - \dfrac{C_{12}}{E_{12}} - \dfrac{C_{21}}{E_{21}} + \dfrac{C_{22}}{E_{22}}}{\dfrac{1}{E_{11}} + \dfrac{1}{E_{12}} + \dfrac{1}{E_{21}} + \dfrac{1}{E_{22}}} \fallingdotseq -37.676$$

となる．したがって，求める推定値は，

$$\mu_{11} = \alpha_1 + \beta_1 = \frac{C_{11} - C}{E_{11}} \fallingdotseq 0.529,$$

$$\mu_{12} = \alpha_1 + \beta_2 = \frac{C_{12} + C}{E_{12}} \fallingdotseq 0.143,$$

$$\mu_{21} = \alpha_2 + \beta_1 = \frac{C_{21} + C}{E_{21}} \fallingdotseq 0.836,$$

$$\mu_{22} = \alpha_2 + \beta_2 = \frac{C_{22} - C}{E_{22}} \fallingdotseq 0.451$$

である．

これを R で実行する場合のプログラム例は，

```
> E<-c(854,820,316,503)
> C<-c(414,155,302,189)
> License<-as.factor(c(1,1,2,2))
> Purpose<-as.factor(c(1,2,1,2))
> fitted(glm(C/E~License+Purpose,family=gaussian,weights=E))
```

であり[1]，これを実行すれば，

```
           1           2           3           4
   0.5288952   0.1430775   0.8364668   0.4506491
```

と瞬時に出力される．

---

[1]ここでは GLM としているが，実際には線形モデルにすぎないので，最後の行は

```
fitted(lm(C/E~License+Purpose,weights=E))
```

でも同じである．

8.2

前問と同様の手順で解く.

例題 8.2 の解と同様に計算すれば，まず最尤法より，

$$\begin{cases} \dfrac{\partial}{\partial \alpha_i} \displaystyle\sum_{j=1}^{2} E_{ij} \left(\dfrac{C_{ij}}{E_{ij}} \log(\mu_{ij}) - \mu_{ij} \right) = 0 & (i = 1, 2) \\ \dfrac{\partial}{\partial \beta_j} \displaystyle\sum_{i=1}^{2} E_{ij} \left(\dfrac{C_{ij}}{E_{ij}} \log(\mu_{ij}) - \mu_{ij} \right) = 0 & (j = 1, 2) \end{cases}$$

であり，乗法型 $(\mu_{ij} = \alpha_i \beta_j)$ であることから，

$$\begin{cases} \displaystyle\sum_{j=1}^{2} E_{ij} \left(\dfrac{C_{ij}}{E_{ij}} - \alpha_i \beta_j \right) = 0 & (i = 1, 2) \\ \displaystyle\sum_{i=1}^{2} E_{ij} \left(\dfrac{C_{ij}}{E_{ij}} - \alpha_i \beta_j \right) = 0 & (j = 1, 2) \end{cases}$$

という連立方程式が得られる．ここで，

$$\begin{aligned} C &:= E_{11} \left(\frac{C_{11}}{E_{11}} - \alpha_1 \beta_1 \right) = -E_{12} \left(\frac{C_{12}}{E_{12}} - \alpha_1 \beta_2 \right) \\ &= -E_{21} \left(\frac{C_{21}}{E_{21}} - \alpha_2 \beta_1 \right) = E_{22} \left(\frac{C_{22}}{E_{22}} - \alpha_2 \beta_2 \right) \end{aligned}$$

とおき，前問と同様の考えで，しかし今度は $\alpha_1 \beta_1 \alpha_2 \beta_2$ を 2 通りの仕方で表して得られる等式

$$\frac{C_{11} - C}{E_{11}} \frac{C_{22} - C}{E_{22}} = \frac{C_{12} + C}{E_{12}} \frac{C_{21} + C}{E_{21}}$$

を C について解く (2 次方程式なので形式的には 2 解出るが，一方は推定値が負になってしまう不適切なものであり，実際上は絶対値の小さいほうの解を選べばよい) と，

$$C \fallingdotseq 0.474$$

となる．したがって，求める推定値は，

$$\mu_{11} = \alpha_1 \beta_1 = \frac{C_{11} - C}{E_{11}} \fallingdotseq 0.484,$$

$$\mu_{12} = \alpha_1\beta_2 = \frac{C_{12} + C}{E_{12}} \fallingdotseq 0.190,$$

$$\mu_{21} = \alpha_2\beta_1 = \frac{C_{21} + C}{E_{21}} \fallingdotseq 0.957,$$

$$\mu_{22} = \alpha_2\beta_2 = \frac{C_{22} - C}{E_{22}} \fallingdotseq 0.375$$

である.

R で実行する場合は,前問の設定のまま,

```
> fitted(glm(C/E~License+Purpose,family=poisson,weights=E))
```

とすれば,

```
        1          2          3          4
0.4842220  0.1896030  0.9571976  0.3748023
```

と瞬時に出力される.ただし,整数値をとるとは限らないモデルに形式的に Poisson 分布をあてはめているので,警告メッセージも同時に出力される.これを避けたければ,たとえば,

```
> fitted(glm(C~License+Purpose+offset(log(E)),family=poisson,
  weights=E))/E
```

とすればよい.

8.3

前問と同様の手順で解く.

例題 8.3 の解と同様に計算すれば,まず最尤法より,

$$
\begin{cases}
\dfrac{\partial}{\partial \alpha_i} \displaystyle\sum_{j=1}^{2} E_{ij}\left(-\dfrac{C_{ij}}{E_{ij}}\dfrac{1}{\mu_{ij}} - \log(\mu_{ij})\right) = 0 & (i = 1, 2) \\[3mm]
\dfrac{\partial}{\partial \beta_j} \displaystyle\sum_{i=1}^{2} E_{ij}\left(-\dfrac{C_{ij}}{E_{ij}}\dfrac{1}{\mu_{ij}} - \log(\mu_{ij})\right) = 0 & (j = 1, 2)
\end{cases}
$$

であり，乗法型 $(\mu_{ij} = \alpha_i \beta_j)$ であることから，

$$
\begin{cases}
\displaystyle\sum_{j=1}^{2} E_{ij}\left(\dfrac{C_{ij}}{E_{ij}}\dfrac{1}{\alpha_i \beta_j} - 1\right) = 0 & (i = 1, 2) \\[3mm]
\displaystyle\sum_{i=1}^{2} E_{ij}\left(\dfrac{C_{ij}}{E_{ij}}\dfrac{1}{\alpha_i \beta_j} - 1\right) = 0 & (j = 1, 2)
\end{cases}
$$

という連立方程式が得られる．ここで，

$$
\begin{aligned}
C &:= E_{11}\left(\dfrac{C_{11}}{E_{11}}\dfrac{1}{\alpha_1 \beta_1} - 1\right) = -E_{12}\left(\dfrac{C_{12}}{E_{12}}\dfrac{1}{\alpha_1 \beta_2} - 1\right) \\[2mm]
&= -E_{21}\left(\dfrac{C_{21}}{E_{21}}\dfrac{1}{\alpha_2 \beta_1} - 1\right) = E_{22}\left(\dfrac{C_{22}}{E_{22}}\dfrac{1}{\alpha_2 \beta_2} - 1\right)
\end{aligned}
$$

とおき，前問と同様に $\alpha_1 \beta_1 \alpha_2 \beta_2$ を 2 通りの仕方で表して得られる等式

$$
\frac{C_{11}}{E_{11} + C}\frac{C_{22}}{E_{22} + C} = \frac{C_{12}}{E_{12} - C}\frac{C_{21}}{E_{21} - C}
$$

を C について解く（前問と同様に解を選ぶ）と，

$$
C \fallingdotseq 1.098
$$

となる．したがって，求める推定値は，

$$
\begin{aligned}
\mu_{11} &= \alpha_1 \beta_1 = \frac{C_{11}}{E_{11} + C} \fallingdotseq 0.484, \\[2mm]
\mu_{12} &= \alpha_1 \beta_2 = \frac{C_{12}}{E_{12} - C} \fallingdotseq 0.189, \\[2mm]
\mu_{21} &= \alpha_2 \beta_1 = \frac{C_{21}}{E_{21} - C} \fallingdotseq 0.959, \\[2mm]
\mu_{22} &= \alpha_2 \beta_2 = \frac{C_{22}}{E_{22} + C} \fallingdotseq 0.375
\end{aligned}
$$

である．

R で実行する場合は，前問の設定のまま，

```
> fitted(glm(C/E~License+Purpose,family=Gamma(log),weights=E))
```

とすれば,

```
       1          2          3          4
0.4841550  0.1892778  0.9590285  0.3749271
```

と瞬時に出力される.

8.4

加法型で正規分布のモデルの場合は, 演習問題 **8.1** の解答において $E_{11} = E_{12} = E_{21} = E_{22} = 1$ を代入して計算していけばわかるように,

$$\mu_{11} = \frac{3C_{11} + C_{12} + C_{21} - C_{22}}{4}, \qquad \mu_{12} = \frac{C_{11} + 3C_{12} - C_{21} + C_{22}}{4},$$
$$\mu_{21} = \frac{C_{11} - C_{12} + 3C_{21} + C_{22}}{4}, \qquad \mu_{22} = \frac{-C_{11} + C_{12} + C_{21} + 3C_{22}}{4}$$

である.

同様に, 乗法型で Poisson 分布のモデルの場合は, 演習問題 **8.2** をもとに計算すれば,

$$\mu_{11} = \frac{(C_{11} + C_{12})(C_{11} + C_{21})}{C_{11} + C_{12} + C_{21} + C_{22}}, \qquad \mu_{12} = \frac{(C_{11} + C_{12})(C_{12} + C_{22})}{C_{11} + C_{12} + C_{21} + C_{22}},$$
$$\mu_{21} = \frac{(C_{21} + C_{22})(C_{11} + C_{21})}{C_{11} + C_{12} + C_{21} + C_{22}}, \qquad \mu_{22} = \frac{(C_{21} + C_{22})(C_{12} + C_{22})}{C_{11} + C_{12} + C_{21} + C_{22}}$$

である.

加法型で Poisson 分布のモデルの場合も, 演習問題 **8.1〜8.3** の解答と同様の工夫をすれば解いていくことができ, 計算結果だけ記せば,

$$\mu_{11} = \frac{C_{11}(C_{11} + C_{12} + C_{21} + C_{22})}{2(C_{11} + C_{22})},$$
$$\mu_{12} = \frac{C_{12}(C_{11} + C_{12} + C_{21} + C_{22})}{2(C_{12} + C_{21})},$$
$$\mu_{21} = \frac{C_{21}(C_{11} + C_{12} + C_{21} + C_{22})}{2(C_{12} + C_{21})},$$

$$\mu_{22} = \frac{C_{22}(C_{11} + C_{12} + C_{21} + C_{22})}{2(C_{11} + C_{22})}$$

である.

●──第 9 章の演習問題
9.1

N と X がそれぞれ Poisson 分布と指数分布に従うことから，どちらも分布のパラメータによらず，

$$\frac{\hat{\sigma}_N^2}{\hat{\mu}_N} = 1, \qquad \frac{\hat{\sigma}_X^2}{\hat{\mu}_X^2} = 1$$

である．よって，$\varepsilon := 0.1$, $k := 0.05$ とすれば，式 (9.1) より

$$n_F = \left(\frac{u\left(\frac{\varepsilon}{2}\right)}{k}\right)^2 \times 2 = 2\left(\frac{1.645}{0.05}\right)^2 \fallingdotseq 2164.82$$

である．したがって，

$$求める純保険料 = Z \times 1234 + (1 - Z) \times 1111 = 1111 + 123Z$$

$$= 1111 + 123\sqrt{\frac{987}{2164.82}} \fallingdotseq 1194(円)$$

である.

9.2

Θ の事前分布の密度関数は

$$f_\Theta(\theta) \propto \theta^{\alpha-1} e^{-\beta\theta} \qquad (\theta > 0)$$

であり，母集団分布の密度関数は

$$f_X(x; \theta) \propto \theta e^{-\theta x} \qquad (x > 0)$$

であるから，Θ の事後分布の密度関数は

$$f_{\Theta|X_1,\cdots,X_n}(\theta) \propto \theta^{\alpha-1} e^{-\beta\theta} \prod_{k=1}^{n} \theta e^{-\theta x_k}$$

$$= \theta^{\alpha+n-1} e^{-\left(\beta + \sum_{k=1}^{n} x_k\right)\theta} \qquad (\theta > 0)$$

という形となる. この形の密度関数をもつのはガンマ分布 $\Gamma\left(\alpha+n, \beta + \sum_{k=1}^{n} x_k\right)$ にほかならない.

9.3

事前予測分布の確率関数 $f_X(x)$ を例題 9.9 と同様に求めれば,

$$f_X(x) = P(X=x) = \int_{-\infty}^{\infty} P(X=x|\Theta=\theta) f_\Theta(\theta) d\theta$$

$$= \int_0^1 \theta^x (1-\theta)^{1-x} \frac{1}{B(a,b)} \theta^{a-1}(1-\theta)^{b-1} d\theta$$

$$= \frac{B(a+x, b+1-x)}{B(a,b)}$$

$$= \begin{cases} \dfrac{b}{a+b} & (x=0) \\ \dfrac{a}{a+b} & (x=1) \end{cases}$$

である. したがって, 求める分布はベルヌーイ分布 $\mathrm{Be}\left(\dfrac{a}{a+b}\right)$ である.

Θ の事後分布が $\mathrm{Beta}(a+n\overline{x}, b+n-n\overline{x})$ であることから, これを上の計算において事前分布の代わりに用いれば結果が得られ, 事後予測分布は, ベルヌーイ分布 $\mathrm{Be}\left(\dfrac{a+n\overline{x}}{a+b+n}\right)$ である.

9.4

この契約者の各年度のクレーム件数を表す確率変数を代表して X とすると, Poisson 分布の性質から, $E[X|\Theta] = V[X|\Theta] = \Theta$ であることに注意すれば,

$$\mu = E[E[X|\Theta]] = E[\Theta] = \frac{\alpha}{\beta},$$

$$v = E[V[X|\Theta]] = E[\Theta] = \frac{\alpha}{\beta},$$

$$w = V[E[X|\Theta]] = V[\Theta] = \frac{\alpha}{\beta^2}$$

であるから,

$$Z = \frac{n}{n + \dfrac{v}{w}} = \frac{n}{\beta + n}$$

であり,

$$\text{求める推定値} = Z\overline{x} + (1 - Z)\mu$$
$$= \frac{n}{\beta + n}\overline{x} + \left(1 - \frac{n}{\beta + n}\right)\frac{\alpha}{\beta} = \frac{\alpha + n\overline{x}}{\beta + n}$$

である.

この結果は,本問と同じ母集団分布,事前分布を想定した場合のベイズ推定の結果に一致する (191 ページの表 9.1 参照).

9.5

この契約者の各年度のクレーム件数を表す確率変数を代表して X とすると,正規分布の性質から,$E[X|\Theta] = \Theta, V[X|\Theta] = \sigma^2$ であることに注意すれば,

$$\mu = E[E[X|\Theta]] = E[\Theta] = \lambda,$$
$$v = E[V[X|\Theta]] = \sigma^2,$$
$$w = V[E[X|\Theta]] = V[\Theta] = \tau^2$$

であるから,

$$Z = \frac{n}{n + \dfrac{v}{w}} = \frac{\dfrac{n}{\sigma^2}}{\dfrac{1}{\tau^2} + \dfrac{n}{\sigma^2}}$$

であり,

$$\text{求める推定値} = Z\overline{x} + (1 - Z)\mu$$
$$= \frac{\dfrac{n}{\sigma^2}}{\dfrac{1}{\tau^2} + \dfrac{n}{\sigma^2}}\overline{x} + \left(1 - \frac{\dfrac{n}{\sigma^2}}{\dfrac{1}{\tau^2} + \dfrac{n}{\sigma^2}}\right)\lambda$$
$$= \frac{\sigma^2\lambda + n\tau^2\overline{x}}{\sigma^2 + n\tau^2}$$

である.

　この結果は，本問と同じ母集団分布，事前分布を想定した場合のベイズ推定の結果に一致する (191 ページの表 9.1 参照).

9.6

　この契約者の各年度のクレーム件数を表す確率変数を代表して X とすると，X はベルヌーイ分布 $\mathrm{Be}(\Theta)$ に従うので

$$E[X|\Theta] = \Theta, \qquad V[X|\Theta] = \Theta(1 - \Theta)$$

であることに注意すれば，

$$\mu = E[E[X|\Theta]] = E[\Theta] = \frac{a}{a + b},$$

$$v = E[V[X|\Theta]] = E[\Theta(1 - \Theta)] = E[\Theta] - E[\Theta^2]$$
$$= \frac{ab}{(a + b)(a + b + 1)},$$

$$w = V[E[X|\Theta]] = V[\Theta] = \frac{ab}{(a + b)^2(a + b + 1)}$$

であるから，

$$Z = \frac{n}{n + \dfrac{v}{w}} = \frac{n}{a + b + n}$$

であり，

$$\text{求める推定値} = Z\overline{x} + (1 - Z)\mu$$
$$= \frac{n}{a + b + n}\frac{m}{n} + \left(1 - \frac{n}{a + b + n}\right)\frac{a}{a + b}$$
$$= \frac{a + m}{a + b + n}$$

である.

　この結果は，本問と同じ母集団分布，事前分布を想定した場合のベイズ推定の結果に一致する (191 ページの表 9.1 参照).

9.7

　各契約者に対応する Poisson 分布のパラメータを代表して Θ とし，無作為に選び出された契約者の各年度のクレーム件数を表す確率変数を代表して X

とすると，Poisson 分布の性質から，$E[X|\Theta] = V[X|\Theta] = \Theta$ であることに注意すれば，

$$\mu = E[E[X|\Theta]] = E[\Theta] = p_1\theta_1 + p_2\theta_2,$$

$$v = E[V[X|\Theta]] = E[\Theta] = p_1\theta_1 + p_2\theta_2,$$

$$w = V[E[X|\Theta]] = V[\Theta]$$
$$= p_1\theta_1^2 + p_2\theta_2^2 - (p_1\theta_1 + p_2\theta_2)^2 = p_1p_2(\theta_1 - \theta_2)^2$$

であるから，

$$Z = \frac{n}{n + \dfrac{v}{w}} = \frac{np_1p_2(\theta_1 - \theta_2)^2}{np_1p_2(\theta_1 - \theta_2)^2 + p_1\theta_1 + p_2\theta_2}$$

であり，

$$求める推定値 = Z\overline{x} + (1 - Z)\mu$$
$$= \frac{np_1p_2(\theta_1 - \theta_2)^2\overline{x} + (p_1\theta_1 + p_2\theta_2)^2}{np_1p_2(\theta_1 - \theta_2)^2 + p_1\theta_1 + p_2\theta_2}$$

である．

　この結果は，例題 9.4 の結果と一致しない．すなわち，本問と同じ母集団分布，事前分布を想定した場合のベイズ推定の結果とは一致しない．

●──第 10 章の演習問題

10.1

　指数分布は，とりうる値に上限はなく，どんな高次のモーメントも存在するので，グンベル型の最大値吸引域に属する．したがって，式 (10.11)，(10.12) より

$$d_n = F_X^{-1}\left(\frac{n-1}{n}\right), \qquad c_n = n\int_{d_n}^{\infty}(1 - F_X(t))dt$$

となる．ここで，指数分布 $\mathrm{Ex}\left(\dfrac{1}{\beta}\right)$ の分布関数 $F_X(x)$ が

$$F_X(x) = 1 - e^{-\beta x} \qquad (x \geqq 0)$$

であることに注意すれば，

$$F_X(d_n) = 1 - e^{-\beta d_n} = 1 - \frac{1}{n}$$

であるので，これを d_n について解いて，

$$d_n = \frac{\log n}{\beta}$$

となる．よって，

$$c_n = n \int_{d_n}^{\infty} (1 - F_X(t)) dt = n \int_{d_n}^{\infty} e^{\beta t} dt$$
$$= n \left[\frac{1}{\beta} e^{-\beta t} \right]_{d_n}^{\infty} = \frac{n}{\beta} e^{-\beta d_n} = \frac{1}{\beta}$$

である．したがって，

$$F_X(c_n x + d_n)^n = F_X \left(\frac{x + \log n}{\beta} \right)^n = \left(1 - e^{-x - \log n} \right)^n$$
$$= \left(1 - \frac{e^{-x}}{n} \right)^n$$
$$\longrightarrow \exp\left(-e^{-x}\right) \qquad (n \to \infty)$$

となるので，求める分布関数は

$$F_{X_{(n)}}(x) = F_X(x)^n = \exp\left(-e^{-\frac{x-d_n}{c_n}}\right) = \exp\left(-ne^{-\beta x}\right)$$

となる．

10.2

　命題 10.7 より，一般化パレート分布 $G_{\xi,\beta}$ に対する閾値 u の超過分布は，$1 + \frac{\xi u}{\beta} \geqq 0, u \geqq 0$ のときに定義され，それは一般化パレート分布 $G_{\xi,\beta+\xi u}$ であり，求める $e(u)$ はその平均である．したがって，$\xi < 1$ のときは，式 (10.21) より

$$e(u) = \frac{\beta + \xi u}{1 - \xi} \qquad \left(1 + \frac{\xi u}{\beta} \geqq 0,\, u \geqq 0\right)$$

であり,$\xi \geqq 1$ の場合は定義されない (発散する).

10.3

$\xi \neq 0$ の場合は,定義より,

$$1 - \left(1 + \frac{\xi \mathrm{VaR}_\alpha[X]}{\beta}\right)^{-\frac{1}{\xi}} = \alpha$$

であるから,これを VaR_α について解いて,

$$\mathrm{VaR}_\alpha[X] = \frac{\beta\{(1 - \alpha)^{-\xi} - 1\}}{\xi}$$

となる.

$\xi = 0$ の場合は,定義より,

$$1 - \exp\left(-\frac{\mathrm{VaR}_\alpha[X]}{\beta}\right) = \alpha$$

であるから,これを VaR_α について解いて,

$$\mathrm{VaR}_\alpha[X] = -\beta \log(1 - \alpha)$$

となる.

10.4

一般に,平均超過関数や VaR 等の定義から,

$$e\left(\mathrm{VaR}_\alpha[X]\right) = \frac{1}{1 - \alpha}\mathrm{ES}_\alpha[X] = \mathrm{TVaR}_\alpha[X] - \mathrm{VaR}_\alpha[X]$$

であるから,本問の場合にあてはめると,$\xi < 1$ のときには,

$$\begin{aligned}
\mathrm{TVaR}_\alpha[X] &= q_\alpha + e(q_\alpha) \\
&= q_\alpha + \frac{\beta + \xi q_\alpha}{1 - \xi} \\
&= \frac{q_\alpha + \beta}{1 - \xi},
\end{aligned}$$

$$\mathrm{ES}_\alpha[X] = (1-\alpha)e(q_\alpha)$$
$$= \frac{(1-\alpha)(\beta+\xi q_\alpha)}{1-\xi}$$

となる．$\xi \geqq 1$ のときは，どちらの値も無限大に発散する．

10.5

前問でも見たが，一般に，

$$e\left(\mathrm{VaR}_\alpha[X]\right) = \frac{1}{1-\alpha}\mathrm{ES}_\alpha[X] = \mathrm{TVaR}_\alpha[X] - \mathrm{VaR}_\alpha[X]$$

であるから，本問の場合にあてはめると，$\xi < 1$ のときには，

$$\mathrm{TVaR}_\alpha[X] = q_\alpha + e(q_\alpha)$$
$$= q_\alpha + (G_{\xi,\beta+\xi(q_\alpha-u)}\text{の平均})$$
$$= q_\alpha + \frac{\beta+\xi(q_\alpha-u)}{1-\xi}$$
$$= \frac{q_\alpha+\beta-\xi u}{1-\xi},$$

$$\mathrm{ES}_\alpha[X] = (1-\alpha)e(q_\alpha)$$
$$= \frac{(1-\alpha)\{\beta+\xi(q_\alpha-u)\}}{1-\xi}$$

となる．$\xi \geqq 1$ のときは，どちらの値も無限大に発散する．

●——第 11 章の演習問題

11.1

与えられた同時分布関数から，

$$F_X(t) = F_Y(t) = F_{X,Y}(t,\infty) = F_{X,Y}(\infty,t) = 1 - e^{-t} \qquad (t>0)$$
$$F_X^{-1}(u) = F_Y^{-1}(u) = -\log(1-u) \qquad (0<u<1)$$

であるから，求めるコピュラは，式 (11.3) より

$$C(u,v) = F_{X,Y}(F_X^{-1}(u), F_Y^{-1}(v)) = \frac{uv}{1-(1-u)(1-v)}$$

である.

11.2

グンベル・コピュラでは,

$$\phi(t) = (-\log t)^\theta \qquad (\theta \geqq 1)$$

であるので,ケンドールの順位相関係数は,命題 11.33 より

$$
\begin{aligned}
1 + 4\int_0^1 \frac{\phi(t)}{\phi'(t)}dt &= 1 + 4\int_0^1 \frac{(-\log t)^\theta}{-\theta\dfrac{(-\log t)^{\theta-1}}{t}}dt \\
&= 1 + \frac{4}{\theta}\int_0^1 t\log t\,dt \\
&= 1 + \frac{4}{\theta}\left[\frac{t^2}{2}\log t - \frac{t^2}{4}\right]_0^1 \\
&= 1 - \frac{1}{\theta}
\end{aligned}
$$

である.

クレイトン・コピュラでは,

$$\phi(t) = \frac{1}{\theta}(t^{-\theta} - 1) \qquad (\theta \geqq -1, \neq 0)$$

であるので,ケンドールの順位相関係数は,

$$
\begin{aligned}
1 + 4\int_0^1 \frac{\phi(t)}{\phi'(t)}dt &= 1 + 4\int_0^1 \frac{\dfrac{1}{\theta}(t^{-\theta}-1)}{\dfrac{1}{\theta}(-\theta)t^{-\theta-1}}dt \\
&= 1 + \frac{4}{\theta}\int_0^1 (t^{\theta+1} - t)dt \\
&= 1 + \frac{4}{\theta}\left[\frac{1}{\theta+2}t^{\theta+2} - \frac{t^2}{2}\right]_0^1 \\
&= \frac{\theta}{\theta+2}
\end{aligned}
$$

である.

11.3

(1)　本問のコピュラは，生成作用素を $\phi(t) = \left(\dfrac{1}{t} - 1\right)^{\theta}$ とするアルキメデス型コピュラであるので，ケンドールの順位相関係数は，命題 11.33 より

$$\rho_{\tau}(X,Y) = 1 + 4\int_0^1 \frac{\phi(t)}{\phi'(t)}dt = 1 + 4\int_0^1 \frac{\left(\dfrac{1}{t}-1\right)^{\theta}}{-\theta\dfrac{\left(\dfrac{1}{t}-1\right)^{\theta-1}}{t^2}}dt$$

$$= 1 - \frac{4}{\theta}\int_0^1 t(1-t)dt = 1 - \frac{2}{3\theta}$$

である．

(2)　左裾従属係数は，式 (11.49) より

$$\lambda_{\ell} = \lim_{t\to+0}\frac{C(t,t)}{t} = \lim_{t\to+0}\frac{\left[1 + \left\{2\left(\dfrac{1}{t}-1\right)^{\theta}\right\}^{\frac{1}{\theta}}\right]^{-1}}{t}$$

$$= \lim_{t\to+0}\frac{t}{t\left\{t + 2^{\frac{1}{\theta}}(1-t)\right\}} = 2^{-\frac{1}{\theta}}$$

である．

(3)　右裾従属係数は，式 (11.56) より

$$\lambda_u = 2 - \lim_{s\to1-0}\frac{1-C(s,s)}{1-s}$$

$$= 2 - \lim_{s\to1-0}\frac{1 - \left[1 + \left\{2\left(\dfrac{1}{s}-1\right)^{\theta}\right\}^{\frac{1}{\theta}}\right]^{-1}}{1-s}$$

$$= 2 - \lim_{s\to1-0}\frac{s + 2^{\frac{1}{\theta}}(1-s) - s}{(1-s)\left\{s + 2^{\frac{1}{\theta}}(1-s)\right\}} = 2 - 2^{\frac{1}{\theta}}$$

である．

A.2 離散型確率分布表

確率関数 $P(X = k)$, 期待値 $E[X]$, 分散 $V[X]$ の順に並べてある.

1.　二項分布 $\mathbf{B}(n; p)$

$$P(X = k) = \binom{n}{k} p^k q^{n-k}$$

$$(k = 0, 1, 2, \cdots, n, \ 0 < p < 1, \ q = 1 - p),$$

$$E[X] = np, \qquad V[X] = npq$$

2.　Poisson 分布 $\mathbf{Po}(\lambda)$

$$P(X = k) = e^{-\lambda} \frac{\lambda^k}{k!} \qquad (k = 0, 1, 2, \cdots, \ \lambda > 0),$$

$$E[X] = \lambda, \qquad V[X] = \lambda$$

3.　負の二項分布 $\mathbf{NB}(n; p)$

$$P(X = k) = \binom{n+k-1}{k} p^n q^k = \binom{-n}{k} p^n (-q)^k$$

$$(k = 0, 1, 2, \cdots, \ 0 < p < 1, \ q = 1 - p),$$

$$E[X] = \frac{nq}{p}, \qquad V[X] = \frac{nq}{p^2}$$

4.　ベルヌーイ分布 $\mathbf{Be}(p)$

$$P(X = 0) = 1 - p, \qquad P(X = 1) = p, \qquad (0 < p < 1)$$

$$E[X] = p, \qquad V[X] = p(1 - p)$$

5.　幾何分布 $\mathbf{Ge}(p)$

$$P(X = k) = pq^k \qquad (k = 0, 1, \cdots, \ 0 < p < 1, \ q = 1 - p),$$

$$E[X] = \frac{q}{p}, \qquad V[X] = \frac{q}{p^2}$$

A.3 連続型確率分布表

確率密度関数 (同時確率密度関数)，期待値 $E[X]$，分散 $V[X]$ の順に並べてある．

1. 正規分布 $\mathbf{N}(\mu, \sigma^2)$

$$f(x) = \frac{1}{\sqrt{2\pi}\sigma} \exp\left\{-\frac{(x-\mu)^2}{2\sigma^2}\right\}, \qquad E[X] = \mu, \qquad V[X] = \sigma^2$$

2. 2 次元正規分布 $\mathbf{N}(\mu_1, \mu_2; \sigma_1^2, \sigma_2^2; \rho)$

$$f(x_1, x_2) = \frac{1}{2\pi\sigma_1\sigma_2\sqrt{1-\rho^2}}$$

$$\cdot \exp\left\{-\frac{1}{2(1-\rho^2)}\left(\frac{(x_1-\mu_1)^2}{\sigma_1^2} - \frac{2\rho(x_1-\mu_1)(x_2-\mu_2)}{\sigma_1\sigma_2} + \frac{(x_2-\mu_2)^2}{\sigma_2^2}\right)\right\},$$

$$E[X_1] = \mu_1, \qquad V[X_1] = \sigma_1^2,$$

$$E[X_2] = \mu_2, \qquad V[X_2] = \sigma_2^2, \qquad \rho(X_1, X_2) = \rho$$

3. 指数分布 $\mathbf{Ex}(\lambda)$

$$f(x) = \begin{cases} \lambda e^{-\lambda x} & (x > 0) \\ 0 & (\text{その他}) \end{cases}, \qquad E[X] = \frac{1}{\lambda}, \qquad V[X] = \frac{1}{\lambda^2}$$

4. パレート分布

$$f(x) = \begin{cases} \alpha c^\alpha \dfrac{1}{x^{\alpha+1}} & (x > c) \\ 0 & (x \leqq c) \end{cases} \quad (\alpha > 0,\ c > 0),$$

$$E[X] = \frac{\alpha c}{\alpha - 1} \quad (\alpha > 1), \qquad V[X] = \frac{\alpha c^2}{(\alpha-1)^2(\alpha-2)} \quad (\alpha > 2)$$

5. ガンマ分布 $\Gamma(\alpha, \beta)$

$$f(x) = \begin{cases} \dfrac{\beta^{\alpha}}{\Gamma(\alpha)} x^{\alpha-1} e^{-\beta x} & (x > 0) \\ 0 & (x \leqq 0) \end{cases},$$

$$E[X] = \frac{\alpha}{\beta}, \qquad V[X] = \frac{\alpha}{\beta^2}$$

6. 対数正規分布 $\mathbf{LN}(\mu, \sigma^2)$

$\log X \sim \mathrm{N}(\mu, \sigma^2)$ となるとき，X は対数正規分布に従うという．

$$f(x) = \begin{cases} \dfrac{1}{\sqrt{2\pi}\sigma x} \exp\left\{ -\dfrac{(\log x - \mu)^2}{2\sigma^2} \right\} & (x > 0) \\ 0 & (x \leqq 0) \end{cases},$$

$$E[X] = \exp\left\{ \mu + \frac{1}{2}\sigma^2 \right\},$$

$$V[X] = \exp\{2\mu + \sigma^2\} \left(\exp\{\sigma^2\} - 1 \right)$$

7. ベータ分布 $\mathbf{Beta}(a, b)$

$$f(x) = \begin{cases} \dfrac{x^{a-1}(1-x)^{b-1}}{B(a,b)} & (0 < x < 1) \\ 0 & (その他) \end{cases},$$

$$E[X] = \frac{a}{a+b},$$

$$V[X] = \frac{ab}{(a+b)^2(a+b+1)}$$

文献案内

[1] 黒田耕嗣,『経済リスクと確率論』(アクチュアリー数学シリーズ 2), 日本評論社, 2011.
——1 次試験のみならず, ブラウン運動, 確率解析など金融リスクで取り扱われる確率論を論じている.
[2] G.R. Grimmett, D. Stirzaker, *Probability and Random Processes* (Oxford Science Publications), 4th. ed., Oxford University Press, 2020.
——測度論的な本ではあるが読みやすい本と言える. この本の内容が理解されていれば, 金融リスクにおける確率論の知識は十分と言える.
[3] 西尾真喜子,『確率論』, 実教出版, 1990.
[4] 舟木直久,『確率論』, 朝倉書店, 2004.
——上記の 2 冊は数学的に確率論を学ぶためのテキストとして広く用いられている.
[5] A.N. Shiryaev, *Probability*, 3rd. ed., Springer, 2016.
——Lundberg モデルは上記の確率論のテキストでも取り上げられている.
[6] P. Artzner, F. Delbaen, J.M. Eber, D. Heath, "Coherent measures of Risk", *Mathematical Finance*, 9 (3), 203-228, 1999.
[7] S.S. Wang, J. Dhaene, "Comonotonicity, correlation order and premium principles", *Insurance:Mathematics and Economics* 22, 235-242,1998.
[8] 日本アクチュアリー会編,『損保数理』(平成 23 年 2 月改訂), 日本アクチュアリー会, 2011.
——日本アクチュアリー会で出版しているテキストである. (市販はされていない. 日本アクチュアリー会に申し込んで購入.)
[9] 岩沢宏和,『リスク・セオリーの基礎』, 培風館, 2010.
——損保数理に関わる多くの分野について, アクチュアリー試験レベルでの解説がなされている.
[10] 岩沢宏和,『リスクを知るための確率・統計入門』, 東京図書, 2012.
——アクチュアリー試験レベルの確率・統計の参考書であり, 損保数理の試験でも問われる確率計算のテクニックが詳しく紹介されているとともに, 統計学の応用として, 破産理論, 信頼性理論, コピュラについても解説されている.
[11] 竹村彰通,『新装改訂版 現代数理統計学』, 学術図書出版社, 2020.
——数理統計学の教科書であり, 本書では省略している基礎事項の解説が, 多くは証明

付きで載っている．特に第 13 章では，漸近理論が扱われている．

[12] マクニールほか著，塚原英敦ほか訳，『定量的リスク管理』，共立出版，2008.

——コピュラ，極値理論について詳しい解説があり，また，リスク尺度も触れられている．

索 引

プロフィール一覧 (文末の括弧は分担)

伊藤和平●いとう・かずひら

1954 年生まれ. 東京工業大学理学部卒業.

大正海上火災保険 (現・三井住友海上火災保険) 株式会社入社後, 損害保険の商品開発・商品管理・リスク管理・保険計理人等の業務を経て, 2014 年 3 月に定年退職. 2019 年 3 月まで, 三井ダイレクト損害保険株式会社保険計理人. (第 1 章【座談会】参加者)

岩沢宏和●いわさわ・ひろかず

1966 年生まれ. 東京大学工学部計数工学科卒業, 東京都立大学大学院人文科学研究科博士課程単位取得退学.

三菱信託銀行を経て, 現在, 早稲田大学大学院会計研究科客員教授, 東北大学研究推進・支援機構 知の創出センター特任教授 (客員), パズル・デザイナー, 各種講師 (主にアクチュアリー資格関係) など. 米国 NPO 法人 International Puzzle Collectors Association 理事.

著書に,『リスク・セオリーの基礎』(培風館),『リスクを知るための確率・統計入門』(東京図書),『確率パズルの迷宮』(日本評論社) などがある. (第 7 章〜第 11 章執筆, 第 1 章【座談会】司会)

海老﨑美由紀●えびさき・みゆき

1960 年生まれ. 東京大学文学部第四類社会心理学専修課程卒業, ケンブリッジ大学ジャッジインスティチュート MBA 修了.

旧・同和火災海上保険株式会社, 旧・AIU 保険会社パーソナルラインポートフォリオマネジメント部長, 日本興亜生命保険株式会社保険計理人, ロイズシンジケート・キャノピアス出向等を経て, 現在は, 有限責任監査法人トーマツ勤務. 国際アクチュアリー会損保セクション理事. (第 1 章【座談会】参加者)

黒田耕嗣●くろだ・こうじ

1951 年生まれ. 東京教育大学大学院理学研究科修士課程修了. 理学博士.

ニュージャージー州立大学, 慶應義塾大学, 日本大学を経て, 現在, 日本大学名誉教授. 専門は確率論, 数理物理学, 経済物理学.

著書に『株式市場のマルチフラクタル解析』(共著, 日本評論社),『生保年金数理Ⅰ 理論編 (補訂版)』(培風館) などがある. (第 2 章〜第 6 章執筆)

島本大輔●しまもと・だいすけ

1983 年生まれ．九州大学理学部数学科卒業，同大学院数理学府修士課程修了 (数理学修士)．日本興亜損害保険株式会社を経て，現在，有限責任あずさ監査法人金融統轄事業部ディレクター，アクチュアリーチームリーダー．(第 1 章【座談会】参加者)

渡邉重男●わたなべ・しげお

1971 年生まれ．京都大学理学部卒業．

同和火災海上保険 (現・あいおいニッセイ同和損害保険) 株式会社入社後，生命保険の決算・商品開発，損害保険の商品開発・収支管理・リスク管理等の業務を経て，現在，MS & AD インシュアランスグループホールディングス株式会社リスク管理部．ASTIN 関連研究会座長．(第 1 章【座談会】参加者)

損害保険数理 ［第2版］　　　　　　　　アクチュアリー数学シリーズ4

2015年6月17日　第1版第1刷発行
2022年9月30日　第2版第1刷発行

著　者　　　　　　　岩　沢　宏　和
　　　　　　　　　　黒　田　耕　嗣

発行所　　　　株式会社　日　本　評　論　社
　　　　　　〒170-8474 東京都豊島区南大塚3-12-4
　　　　　　　電話　03-3987-8621 [販売]
　　　　　　　　　　03-3987-8599 [編集]

印　刷　　　　　　　　藤原印刷株式会社
製　本　　　　　　　　株式会社難波製本
装　釘　　　　　　　　林　健造

© Hirokazu IWASAWA & Koji KURODA 2022
Printed in Japan　　　　　　　ISBN 978-4-535-78980-7